医疗废物创新处置技术及管理实践

陈 扬 冯钦忠 张中魁 主 编

上海科学技术出版社

内 容 提 要

新冠肺炎疫情的发生证明，医疗废物安全处置是国家安全保障体系中的重要组成部分。本书结合中国医疗废物管理和处置现状以及国际社会针对医疗废物的管理要求，全面系统总结了医疗废物创新处理处置技术及管理实务的相关内容。全书共8章，内容包括医疗废物处置技术的发展及管理需求、医疗废物处理处置技术的选择和优化、医疗废物的源头分类和减量、医疗废物优化焚烧处置技术、医疗废物非焚烧优化处理技术、疫情期间医疗废物应急处置管理和实践、医疗废物信息化监管和医疗废物处置污染防治管理。

本书适用于医疗废物处理处置领域源头分类、技术筛选、工程建设、设施运行、监督管理以及环境监测/检测管理、操作人员的技术培训和职业技能提升，也可作为高等院校、科研院所相关人员从事教学和科学研究的参考教材，亦可供政府部门、医疗卫生机构和医疗废物处置单位环境保护管理和技术人员等阅读使用。

图书在版编目（CIP）数据

医疗废物创新处置技术及管理实践 / 陈扬，冯钦忠，张中魁主编. -- 上海 : 上海科学技术出版社，2021.1
ISBN 978-7-5478-5111-1

Ⅰ. ①医… Ⅱ. ①陈… ②冯… ③张… Ⅲ. ①医用废弃物—废物处理②医用废弃物—废物管理 Ⅳ. ①X799.5

中国版本图书馆CIP数据核字(2020)第194554号

医疗废物创新处置技术及管理实践

陈 扬 冯钦忠 张中魁 主编

上海世纪出版(集团)有限公司
上 海 科 学 技 术 出 版 社 出版、发行
(上海钦州南路71号 邮政编码200235 www.sstp.cn)
浙江新华印刷技术有限公司印刷
开本787×1092 1/16 印张22
字数310千字
2021年1月第1版 2021年1月第1次印刷
ISBN 978-7-5478-5111-1/X·57
定价：98.00元

本书如有缺页、错装或坏损等严重质量问题，请向工厂联系调换

序

Preface

医疗废物是一种环境风险极大的危险废物,其产生和处置是世界各国共同关注的问题。中国医疗废物技术研究及管理工作起步于20世纪80年代,此后中国对医疗废物管理的重视程度日益提高,将医疗废物列为《国家危险废物名录》的重要危险废物,并陆续发布了一系列法律、法规、标准来规范医疗废物的管理与处置。目前中国的技术水平和管理体系已经取得了长足的进步。

在医疗废物处理处置技术发展方面,经过近年来的发展,中国以回转窑、固定床为核心的焚烧处置技术,和以高温蒸汽、化学、微波、高温干热等为核心的非焚烧处理技术,都得到了广泛的应用,呈现出多种技术并举、焚烧技术和非焚烧技术并存的新局面。然而,这些技术在具体实施过程中,仍存在不少问题,包括如何实现医疗废物的及时处理与有效分类,如何有效控制二噁英、汞等有毒有害二次污染物产生,如何抑制恶臭、挥发性有机物等大气污染物的危害,以及如何避免消毒效果不彻底的风险,等等。因此,必须采取切实可行的全过程管理措施,实现医疗废物源头控制、过程控制和末端控制等有机结合。

在医疗废物管理体系构建方面,国家环保及卫生健康等部门先后发布与医疗废物管理相关的文件几十项(包括法律、法规、标准、规范、指南等)。尤其2020年年初新冠肺炎疫情暴发以来,针对医疗废物管理和处置,生态环境部等有关部门第一时间发布了《新型冠状病毒感染的肺炎疫情医疗废物应急处置管理与技术指南(试行)》等技术管理文件,为基层医务人员、医疗废物处置人员及相关部门提供了技术指导依据；地方各级生态环境主管部门也在本级人民政府统一领导下，协同卫生健康等部门完善应急处置协调机制。

新冠肺炎疫情的发生证明，医疗废物安全处置是国家安全保障体系中的重要组成部分，其在生态环境安全体系、城市应急管理和危机管理中占据重要的位置。2020 年年初，中央明确提出“打好污染防治攻坚战，推动生态环境质量持续好转，加快补齐医疗废物、危险废物收集处理设施方面短板”。这就要求相关方面充分吸收、吸取新冠肺炎疫情过程中医疗废物处置的经验、教训和启示，尽快采取有效措施补齐中国医疗废物技术和管理体系的短板。

随着中国医疗废物技术及管理体系的快速发展，已经要求我们从“借鉴国外经验”，转向自主创新，发展中国特色的医疗技术管理体系。

本书作者中国科学院大学陈扬教授领衔的研究团队，从 2003 年“非典”发生至今，长期致力于医疗废物创新处置技术研发及管理实践，在医疗废物技术创新、管理体系构建等领域，取得了大量学术成果，指导建设了多个试点示范工程，主导及参与编制了一系列国家、行业、团体和地方相关标准规范。

《医疗废物创新处置技术及管理实践》一书，结合中国现状以及国际公约履约要求，全面透析国内新的发展趋势，深入分析各种医疗处置技术适用范围及特点，最终提出生命周期和全过程管理的理念。该书的出版不仅可供相关产学研领域人士参考，并可为研发医疗废物处理新技术、总结医疗废物管理新经验提供支撑，更有望助推未来中国医疗废物处置可持续环境管理进程。

2020 年 12 月于北京

前 言

Foreword

医疗废物是指医疗卫生机构在医疗、预防、保健以及其他相关活动中产生的具有直接或者间接感染性、毒性和其他危害性的废物，被列入《国家危险废物名录》。随着社会进步和科学技术的不断发展，医疗废物的管理和处置越来越引起国际社会的广泛关注。医疗废物最主要的危险废物特性是感染性。为了消除医疗废物的感染性、保护环境和人体健康，多年来国际上通常采用焚烧的方法进行处置，但医疗废物焚烧过程中容易产生二噁英、重金属以及酸性气体等污染物。其中，二噁英被称为“地球上毒性最强的毒物”，是《关于持久性有机污染物的斯德哥尔摩公约》(POPs 公约)重点控制的污染物质。随着技术的进步和发展，高温蒸汽、化学、微波以及高温干热等医疗废物非焚烧处理技术逐步在世界范围内获得应用，成为新型的不产生二噁英的医疗废物处理技术。然而，在这些技术的应用过程中会产生恶臭、挥发性有机物等污染物。另外，该类技术应用不当还会造成消毒效果不完全，致使医疗废物的感染性不能得到彻底消除。

因此，在中国深入履行 POPs 公约，尤其是 2020 年年初以来，为应对来势汹汹的新冠肺炎疫情，在口罩、防护服和其他大量医疗物资被快速消耗，致使感染性医疗废物激增的特定背景下，如何进一步贯彻落实 POPs 公约国家实施计划所确定的推进采用最佳可行技术和最佳环境实践(BAT/BEP)，推进医疗废物的可持续环境管理进程，建立适合中国国情的医疗废物处置技术和管理模式，是一个必须面对的重大课题。

本书全面分析了国际医疗废物处置技术新的发展趋势，结合疫情防控新形势下的中国医疗废物管理和处置现状以及国际公约要求，探索了中国医疗废物处置技术的发展趋势以及相应的医疗废物优化处置技术和管理模式。全书内容涵盖医疗废物处理处置技术的筛选和评估、医疗废物源头分类及减量化、医疗废物焚烧处置技术优化和管理模式、医疗废物非焚烧处理技术优化和管理模式、医疗废物处理技术的革新、具体的案例分析以及未来发展趋势等，全面贯彻落实了生命周期和全过程管理理念。

针对本书相关成果的落实问题以及未来的研究空间，本书作者提出如下创新性思考与建议：

(1) 中国应充分结合医疗废物的特性以及地方的特点，因地制宜，继续完善以城市为核心的医疗废物管理模式，促进医疗废物分类管理和处置，促进区域性的医疗废物管理和处置问题的解决。

(2) 医疗废物处置技术和管理模式的优化要将生命周期管理作为医疗废物管理的基本因素，并将全过程管理理念纳入医疗废物处置技术应用过程，切实解决医疗废物处置的感染性控制和污染控制问题。

(3) 医疗废物处置技术和管理模式优化需要建立切实可行的技术优化评价方法。应进一步落实性能评价方法的应用，加强针对设施运行的监管，推进实现医疗废物安全化、无害化管理和处置。

(4) 医疗废物管理和处置是一个系统工程，其核心问题是消除感染性以及控制医疗废物处置过程中产生的二次污染，就其处置全过程而言，推进减量化、无害化和资源化的有机统一是推进该系统工程的最终目标。

(5) 医疗废物处置技术处在一个不断发展的过程中，新的处置技术如移动式处理技术、微波消毒技术、等离子体技术等均具有污染小、处理高效等特点，但也存在技术适用性和管理模式需要探索升级的空间。加快新技术的研发，推进医疗废物的无害化、高效化、低成本处理处置技术发展。

(6) 利用智能化对医疗废物处置过程设施运行全程监管，通过智能操作对医疗废物进行处置，尽可能减少医疗废物与人类的近距离接触，推进实现医疗废物高效化和安全化管理、处置。

本书相关研究成果可以为中国医疗废物领域相关技术研发、应用及推广工作提供参考，可以为推进中国更好地履行POPs公约、推进医疗废物领域探索BAT/BEP并推进其采用提供技术支持，也能为工程建设、设施运行、监督管理以及环境监测/检测相关标准体系的建设和完善工作提供借鉴。

在本书编写过程中，特别感谢生态环境部科技标准司、生态环境部对外合作与交流中心、生态环境部固体废物与化学品管理技术中心、沈阳环境科学研究院、生态环境部环境规划院、卫生健康委医院管理研究所、中国疾病预防控制中心、《环境工程学报》等单位所给予的指导帮助，同时感谢江苏中鼎环境工程股份有限公司、重庆智得热工工业有限公司、河南省利盈环保科技股份有限公司、欧尔东(朝阳)环保集团股份有限公司、浙江微盾环保科技股份有限公司、深圳方正环境科技有限公司、广州广软科技有限公司、青岛海湾新材料科技有限公司、优艺国际环保科技(北京)有限公司、杭州大地维康医疗环保有限公司提供的大力支持。

本书由陈扬、冯钦忠、张中魁担任主编。具体编写分工如下：第1章由王淑艳、周小莉、尚伟伟、靳炜、金曙光、徐晓虹编写；第2章由张元勋、陈扬、任志远、刘俐媛、张圆浩、靳炜、金曙光编写；第3章由冯钦忠、单淑娟、郑洋、孙宁、刘夕、刘辉、李经纬、包准编写；第4章由于晓东、陈刚、钱鼎、张田明、方平平、王凯编写；第5章由陈荣志、张中魁、邹雪辉、杨珊、闫二民、朱明、翁乾、王兆军、陈会来、王凯、杨焕丽编写；第6章由张筝、王淑艳、程亮、陈耀宏、孟庆伟、时翔明编写；第7章由侯素双、徐道广、莫峰华、陈茜、胡少红、陈一宁编写；第8章由郭春霞、陈扬、王淑艳、陈荣志、周小莉、徐殿斗、崔皓编写。全书由冯钦忠、张中魁、靳炜统稿，张利田、单淑娟参与审定，陈扬最终审定完成。

限于作者水平，书中难免会存在不足之处，包括上述创新性观点与思考可能会有一定局限，欢迎读者在阅读本书时给予探讨、做以交流，多提宝贵意见，以便我们在下一步工作中改进。

作　者

2020年9月

目 录

Contents

第 1 章

医疗废物处置技术的发展及管理需求

本章在分析医疗废物的成分与特性的基础上，全面介绍国际社会对医疗废物管理和处置的需求，并结合中国医疗废物管理和处置现状以及国际公约要求，探索中国医疗废物处置技术的发展趋势以及相应的医疗废物优化处置技术和管理模式。

1.1 医疗废物的成分及特性

1.1.1 医疗废物的成分

中国医疗卫生机构产生的医疗废物数量较大。据调查，2018 年全国 200 个大、中城市产生医疗废物 81.7×10^4 t，平均日产生量为 0.2238×10^4 t。截至 2018 年年底医疗卫生机构床位数 840.41 万张，每千人口医疗卫生机构床位数由 2002 年的 2.5 张提高到 6.0 张。近年来，我国医疗废物产生量增长迅速，从 2010 年的 33.6×10^4 t 增至 2018 年的 98.0×10^4 t，年均增长率达 14.3%。经系统分析和研究国内有关文献，获得了医疗废物基本成分、基本化学组成以及物理化学特性的基本信息，见表 1-1～表 1-3。

表 1-1 医疗废物的基本成分

有机物含量/%	脏器	0.05
	塑料	17.91
	棉签	9.36
	纸类	22.08
	织物	11.53
	合计	60.93
无机物含量/%	玻璃	26.66
	金属	3.70
	合计	30.36
其他/%		8.71

表 1-2 医疗废物的基本化学组成

组成	碳	氧	氢	大量其他元素
百分比/%	50	20	6	24

表 1-3 医疗废物的物理化学特性

产生量/(kg/床/d)	密度/(kg/m^3)	湿度/%	可燃性/%	废物热值/(kcal/kg)		铝含量/%	汞含量/(mg/kg)	钙含量/(mg/kg)	铅含量/(mg/kg)
				低位	高位				
0.5	110	35	90	3 500	3 900	0.4	2.5	1.5	28

由表 1-1～表 1-3 可以看出，医疗废物的成分及类型都比较复杂，因此，医疗废物的处置问题需要彻底消解或安全化其中的大分子物质，推进无害化安全管理和处置。

2020 年 9 月，我国发布《医疗废物分类目录(2020 年版)(征求意见稿)》，将医疗废物分为五大类，并增加了医疗废物分类原则、推荐收集方式以及豁免管理等要求，见表 1-4。在《医疗废物豁免管理清单》中，对于满足相应的条件时，医疗废物可以在所列的环节按照豁免规定实行豁免管理，见表 1-5。

表 1 - 4　医疗废物分类目录

类别	特　征	常见组分或废物名称	推荐收集方式
感染性废物	携带病原微生物、具有引发感染性疾病传播危险的废物	被患者血液、体液、排泄物等污染的除锐器以外的废物	1. 收集于符合《医疗废物专用包装袋、容器和警示标志标准》的医疗废物包装袋中 2. 病原微生物实验室废弃的病原体培养基、标本和菌种、毒种保存液及其容器，应当在产生地点进行压力蒸汽灭菌、化学消毒处理或者微波消毒等方式处理，然后按感染性废物收集处理 3. 隔离的确诊、疑似以及突发原因不明的传染病患者产生的感染性废物，应当使用双层医疗废物包装袋，并及时分层密封
		病原微生物实验室废弃的病原体培养基、标本和菌种、毒种保存液及其容器，其他实验室及科室废弃的血液、血清、分泌物等标本和容器;实验室操作中产生的具有感染性的废物	
		医疗机构收治的确诊、疑似以及突发原因不明的传染病患者产生的生活垃圾	
		使用后废弃的一次性使用医疗器械，如注射器、输液器、透析器等	
病理性废物	诊疗过程产生的人体废弃物和医学实验动物尸体等	手术及其他医学服务过程中产生的废弃的人体组织、器官	收集于符合《医疗废物专用包装袋、容器和警示标志标准》的医疗废物包装袋中;进行防腐或低温保存
		病理切片后废弃的人体组织、病理蜡块	
		废弃的医学实验动物的组织和尸体	
		16 周胎龄以下或重量不足 500 g 的胚胎组织等	
		患有确诊、疑似以及突发原因不明传染病或携带传染病病原体的产妇的胎盘	
损伤性废物	能够刺伤或者割伤人体的废弃的医用锐器	废弃的金属类锐器，如医用针头、缝合针、针灸针、探针、穿刺针、解剖刀、手术刀、手术锯、备皮刀和钢钉等	收集于符合《医疗废物专用包装袋、容器和警示标志标准》的利器盒中且利器盒达到 3/4 满时，应当封闭严密，按流程运送、暂存
		废弃的玻璃类锐器，如盖玻片、载玻片、破碎的玻璃试管、细胞毒性药物和遗传毒性药物的玻璃安瓿等	
		废弃的其他材质类锐器	

（续表）

类别	特征	常见组分或废物名称	推荐收集方式
药物性废物	过期、淘汰、变质或者被污染的废弃的药物	废弃的一般性药物	1. 少量的药物性废物可以并入感染性废物，应当在标签上注明 2. 批量废弃的药物性废物，收集后交由有资质的机构处置
		废弃的细胞毒性药物和遗传毒性药物	
		废弃的疫苗及血液制品	
化学性废物	具有毒性、腐蚀性、易燃易爆性的废弃的化学物品	列入《国家危险废物名录》中的废弃危险化学品，如甲醛、二甲苯等；非特定行业来源的危险废物，如含汞血压计、含汞体温计等	收集后交由有资质的机构处置

表 1-5　医疗废物豁免管理清单

名　称	豁免环节	豁免条件	豁免内容
床位总数在 19 张以下(含 19 张)的医疗机构产生的医疗废物	运输(包括运送和转运)	按规定分类收集后	运送或转运过程不按照医疗废物管理
药瓶(青霉素瓶、安瓿瓶等)	全部环节	未被患者的血液、体液及排泄物污染	全过程不按照医疗废物管理
		盛装非细胞毒性、非遗传毒性药物的药瓶	
		包装容器满足防渗透、防刺破要求	
配药的注射器	全部环节	非细胞毒性、非遗传毒性药物配药使用	全过程不按照医疗废物管理
		回收利用满足闭环安全管理	
棉签、棉球	全部环节	患者个人因消毒、按压止血而未按照医疗废物分类收集	全过程不按照医疗废物管理
使用后的消毒剂，如废弃的戊二醛、邻苯二甲醛等	全部环节	进入医疗机构内污水处理系统处理且满足排放标准要求	全过程不按照医疗废物管理
盛装消毒剂、透析液、医学检验试剂等的容器	全部环节	回收利用满足闭环安全管理	全过程不按照医疗废物管理

（续表）

名　称	豁免环节	豁免条件	豁免内容
非传染病病区废弃的医用织物	全部环节	经过无害化处理后	全过程不按照医疗废物管理

注：① 本表收录的豁免清单，为符合医疗废物定义但无风险或者风险较低，在满足相关条件时，可以不按照医疗废物进行管理的废弃物。
② 其他废弃物，如输液瓶（袋）、一次性医用外包装物品、废弃的中草药物与中草药煎制后的残渣，盛装药物的药杯，纸巾、湿巾、尿不湿等一次性卫生用品，使用的大、小便器等废弃物，因不属于医疗废物，故未收录在本表中。

由表1-4中内容可知，对医疗废物进行分类管理，对于加强医疗废物感染性控制具有重要的意义。医疗废物成分或者特性的确定，将对废物分类收集方案的确定和后续的处置工艺、技术的选择起到重要的作用。因此，对医疗废物进行分类管理是必然的选择。

2020年，我国将医疗机构产生的废弃物分为医疗废物、生活垃圾和输液瓶（袋）三类，并从投放、收集、贮存、交接、转运等方面做好分类管理工作。

1.1.2　医疗废物的特性

医疗废物具有感染性、毒性、腐蚀性和可燃性等危险废物特性。但其最主要的危险废物特性是感染性。感染性废物主要是考虑到此类废物对环境和人员具有较大危害，存在着较高的将病原微生物传染给与其相接触人群的风险，引起大面积的二次交叉感染，所以应严格控制，特别是将传染病院病区生活垃圾也定义为医疗废物。病理性废物主要包括诊疗过程中产生废弃的人体组织、器官等和医学实验动物尸体，也包括病理性标本，基于伦理道德观念和国家的相关政策，大型人体残肢送火葬场焚烧处理。损伤性废物主要包括诊疗过程中产生的各种锐利器具，各种针具，以及手术器械、玻璃安瓿和其他玻璃物品等，这类锐器离开医院后，如不进行有效管理，也极有可能对废物处理处置人员和普通民众造成身体伤害，并进而引发相关疾病的发生。药物性废物主要指过期、淘汰、变质或者被污染的一般性药品，致癌、致畸、细胞毒性和遗传毒性及血液制品的批量过期药物，患者使用后残余的药物。这类废物对人群和环境具有较大的潜在危害，如果处置不当，直接对人体造成严重的伤害，进入环境后有可能污染土壤，水体或空气，更有甚者，有些不法人员直接收购药品，经过包装后，再次流入社会，造成对患者的极大危害。化学性废物主要指医用的具有毒性、腐蚀性、易燃易爆的化学药品，医疗机构化验室和有关医学实验室废弃和使用后的试剂等，含汞类废物被划归在此类废物中。

此外，在遭遇重大疫情时，感染性废物的类型及数量会大幅激增，且具有极高的传染性。以新冠肺炎疫情(以下简称"新冠疫情")期间医疗废物为例，具体应包括：定点医疗机构、发热门诊和隔离观察点产生的医疗废物、废水处理产生的污泥；没有废水处理系统的医疗机构消毒后的患者排泄物；医疗机构收治的隔离或疑似患者产生的生活垃圾；被确诊或疑似患者血液、体液、排泄物污染的物品，如废弃的棉签、纱布，一次性卫生用品和一次性医疗器械等；新型冠状病毒相关的教学、研究等医学活动中产生的标本菌种、培养基等。另外，医疗机构在诊疗新型冠状病毒感染的肺炎患者及疑似患者的发热门诊和病区(房)产生的垃圾和废物都要按照医疗废物进行分类收集。医院设立隔离区的，隔离区产生的垃圾和废物也要纳入医疗废物进行管理。

为了消除医疗废物的感染性，以便保护环境和保护人体健康，多年以来国际上通常采用焚烧的方法进行处置。但是，医疗废物焚烧过程中容易产生二噁英和重金属等污染物。其中，二噁英被称为"地球上毒性最强的毒物"。它是一种含氯的强毒性有机化学物质，在自然界中几乎不存在，只有通过化学合成才能产生，是目前人类制造的最可怕的化学物质之一。

世界卫生组织(WHO)一直在致力于将医院废物视为特殊废物进行管理，积极倡导各国建立完善的医疗废物处置和全过程管理体系，以确保人体健康和环境安全，旨在不断探索可持续的医疗废物处置技术和切实高效的医疗废物管理措施，推进最佳可行技术的研发和应用，推动医疗废物无害化管理和处置进程。

实际上，世界各国针对医疗废物的定义具有相似性，如美国环境保护署

(Environmental Protection Agency, EPA)认为医疗废物是指为人或动物提供诊断、治疗和免疫等医疗服务以及医疗研究、生物试验和生物制品生产过程中产生的、具有危害性或可能产生多种健康风险(具有传染性或者潜在传染性)的固体废物。同世界其他国家一样,为了推进对医疗废物的管理和处置,中国针对医疗废物的管理和处置实施了立法。2003 年颁布的《医疗废物管理条例》(国务院第 380 号令)中指出,"医疗废物是指医疗卫生机构在医疗、预防、保健以及其他相关活动中产生的具有直接或者间接感染性、毒性以及其他危害性的废物"。

经过 10 多年的发展,中国城镇医疗废物管理和处置逐步建立和完善了以城市为核心的医疗废物管理体系,医疗废物无害化安全处置能力不断加强,但针对边远地区医疗废物的管理和处置仍存在诸多问题。边远地区特指距离最近的医疗废物集中处置设施运输距离相对较远(如超过 200 km),交通不便,且本区域医疗废物产生量较少(如低于 1 t/d)的地区。边远地区因基本属于较为落后地区,医疗机构主要以卫生院、诊所等为主,很少开展大型的手术等。因此,在废物产生类型上病理性废物较少,主要以感染性废物、损伤性废物、药物性废物和化学性废物为主,包括可识别人体组织、血液制品、患者或动物排泄物,棉签和其他类似的来自诊疗中心的废医用针头、与传染病患者接触过的碎玻璃及其他医用锐器等。基于边远地区医疗废物的危险特征,最好是以感染性废物的控制为主,以减少医疗废物传播疾病风险;在处理技术方面,优先考虑非焚烧处理技术。

医疗废物的毒性、腐蚀性和可燃性等其他危害特性可能对土壤、水体、大气等自然环境造成直接的负面影响。同时,医疗废物处置不当也会对公众健康包括医疗职业工作者的健康构成威胁。比如,就职业健康风险来说,美国 880 万医疗服务人员中每年有 100 人次锐器损伤事故发生,许多人因此感染艾滋病和 B 型肝炎等疾病。不断上升的因医疗废物转移过程中的潜在风险给人体健康带来了越来越多的威胁。

因此,就医疗废物而言,消除其感染性是保护人体健康的首要目标,但是医疗废物的处置过程中如果设备技术水平低下,管理措施不完善,还会产生严重的二次污染。如焚烧过程中会产生二噁英、酸性气体以及其他有毒有害物质,医疗废物非焚烧处理过程中也会产生挥发性有机物(VOCs)、恶臭等环境污染问题。

1.2 国际社会对医疗废物管理和处置要求

1.2.1 POPs公约对医疗废物管理和处置要求

POPs公约指出,医疗废物焚烧过程中容易产生PCDD(多氯代二苯)、PCDF(多氯二苯并呋喃)、HCB(六氯苯)、PCBs(多氯联苯)等持久性有机污染物(POPs)和其他微量重金属污染物。其中,二噁英等作为人为无意产生和排放的POPs物质列入POPs公约附件C中。在二噁英减排时间方面,按公约要求,各缔约方应在公约生效的两年内制定实施计划,并在公约对该缔约方生效后不晚于4年内提出针对包括医疗废物焚烧在内的重点源的新源分阶段实施最佳可行技术。

POPs公约提出了5个需要实现的主要目标: ① 消除12种持久性有机污染物;② 支持向使用较安全的POPs替代品过渡;③ 采取行动对更多POPs实施控制;④ 清除堆存的POPs,并清理含POPs的设备;⑤ 发动各方面力量,致力于POPs的消除。

上述目标①和目标②与医疗废物有直接关系。在目标①中,PCDD、PCDF、PCB和HCB为医疗废物焚烧处置过程排放的主要污染物。研究表明,造成这些问题的主要原因是医疗废物中存在烃类和芳香族高分子物质,在有氯元素和铜、铁、铝等金属物质存在的条件下,经过非理想条件焚烧而发生的。因此,在医疗废物的管理和处置方面,POPs公约要求采用BAT/BEP,以有效减少POPs的排放。在公约第五部分附件C中给出了BAT/BEP的一般性预防措施,与医疗废物管理相关的有用措施包括: ① 采用易实现减量化的技术;② 采用危险性较小的物质实施医疗废物处置;③ 改进废物管理,停止以露天方式和以其他不加控制的方式进行废物焚烧;④ 在考虑建设新的废物处置措施时,应优先考焚烧替代办法;⑤ 减少医疗废物处置中污染物的排放量。

公约行动守则对 BAT/BEP 的具体落实和推广给予了详细的介绍。现将与医疗废物管理和处置有关的主要内容概况总结如下: ① 推进政府立法。各国政府应制定相关政策和配套管理办法,实现医疗废物的管理和处置有法可依,并符合公约要求;② 建立医疗废物分类目录,确定和 POPs 产生有关的医疗废物类型;③ 推进医疗废物源头减量,严格区分生活垃圾和医疗废物,减少医疗过程中一次性医疗用品的使用;④ 减少含氯医疗用品的使用,尽量使用可重复利用的医疗器具;⑤ 建立有效的医疗废物管理系统,在分类、收集、包装、转运、暂存过程中,尽量减少包装物,在安全的前提下尽可能重复使用可利用的包装物,减少塑料包装物;⑥ 对医疗废物进行科学分类,应选择与处置方式相适应的医疗废物分类方法;⑦ 慎建和减少建设医疗废物焚烧炉,减少采用焚烧处置的医疗废物的数量;⑧ 在满足公共卫生安全的前提下,尽可能地提倡资源回收利用;⑨ 关注科技进步,推进采用新技术,替代已过时的不合理的医疗废物处置技术;⑩ 公约缔约方以及各国政府应支持开发和推广废物减量化技术研究,推进环境友好的处置技术的研发和应用。

为推进公约的实施,基于 POPs 公约第五部分附件 C,联合国环境规划署 POPs 公约秘书处制定了《最佳可行技术与最佳环境实践导则》(以下简称"BAT/BEP 导则"),公约要求各缔约国尽快采用最佳可行技术(BAT)和最佳环境实践(BEP)。根据 BAT/BEP 导则,焚烧技术是医疗废物处置最为成熟的技术,但是公约也把焚烧炉作为具有较大环境风险的处置装置,并对主流焚烧技术,如回转窑、热解、流化床等焚烧炉的工艺设计和运行参数进行了严格的规定,也对危险废物的产生、收集、分类、贮存、运输、处理及最终处置过程提出了详细的要求。该导则也对医疗废物处置焚烧替代技术进行了论述,如高温蒸汽、微波和化学处理等,提出了新建处置设施时应优先考虑替代技术。综合分析 BAT/BEP 导则的核心理念,BAT/BEP 的实质是要兼顾两方面问题,即技术问题和管理问题,即如何推进技术和管理的有效结合背景下减少二噁英等污染物的排放。2000 年以来,在 POPs 公约等国际公约履约外部压力和改善环境质量的内部压力共同驱动下,各国和地区对焚烧设施实行了更为严格的大气污染物排放标准,非焚烧设施已基本代替了原有小型焚烧设施,新建设施也首要采用无有毒有害物质排放的非焚烧技术。

POPs 公约于 2004 年 11 月 11 日对中国正式生效。2007 年 4 月 14 日,国务院批复实施的"关于履行持久性有机污染物的斯德哥尔摩公约国家实施计划"开始实施,并针对新源和现有源分别做出了相应的规定。针对新源,该实施计划指出,"到 2010 年,建立和完善重点行业新源排放标准,将二噁英列入污染控制指标"。该实施计划也指出,"要减少和消除无意产生 POPs 排放"的行动,具体目标为:"到 2008 年,基本建立无意识产生 POPs 重点行业有效实施 BAT/BEP 的管理体系,实现对重点行业新源应用 BAT,促进 BEP"。针对现有源,该实施计划指出,"到 2010 年要初步建立和完善重点行业现有源的排放标准,将二噁英列入污染控制指标"。医疗废物焚烧属于无意产生 POPs 排放源。2012 年 1 月,我国已按实施计划发布了《医疗废物处理处置污染防治最佳可行技术指南(试行)》,对医疗废物焚烧处置最佳可行工艺进行了介绍,并指明了方向。

1.2.2 巴塞尔公约对医疗废物管理和处置要求

巴塞尔公约指出,医疗废物具有感染性,是危险废物重要的组成部分之一。该公约将其列入《关于危险废物越境转移巴塞尔公约》(简称"巴塞尔公约")附件 1 中,其核心目标是实现环境无害化管理(environmentally sound management, ESM),保护人体健康,减少其对环境的破坏。为推进该公约实施,联合国公约秘书处根据公约编制了《医疗废物环境无害化管理技术导则》(WHO,1998)。该导则针对如何避免和防止废物产生,如何实行分类、收集、标识和转运,如何运输和暂存,如何回收利用等提出了相应的要求。

在具体处置方法方面，该指南也提出了相应的建议，提出针对不同废物类型所推荐的处置方法，如热处理、化学消毒处理、辐照处理、焚烧处理等。废物处置必须要有可靠的监督保障措施，以保证处理过程满足相应标准要求。另外，指南也对应急计划和应急管理等做了相应的论述。

1.2.3　世界卫生组织关于医疗废物管理的要求

2014年，世界卫生组织（WHO）发布了《医疗废物无害化管理手册（修订版）》（*Safe Management of Wastes from Health-Care Activities*），其将医疗活动产生的废物分为两大类，一类是不具有危险性的一般废物，另一类是具有危险性的医疗废物，具体包括感染性废物、病理性废物、损伤性废物、化学性废物、细胞毒性废物（包含遗传毒性废物）、放射性废物和药物性废物。

针对以上废物的管理问题，WHO从国家立法和管理行动计划，医疗机构内部医疗废物管理，医疗废物减量措施，医疗废物的收集、分类、包装、运输、处理、处置，优先支持的活动，以及发展战略等方面均提出了相应的要求。

该报告指出，国家立法是保证医疗废物安全处置的基础，法律条文应包括废物的分类、收集、包装、运输和处置，以及各种人员的责任和培训；同时必须有政府文件及相关技术指导作为补充说明。医疗废物管理是一个连续的过程，需要进行周期性的监测和评估。国家推荐的医疗处置方法应根据科研的最新进展适时更新。WHO关于国家立法和管理行动计划的基本提法已经成为世界各国推进医疗废物管理的重要立法管理导向。

该研究成果指出，要实现医疗机构内部医疗废物的良好管理，主要依赖于明确的组织机构，有充分的立法和必要的经济条件，以及受过培训的人员参与。在促进废物减量化的政策和措施方面，提出：① 减少原材料使用，选用危险性小、环保型的产品，尽量采用物理清洁的方法；② 加强医疗机构中的管理控制措施；③ 强化化学品和药品的贮存管理；④ 在医疗废物的分类、收集、包装、存放及运输方面,提出了要做好源头分类和标识工作,要实施定时收集废物,定点暂存废物等。

该报告还提出,安全可靠的医疗废物处置方法是最重要的;进行有效的医疗废物管理和处置客观上要求全社会的合作和协调;建立一整套法律法规体系,开展人员培训,提高公共意识是成功实施医疗废物管理和处置的重要条件。

在 WHO 支持的医疗废物管理相关活动导向性原则方面,提出如下方向: ① 通过促进采用高效的环境管理政策,防止医疗废物对医务人员以及公众健康所带来的潜在风险;② 支持在全球范围内减少有害气体的排放,减少疾病发生,延缓全球气候变暖;③ 支持斯德哥尔摩公约履约的相关活动;④ 支持关于危险废物和其他废物履行巴塞尔公约的活动。

在医疗废物管理相关战略方面,提出为了更好地促进各个国家在决定采取的医疗废物管理方法,WHO 提出了近期、中期和远期的医疗废物管理战略。

近期目标包括: ① 鼓励塑料医用注射产品的重复利用;② 选择不含聚氯乙烯(PVC)的医疗器械;③ 促进重复利用方法的开发和应用(如塑料、玻璃制品等);④ 研究和促进新技术升级,对小规模的焚烧炉采用替代技术;⑤ 经济转型国家和发展中国家在医疗废物管理方面要采用安全的管理和处置模式;⑥ 焚烧是一种可以接受的处置技术,但是要把握焚烧炉应用的关键问题,内容包括有效的废物减量和分类、焚烧炉要远离人口密集区、满意的工程设计、合理的空间布局、适当的运营管理、定期的维护以及人员的培训等。

中期目标包括: ① 进一步减少不必要的注射器的数量,减少医疗废物处置量;② 研究 PCDD/Fs 暴露对人体健康的影响;③ 开展医疗废物焚烧,并适时开展医疗废物处置风险评估工作。

远期目标包括: ① 推进非焚烧处理技术在医疗废物处理方面的应用,减少因医疗废物不安全处置以及 PCDD/Fs 暴露所带来的健康风险;② 支持各个国家开发行之有效的医疗废物管理指南;③ 支持各个国家制定和实施国家计划、政策和法规体系建设；④ 促进巴塞尔公约所提出的医疗废物管理原则的应用；⑤ 支持促进国家之间在推进医疗废物管理方面的人力资源以及资金方面的资源分配。

1.2.4 国际社会对重大传染病疫情期间医疗废物管理和应急处置要求

重大传染病疫情期间，相关生活源固体废物可能沾染病原体。阻断病原体在固体废物处理处置过程中的传播，是有效遏制疫情的关键。在突发重大传染病疫情时，因携带病原体人数的激增，会导致医疗和为防疫而开展的准医疗行为相应增强，造成医疗废物的产生量迅速攀升；而且临时医疗机构和集中隔离观察点等场所也会新增产生大量的护理类医疗废物，使得医疗废物量突增至常态下的数倍。例如武汉暴发新冠疫情期间，疫情最为严重时医疗废物的日产生量多达247.3 t，是常态下的5～6倍。此外，疫情期间个人防护用品大量使用，此类废物具有较高的病原体沾污风险；和病患、疫区有接触史的人须进行医学隔离观察，他们所产生的垃圾也容易受病原体沾污，必须妥善处理处置。除常规关注医疗机构病区的粪便、医疗污水和污水处理产生的污泥外，在疫情期间，还应特别关注医疗机构非病区和一般居民区产生的粪便、污水和污水处理产生的污泥，因为它们也可能赋存病原体。

2020年8月，联合国环境规划署针对新冠疫情组织发布了《从响应到恢复——新冠肺炎大流行期间的医疗废物管理报告》(*Waste Management during the COVID-19 Pandemic From Response to Recovery*)，指出安全的医疗废物国际规则和指南是可用的，且已被大多数国家广泛引用和遵循。这为COVID-19大流行期间医疗废物的管理提供了良好的基础。然而，疫情期间医疗废物产生量的大幅增加给当前医疗废物管理处置体系造成额外的负担。在疫情紧急响应阶段，各地区和国家政府应对当前医疗废物管理处置系统进行快速评估，以查明各自国家或城市的可用能力和差距，并根据现状制定应急管理计划，尝试增加可行的处理技术，以实现医疗废物最大处置能力。在疫情恢复阶段,可对现有的医疗废物政策和监管框架进行检讨反思,并制定恢复期和备灾计划,最终形成弹性或可持续发展的医疗废物和城市固体废物管理体系。

该文件还提出,为更好地应对疫情期间增加的感染性废物,可从以下几方面调整当前的医疗废物管理体系:① 正确隔离、包装和贮存可能被病原体污染的固体废物,可采用双层袋;② 根据优先级(有机废物、感染性废物等)调整收集频率,并尽可能减少可回收物品的收集;③ 处理医疗废物时正确使用个人防护设备,注意手部卫生以及采取其他预防措施,以确保废物处理工人的健康和安全;④ 鼓励所有垃圾处理工人,包括一线管理人员要使用个人防护设备;⑤ 从可持续性的角度出发,特别关注非正式部门(在正常情况下在固体废物管理中发挥重要作用),例如通过降低感染传播风险、加强社会保障、职业安全与卫生、保险等来实现医疗废物管理的连续性。对于家庭和公共场所等非医疗设施产生的医疗废物,特别是由于潜在污染废物(如口罩、纸巾、一次性衣服等)的产生越来越多,则需要制定更多针对性的法规和准则。2020 年 7 月,WHO 发布了针对新冠疫情的相关个人及公共卫生防护以及医疗废物管理指导文件(*Water, Sanitation, Hygiene and Waste Management for the COVID-19 Virus*),指出涉疫情医疗废物应安全放入有明确标识、内有衬袋的容器和利器盒,目前此类废物现场处置最佳。

1.3 国外医疗废物处置技术发展及管理模式

1.3.1 国外医疗废物处置技术及发展

医疗废物处置技术类型相当宽泛,国外一些机构根据医疗废物处置技术实现医疗废物无害化的机理,将其分为热处理技术、化学处理技术、辐射处理技术以及生物处理技术。但是医疗废物处置技术从总体上可以分为焚烧和非焚烧两大类。

1.3.1.1　医疗废物焚烧处置技术发展

焚烧处置技术一般是把医疗废物送入焚烧室，在高温火焰作用下，医疗废物经过干燥、气化、焚烧三个阶段，使其分解为气体和残渣，并对最终排放的烟气和残渣进行必要的无害化处理。由于焚烧温度高（高于850℃），医疗废物中的有害物质及病菌被完全破坏或消灭，所以焚烧是一种彻底的医疗废物处理方法。焚烧处置技术具有减容减量大、消毒灭菌效果好、稳定安全等优点。在各种焚烧技术中，根据其不同的工作原理和燃烧方式可分为小型单燃烧室焚烧炉、机械炉排焚烧炉、回转窑焚烧炉、控气式焚烧炉（CAO）、两段式热解气化焚烧（批式）、立式热解气化焚烧炉、电弧炉法等，或组合技术。按焚烧方式来分，有过氧燃烧方式、热解气化方式等。国内很多学者认为热解气化焚烧是较为适合中国医疗废物处理现状的一种焚烧处理技术，原因在于：

（1）医疗废物在温度为450～600℃的条件下进行热解气化生成易燃烧的可燃气体和裂解焦，然后可燃气体和裂解焦再进入焚烧室进行充分焚烧，焚烧室产生的热量又用于热解炉热解新的垃圾，将热解和焚烧融于一体，有利于焚烧的稳定运行；

（2）热解法是在缺氧和除去氯等酸性气体条件下进行的，可大大抑制二噁英的生成；

（3）热解焚烧法所需的空气系数较小，产生的烟气量大大减少，所需的烟气净化装置也较小，总体费用比常规焚烧法小，可以用于我国的大多数地区。

焚烧处置技术按炉型分有回转窑式、往复炉排炉、链条炉、立式旋转炉等。目前，国内应用较多的炉型包括固定炉床焚烧炉、机械炉排焚烧炉、热解焚烧炉、回转窑焚烧炉、流化床焚烧炉、分段燃烧焚烧炉等；国外应用最为广泛的为控气式焚烧炉。

医疗废物焚烧设施通常由危险废物进料系统、焚烧系统、烟气净化系统、残渣处理系统等构成。不同的医疗废物处置设施所采取的废物准备和供给、废物焚烧以及空气污染控制设施会有所不同。因此，医疗废物焚烧处置技术呈现出多种不同形式的组合。焚烧技术因其所具有的适用范围广、处置彻底等优点，是世界上应用最广泛、历史最长、最为成熟的医疗废物处置技术。焚烧技术是世界各国最常用的处置技术，其应用已有一百多年的历史，焚烧法能彻底消灭废物中的细菌病毒，无害化程度彻底，残渣性能稳定，且处理后的废物不可辨认，减容减量比较大，具有占地小、投资省、处理彻底等优点，因此曾一度得到广泛的应用。

医疗废物焚烧处置技术缺点主要表现在成本高，空气污染严重，易产生二噁英、多环芳香族化合物、多氯联苯等剧毒物及氯化氢、氟化氢和二氧化硫等有害气体，需要配置完善的尾气净化系统，残渣和飞灰具有危害性。

1.3.1.2 医疗废物非焚烧处理技术发展

医疗废物非焚烧技术是指低温热处理技术、化学处理技术、辐射处理技术以及生物处理技术。低热处理技术一般指湿热(蒸汽)处置和干热处置技术，湿热处理的热媒既可直接借助高温饱和蒸汽，又可间接通过微波产生蒸汽。但是，医疗废物非焚烧处理技术习惯于根据其工艺进行划分，如高温蒸汽、微波、化学消毒、电子辐照、生物处理等不同类型的处理处置技术。从目前国际通用的非焚烧处理技术来看，高温蒸汽、微波、化学三种处置技术是应用最为广泛的非焚烧处理技术。

1) 医疗废物高温蒸汽处理技术

该技术是将医疗废物置于金属压力容器(高压釜，有足够的耐压强度)中，并以一定的方式利用过热的蒸汽杀灭其中致病微生物的过程。蒸汽需要与医疗废物进行直接的充分接触，在一定的温度(130～190℃)和压强(100～500 kPa)下持续一段时间从而保证医疗废物中存在的病原微生物被杀灭。其灭菌效果主要取决于温度、蒸汽接触时间和蒸汽的穿透程度。而这些因素与医疗废物的种类、包装、密度以及装载负荷等因素有关。其优点在于需求的空间较小；工艺设备简单；操作方便，无须对操作人员进行特殊训练；灭菌迅速彻底。其缺点在于灭菌效果受到废物表面与蒸汽接触程度、蒸汽温度压力的高低、操作人员的技术水平等诸多方面的影响；对包装物要求较高，往往需要特殊的包装物并经过特殊处理；处理过程中易产生有毒的挥发性的有机化合物和有毒的废液，存在臭味和排水等环境问题；不适用于处理病理废弃物、液态废弃物、手术切割物、挥发性化学物质。

2) 医疗废物高温干热处理技术

该技术是将医疗废物碾磨后，暴露在负压高温环境下并停留一定的时间，一般温度在160～200℃，处理时间为20～30 min，利用传导程序使热量高效传导至须处理的医疗废物中，使其所带致病微生物发生蛋白质变性和凝固，进而导致医疗废物中的致病微生物死亡，使医疗废物无害化，达到安全处置的目的。高温干热处理设施的系统配置应包括进料单元、破碎单元、高温干热处理单元、出料单元、加热单元、自动控制单元、废气处理单元和废水/废液处理单元等。就污染物排放而言，该技术具有良好的比较优势，产生的VOCs、恶臭相对较少。在适用范围上与其他非焚烧技术一样，也不适用于处理病理性废物、药物性废物和化学性废物。

3) 医疗废物化学处理技术

该技术在消毒和灭菌方面有着较长的历史和较广泛的应用。化学处理技术的工艺过程一般是将破碎后的医疗废物与化学消毒剂(如次氯酸钠、环氧乙烷、戊二醛、石灰粉等)混合均匀，并停留足够的时间，在消毒过程中有机物质被分解、传染性病菌被杀灭或失活。消毒药剂与医疗废物的最大接触是保障处理效果的前提。通常使用旋转式破碎设备提高破碎程度，保证消毒药剂能够将其穿透；在破碎过程中还加入少量水，一方面吸收破碎产生的热量；另一方面水还可作为化学反应的介质。化学消毒过程适合处理液体医疗废物和病理方面的废物，最近也逐步用于那些无法通过加热或润湿进行消毒灭菌的医疗废物的处理。此外，某些新开发的技术将化学消毒与加热灭菌结合起来，以降低处理时间并提高处理效果。化学消毒法一般分为干式化学消毒和湿式化学消毒两种方式。对干式化学消毒而言，一般具有工艺设备和操作比较简单；一次性投资少，运行费用低；废物的减容率高。场地选择方便，可以移动处理；运行简单方便，运行系统可以随时关停，不会产生废液或废水及废气排放，对环境污染很小等优点。但对破碎系统要求较高；对操作过程的pH值监测(自动化水平)要求很高。对湿式化学消毒法而言,一般具有一次性投资少,运行费用低;工艺设备和操作比较简单等优点。但处理过程会有废液和废气生成,大多数消毒液对人体有害,对操作人员要求高,操作人员的劳动强度大等缺点。从总体而言,化学消毒法不适用于处理化学疗法废弃物、放射性废弃物、挥发和半挥发有机化合物等。

4) 医疗废物微波处理技术

该技术是指利用一定频率和波长的微波作用将大部分微生物杀灭的原理,通过微波激发预先破碎且润湿的废弃物以产生热量并释放出蒸汽。微波和适量水分是产生热量进行灭菌的两个基本条件。医疗废物的微波处理技术可分以下五个步骤: ① 将水与废物进行搅拌振动;② 装载设施将润湿的废物传送至破碎设备,粉碎成碎片;③ 注入蒸汽,并将润湿废物转移到已配备微波发生器的辐照室;④ 将废物在其中照射约 20 min,微波将废物中的水分加热到 95℃,从而完成对医疗废物的灭菌;⑤ 将废物在专用容器内进行压缩并送去进行处置(填埋或焚烧)。该技术能较大幅度降低废物体积,在处理过程中不产生酸性气体及二噁英等气体污染物。但是其灭菌的效果受到电磁波的源强、辐射持续时间的长短、废物混合程度、废物含水量多少等多方面因素影响;操作人员可能受到细菌和电磁波的侵害,产生职业危害;工程建设和运行费用较高;不适用于处理病理性废物、药物性废物和化学性废物。

目前,从全世界范围来看,有 40 多种医疗废物非焚烧处理技术以及 70 多个设备提供商,遍布于美国、欧洲、中东以及澳大利亚等地区,有些尚在探索、完善之中,还有一些要跟其他方法配合使用。尽管医疗废物非焚烧处理技术的处置能力不同,自动化程度存在着一定的差别,减量化程度也存在着一定的差异,但是这些技术都采用了如下一种或者一种以上方法来实现对医疗废物的处置,可以得出如下结论: ① 通过微波、高温蒸汽以及其他辅助加热的方式,使废物加热到 90～95℃以上,实现消毒处置;② 将医疗废物暴露到次氯酸钠、二氧化氯和氧化钙等化学药剂中,实现消毒处置;③ 将医疗废物暴露于辐射源下,实现医疗废物消毒处置。总之,与焚烧处置技术相比,医疗废物非焚烧处理技术因其所体现出的建设成本和处理成本低、处理达标难度小、公众可接受程度高、无国际公约要求等原因，在世界范围内得到了应用和发展。

1.3.1.3　医疗废物处置技术应用发展趋势

医疗废物处置技术的更新和完善的潜在驱动力涉及技术、环境、经济和社会等方面。然而，从全球的发展趋势来看，医疗废物处置技术呈现出一个不断总结经验和推陈出新的过程，世界各国都在沿着一个类似而又存在不同特点的发展方向前进。在人们没有意识到医疗废物特殊的传染性和污染性之前，填埋是主要的处置技术，这个时期医疗废物常和生活垃圾一起填埋处置。随着人们对医疗废物特殊的传染性和污染性的危害的认识，焚烧技术成为最主流的处置技术。当人们认识到医疗废物的焚烧产生二噁英等剧毒的气体后，非焚烧技术快速发展起来，特别是以高温蒸汽、微波和化学消毒为代表的非焚烧技术的发展应用较快。

在美国，1997 年以前主要采用焚烧方法处置医疗废物。1997 年，美国环保署颁布了新的焚烧炉标准，提高了二噁英排放标准限值要求。根据该标准，在焚烧炉规模方面，按照＜91 kg/h、91～230 kg/h 和≥230 kg/h 将焚烧炉分为小型、中型和大型三种情况，并执行不同的管理要求。对于大中型焚烧炉应实施试烧检测，而对于小型焚烧炉以及农村用焚烧炉无须进行年度检测以及性能测试。为了推进实施新标准，还要发生一定的成本，如对于新的或者现有的焚烧炉，需要投资或者补充投资 15 万～25 万美元，配备必要的污染控制设施。而对于中型和大型的焚烧炉，需要投资 30 万～50 万美元完成必要的更新改造。在此基础上，根据美国最佳可行技术(MACT)要求，推进建设和运行，以便满足最新的标准要求。另外，焚烧标准的加严也使医疗废物处置成本的大幅度增加，也造成焚烧炉数量大幅度较少。医疗废物处置技术开始转向消毒处理，从 1998 年开始，大量非焚烧处理设施开始建设，当年就建立了 1 516 个非焚烧处理设施，其中包括高温蒸汽 931 个、化学消毒 173 个、热蒸汽消毒 92 个、微波处理 254 个、其他新型技术 61 个。医疗废物焚烧处置设施由 1998 年的 6 200 个减少到 100 多个。目前，美国正在进一步关闭医疗废物焚烧设施，进一步建设非焚烧处理设施。美国大多数州规定,医疗废物处置之前必须进行前期处理,可以进行现场处理或通过有资质的设施进行。现场处理后通常认为没有传染性,某些情况下可以与普通垃圾混合处理。然而,仍有一些州要求医疗废物必须单独处理。所有州都允许运用恰当的方法现场处理医疗废物。一些州要求处置企业有许可证或处置作计划,而另一些州只需要焚烧设施有大气排放许可证。在美国,对医疗废物处理和处置的主要方法有焚烧、高温蒸汽、机械/化学、微波以及照射技术。根据美国环保署(EPA)报告,90%的医疗废物采用焚烧。不论采用哪种处理/处置方式,经处理后的废水一般可以排入地下或在排入下水道。处理机构可以请私人企业收集、处理与处置医疗废物。

在欧盟,20 世纪 90 年代以前主要采用焚烧方法处置医疗废物。德国过去使用氧化焚烧流程处置医疗废物,1984 年德国至少有 554 个小型焚烧设备在医院使用。德国现在采用的非焚烧技术主要是高温蒸汽技术,目前其国内有 500 多个医院内部高温蒸汽处理设施,以及 4 个商业化的医疗废物集中处置中心。英国 1980 年以前有大约 700 个医院建有医疗废物焚烧炉,目前非焚烧技术处理的医疗废物量已经超过焚烧技术。在爱尔兰以及北爱尔兰自治区,医疗废物的处置方法采用以蒸汽为基础的非焚烧技术,每年采用消毒技术处置 10 000 t 的医疗废物。从 1995 年开始,斯洛文尼亚就采用移动热蒸汽消毒处置医疗废物,目前该国有 3 台移动热蒸汽消毒处理设施。西班牙 96%的医疗废物用杀菌消毒处置(以高温蒸汽为主),仅 4%的医疗废物用焚烧处置。波兰也开始限制含 PVC 塑料医疗废物的焚烧,并建立的新法规促进医疗废物的回收利用,促进焚烧替代技术的应用。尤其是 2004 年以后,大部分欧盟国家签署了 POPs 公约,推进采用非焚烧处理技术成果欧盟各国的最适宜的医疗废物处置技术选择。为了推进相关工作的开展,医疗废物无害化组织(HCWH)和 WHO 正在致力于推进阿根廷、印度、拉脱维亚、黎巴嫩、菲律宾、塞内加尔以及越南七个国家采用非焚烧处理技术,推进二噁英和汞污染物减排,通过该项目的开展,也为其他国家履行 POPs 公约提供借鉴。

医疗废物是介于城镇废物和危险废物之间,没有对其风险水平或潜在的风险进行规定。在西班牙，对医疗废物的管理包括最终处置在内的分类、收集、包装、室内转运、室内贮存以及室外的收集及转运。最常用的处置方式是焚烧处置，尽管焚烧过程可能对环境产生影响；一些地区提出焚烧替代技术，如高压灭菌、蒸汽灭菌及化学处理法。尽管微波消毒是目前被认为替代焚烧技术的最有经济竞争力的技术，但没有法律规定可替代技术。

在加拿大，医疗废物处理和处置的主要方法如下：① 蒸汽处理。高压蒸汽处理方法主要处理微生物实验室废物、人体血液和身体的液体废物、废物锐器和非解剖动物废物。② 化学处理。化学处理方法可处理微生物学实验室废物、人体血液和身体的液体废物、废物锐器。③ 焚烧处置。焚烧是处置解剖和非解剖生物医学废物的主要方法。人体组织、器官和身体部位(但不包括牙齿，头发和指甲)必须进行焚烧处置。④ 排入下水道。未经处理的血液、排泄物和分泌物可直接排入下水管道。

在日本，根据2000年统计结果显示，在其持证处置医疗废物的厂家中，采用焚烧技术的360家，采用高温焚烧技术的7家，采用高温灭菌技术的3家，采用干燥灭菌技术的6家，采用其他技术的6家。在日本，作为主流的焚烧技术不断进化，多采用热解气化熔融炉，并大量使用选择性催化还原技术去除二噁英。焚烧后医疗废物重量减至1/6，体积减至1/10～1/20，最佳工作条件下基本达到无害化处置。

在印度，目前的主体处置技术仍然是焚烧，并在以焚烧为主体处置技术的基础上，趋向于采用焚烧与非焚烧处理的组合设备处理不同类型的医疗废物，以便解决医疗废物不同处置技术的适用性问题。如细胞毒素、药物性废物采用焚烧，尽量采用聚乙烯材料替代聚氯乙烯材料，减少含氯物质，减少二噁英产生源。印度要求每个综合性医疗废物处理厂配备下列设施：高温蒸汽/微波、焚烧设施、破碎设施、安全填埋设施、利器贮存/回用设施以及废水处理设施等，在此基础上，根据不同技术对废物的适用性采取不同的处置方法；对于消毒和破碎后的塑料类废物要回收利用或者采用卫生填埋方法进行处置；对于消毒后的锐器应采用卫生填埋或者回收利用；对于焚烧飞灰应采用安全填埋处置；对于油及油脂，应采用卫生填埋进行处置；对于处理后的废水,可以进入下水管网或者循环利用。可以说印度在严格医疗机构内部对医疗废物分类体系的基础上,对不同类型的废物采取了不同的处理方法,具有较强的针对性。

从全球医疗废物处置技术的演变及发展历程来看,基本上都经历了从焚烧到高温蒸汽、微波以及化学消毒等非焚烧处理技术逐步变迁的过程。高温蒸汽处理技术、微波处理技术等非焚烧技术得到了广泛的应用,其主要原因体现在以下五个方面:

(1) 1990 年后,发达国家的卫生和环境科研机构在进行了大量的研究后得出结论,对医疗废物全部采用焚烧的方式处置,将导致严重的环境污染,由于在焚烧设施的操作过程中,缺乏必要的培训以及资金补充等问题,使焚烧设施的运行存在较大的风险。因此也促进了公众进一步关注医疗废物的收集、贮存、运输以及处置过程的安全性,也推进了对新的医疗废物处置方法的研究和应用。

(2) 焚烧技术在发达国家已经经历几十年的应用历程,相关的医疗废物焚烧处置设备已经到了更新期,随着非焚烧处理技术的日趋成熟,其建设成本及运行成本与焚烧技术相比体现出了较大的优势。

(3) 欧美等国家陆续颁布更加严格的焚烧炉标准,新建以及现有的医疗废物焚烧炉必须达到相应的污染物排放限值要求。

(4) 随着 POPs 公约于 2004 年 5 月进入实施阶段,公约要求所有签约国家减少二噁英等副产品的产生,而医疗废物焚烧是以上副产品的重要来源,无疑也是公约所限制的主要内容之一。

(5) 公众对焚烧过程所产生的二噁英等尾气的反对倾向日益强烈,虽然非焚烧处理技术也存在着环境问题,但从公众角度来看,其可接受程度与焚烧相比要容易得多。

当然,不论是焚烧技术还是非焚烧处理技术,任何一项处置技术都不是万能的,都有其优点和缺点以及具体的应用范围。因此,如何更好地采用科学的技术应用模式,切实推进技术应用的安全性和时效性,一个与非焚烧处理技术应用相匹配的科学的管理模式是推进医疗废物优化管理的必然选择。但是无论从经济和技术角度，尤其是从二噁英的减排的角度出发，都应该优先选用非焚烧技术处理医疗废物，这一点值得我们反思过去过于重视焚烧技术的思路。

1.3.2　国外医疗废物处置管理模式

一个国家或地区医疗废物管理和处置水平的高低，与其经济发展水平，政府重视程度，完善的法律、法规和执行监控体系，充足的财力和人力支持，强劲的科研能力，全社会的环保意识和医疗废物管理和处置人员的系统培训等方面，有着密切的关系。

在美国，医疗废物管理以州层面管理为主，联邦监管为辅。自1991年起，美国EPA已将医疗废物的直接管理职责下放给州政府，联邦政府则主要负责医疗废物的总体框架和相关标准、规范的制定，具体实施由州政府组织完成。目前，美国仅剩1992年出台的《州医疗废物管理示范指南》作为各州医疗废物管理的指导性文件，其之前颁布的其他医疗废物相关法规均在1991年后失效。针对具有传染风险的医疗废物处理问题，美国国家安全委员会在2017年和2019年分别组织疾病控制与预防中心、美国国家环境保护局、美国运输部等部门联合编写了《处理被A类感染性废物质污染的固体废物的规划指南》和《A类感染性固体废物管理指南》，用以指导各部门制订医疗废物收集、运输、处置等环节的具体方案，但同时州政府的法规在实际的执行中仍发挥重要作用。在处置技术方面，通常以建议或者推荐的形式进行，不具有法律效力，但如指导方针成为法规条文，则具有强制的法律效力。为了推进对医疗废物焚烧设施的规范化管理，EPA大气质量计划与标准办公室(OAQPS)专门针对新建医疗废物焚烧炉制定了排放标准，使其成为美国《清洁空气法案》的一个组成部分。为了满足这一要求，需要配置相应的尾气污染控制设备，要在原有焚烧基础上配置二段炉，要对焚烧尾气进行定期的监测，对焚烧炉温度等工况参数要进行连续监测。该法规也规定要对操作者进行培训并获得相应的资格，要制定相应的废物管理计划，建立汇报及记录制度等。根据这一标准，所有现有的医疗废物焚烧炉在2002年前都必须符合医院/医疗废物焚烧炉标准，其所涉及的管理和技术过程都要严格和繁杂得多。美国EPA结合危险废物和医疗废物焚烧处置设施的许可证管理制度，对设施的试运行、质量控制、性能测试等具体出了详细的要求。针对焚烧设施的试运行管理，美国EPA制定了试运行技术导则，并提出了试运行期间要进行性能测试的具体要求，经试运行阶段实施性能测试并评价合格后方能发放危险废物经营许可证，并正式投入运营。性能测试过程需要考查焚烧设施的极限运行条件和正常运转条件下的有关参数测试问题，在此基础上确定焚烧处置设施所能处置的废物类型以及与其相对应的工况参数和设施主要运行参数。美国的上述管理体系既为美国的医疗废物管理与处置产业的技术、设备和处置设施的建设提出了相应的要求，同时也为医疗废物处置技术的发展提供了法律上、政策上的支持和导向。

1990—2005年，欧盟各国对已有的医疗废物管理和处置条例进行了大量的修改，从医疗废物的产生、分类直至最后的处置都做出了更加科学的规定。医疗废物根据其材质、产生地、污染程度的不同，分类收集，每类采用符合自身的特点的处理方式进行处置，以求达到最佳的处理效果和最佳的环境保护。在医疗废物焚烧处置方面，根据欧盟废物焚烧指令(2000/76/EC)，医疗废物焚烧炉二噁英排放必须满足0.1 ngTEQ/Nm^3 的排放限值要求，给小型焚烧处置设备的逐步淘汰和非焚烧处理技术的开发及应用提供了必然而又广阔的发展空间。另外，欧洲也针对医疗废物各类处置设施的污染控制、经营许可、监督管理、技术评估、设施运行等都做出了比较详细的规定，体现出从末端控制走向全过程管理的过渡，旨在为推进全过程管理提供基础和条件。

日本的医疗废物管理工作由环境省直辖的环境再生源循环局负责，其通过出台政策法规和编制相关标准、技术指南，指导并规范全国的医疗废物处理处置问题。在地方政府层面均设有环境局，负责本辖区有关政策的具体落实。20世纪70年代，日本政府首次颁布了固废领域的核心法规《有关废弃物处理及清扫的相关法律》，其对医疗废物的处置提出了要求。针对具有传染性风险的医疗废物，日本于1922年颁布了《基于废弃物处理法的传染性废弃物处理手册》，并在2018年对该手册进行了细化修订，对传染性废弃物处理处置的相关责任主体进行了明确，细化修订后的手册成为主导日本传染性废弃物处理工作的基准文件。在系统的政策和明确的行政职责下，日本已建立了一套针对医疗废物从产生、收集、运输、贮存、处理到最终处置的全过程管理体系。为最大程度地降低病原体传播风险，日本要求传染性废弃物尽可能在其产生机构完成处置，因此，在其法规中也明确规定"医疗废物产生的场所对感染性废物的处理处置负有全部责任"。而医院内部非感染性废物，如后勤及行政部门产生的废物应与感染性废物区别对待，应按照一般生活垃圾进行处理，可以再生利用。日本也对医疗废物处理设施进行严格的管理并进行登记注册，要求采用医疗废物运送专用车辆运送医疗废物，并采用专用的焚烧设施进行医疗废物处置，处置过程中要定期对尾气排放以及工况进行定期或在线监测，焚烧后的残渣在最终处置场进行填埋处置。在医疗废物处理监督管理方面，其处理过程的监督有各都、道、府、县及市、町、村，日本全国产业废物联合会、医疗废物恰当处理计划促进会和民间团体联合实行，并对于易于违法地点设置监视系统以及地方居民的电话传真举报系统，对违法者将采取相应的处罚措施进行处罚。

韩国于1961年、1963年和1977年分别制定了《污物清扫法》《公害防治法》和《环境保全法》，对废弃物污染防治进行了规定，但并没有对医疗废物进行单独分类，几乎都是与生活垃圾一起混合处理。直到1981年，韩国保健社会部陆续出台了一些有关医疗废物处置方面的管理规定，对医疗废物概念范围进行定义，规定处理流程，指导分类，鼓励建设私营焚烧炉等。这些管理规定虽然都涉及医疗废弃物管理，但是仍然没有制度化和系统化。1986年，韩国出台了综合性的《废弃物管理法》，并作为废弃物污染防治的基本法。面对医疗废弃物的管理问题，韩国国会于1999年修订了《废弃物管理法》。该法明确了医疗废物属于"指定废物"，即可能对周围环境造成污染的有害物质，例如废油和废酸，或在工作场所废物中对人体造成伤害的物质。据此,医疗废物应受《废弃物管理法》下危险废弃物条例的约束,并要求使用医疗废物专用容器进行收集、运输或存储,以防止诸如由医疗废物引起的各种感染之类的风险。此外,韩国环境部还颁布了一系列有关医疗废物的定义、分类、包装、追踪和处置的法规。2019 年 12 月,韩国修订发布了《医疗废物分类管理指南》,系统阐述了医疗废物定义、分类与管理、处理计划审批流程以及医疗废物处置。根据《废弃物管理法》《医疗废物分类管理指南》,韩国建立了医疗废物全过程管理体系,通过医疗废物专用容器的电子标签识别,将其排放、收集、运输、处理信息实时传送到国家废物综合管理系统,进行统一统计、监督和管理。《废弃物管理法》明确规定,所有与废弃物的排放、运输、处置的企业都必须纳入国家废物综合管理系统进行管理。国家和地方监管机构可利用该系统全过程实时跟踪监管医疗废物的产生、运输、处理和最终处置情况,这样可以预防非法处理、处置医疗废物行为的发生。韩国要求所有医疗废物都需要在焚烧设施或杀菌粉碎机上进行处理,禁止重复利用。但根据韩国《药事法》,仅以胎盘为原料进行药品加工的企业得到许可后方可再利用。医疗废物处理厂家仅可进行焚烧处置,在医院内自行处理的可选择焚烧或杀菌粉碎。混入患者血液或分泌物、排泄物等的液态医疗废物根据《保护水质及水生态相关法律》规定直接流入水质污染防治设施处理。同时,韩国积极推进医疗废物源头减量化,通过对医疗废物进行详尽分类,加强医疗机构等相关工作人员的培训和教育,防止其他废物的混入,从源头上减少因分类不当、操作不当而增加了医疗废物排放量。韩国还通过强化经济激励手段和市场机制作用,引导和鼓励生产者减少废弃物的排放和企业参与医疗废物收集、运输和处置等,如医疗废物设施建设,以快速增加医疗废物处置设施建设,提高处置能力。

在印度,环境与森林部要求医疗废物设施从运行到排放都须达到相关技术标准的要求,这些标准包括焚烧炉标准、高温蒸汽标准、微波标准及填埋标准等。虽然在印度焚烧仍是医疗废物处置的主要方式,但非焚烧技术逐步引起各方面的重视并纳入相关机构考虑范围之内。

伴随着世界不断进步的医疗废物处置技术推陈出新的浪潮,发展中国家也在逐步完善现行技术应用管理体系，但是，发展中国家在处置设施的能力建设方面，指导技术应用的政策、法规和标准方面，以及在推进相关培训体系和环境意识提高方面存在着较大的差距，继续通过加大投入，通过技术的升级改造，通过加强培训和环境意识的提升而不断改进。

从发达国家的情况来看，一般都通过加强立法，并编制相关支撑性标准和导则等来推进医疗废物的最佳实践，并提出了可行的医疗废物收集、运输、贮存以及处置方法。另外，也通过采用BAT，如替代技术推进医疗废物的恰当处置，以便最大限度地减少其对人体健康和环境带来的风险。而在发展中国家，医疗废物问题还没有引起足够的关注，医疗废物仍然与生活垃圾一起进行处理和处置，对操作工人、公众以及环境带来较大的威胁。另外，还没有进行综合的措施如何推进对医疗机构内部医疗废物进行管理。可以说，持续稳定的医疗废物科学管理和处置在全球范围内都是一项艰巨的任务。国际上对医疗废物的管理和处置模式的研究仍处于不断的发展过程中。各国政府均投入大量的人力、物力和财力开展相关研究工作。一个更加科学和可持续发展的医疗废物处置技术应用和管理模式是所有国家正在努力的目标。

在医疗废物焚烧处置技术应用管理模式方面，各个国家围绕医疗废物处置污染控制方面开展了大量工作。为控制医疗废物焚烧过程所带来的环境问题，国外一方面为推进履约进程不断采用BAT/BEP，改善焚烧工艺，减少有毒物质的排放；另一方面也不断加严相应的污染控制标准，以便更好地对医疗废物焚烧过程进行管理。从目前国际上的总体状况来看，首先，焚烧是二噁英产生的首要来源，也是汞产生的主要来源，焚烧过程还能产生其他金属污染物如铅、镉、砷和铬，以及卤化烃、造成酸雨的酸性气体、温室气体等。另外，焚烧过程对温度、时间以及氧气的要求非常严格，一旦出现问题或者如果对医疗废物的焚烧没有采取BAT/BEP，就会有产生并排放上述高浓度污染物的潜在危险，对人类健康和环境造成极大的威胁。其次，美国和欧盟对于焚烧炉制定了严格的大气排放标准，使得大部分设施需要更新设备并安装监控装置，这就大大地增加了焚烧的投资成本和运行成本。

但是,即便安装了大气污染控制设备并发挥了作用,也仅仅是将污染物从大气转移到飞灰中,并由此造成了一个需要进一步处理的危险废物流,须进一步进行无害化处置,说明污染物排放的问题并没有根本解决,只是将污染物从一种媒介转移到另一种媒介。而焚烧的飞灰具有很强的危害性,但是目前的相关法规却十分薄弱。因此,焚烧处置技术的不利因素导致其在世界范围内的应用呈下降趋势。

在医疗废物非焚烧处理技术应用模式方面,非焚烧处理技术不能处置所有的医疗废物,如高温蒸汽、微波和化学消毒等,仅能处置感染性废物、利器和一部分病理性废物,而化学性废物和药物性废物则不适用于非焚烧处理技术。如果分类和处置管理不当,医疗废物所存在的感染性问题不易彻底消除。此外,医疗废物非焚烧处理过程中还会产生 VOCs、恶臭和粉尘等二次污染物,处置过程中还会产生残液和废水等,其处置过程中的污染控制问题不容忽视。因此,国外生产的医疗废物非焚烧处理设施都配备了较为完善的恶臭和 VOCs 污染控制系统,并通过自动化控制,实现医疗废物处置过程安全管理。另外,非焚烧处理技术应用和管理不当,会对人体健康和周围环境带来潜在风险,处理不当仍然会导致疾病传播。

医疗废物处置技术的应用不仅仅是末端处置问题,实际上,医疗废物的管理和处置是一个系统工程,具体体现出从医疗废物的源头分类、医疗机构内部管理流程、处置技术的适用性等方面来加强医疗机构内部对医疗废物的管理和处置。

医疗废物的分类是医疗废物管理的起始环节,更是关键环节。比较公认的说法是医疗废物焚烧处置过程中大气污染物的排放与分类措施存在着密切的联系。医疗废物包括诸多 PVC,因此很可能成为二噁英生成的前驱体。另外,医疗废物中还存在着铜、铁等金属,很有可能成为二噁英生成的催化剂,会增加二噁英生成的概率。因此,医疗废物分类的一个重要目的是采用不同的处置技术处置与之相适应的医疗废物,以实现消毒效果好、环境污染小、处置费用低。

无论国际公约还是世界各国,对医疗废物的分类都给予了很高的重视。

从本质上讲，对医疗废物实行严格的分类管理，可有效排除将生活垃圾混入医疗废物中，减少医疗废物的生成量和最终处置量，减少二噁英等污染物排放，当然，也能有效地控制感染性所带来的直接危害。就一个规范的医疗废物管理而言，应包括收集、分类、包装、运输、处理以及处置等过程。然而，相关的工作在发展中国家一般都处于比较落后的发展阶段，同发达国家相比存在着一定的差距。就医疗废物的产生量而言，仅仅有大约 10%～25%的医院废物属于医疗废物，具有相应的感染性和危险性。而世界各国在医疗废物分类方式也在采取着不同的方式。通过分类，一方面旨在推进医疗废物的感染性控制；另一方面医疗废物的分类还与医疗废物的处置方式存在着联系，需要引起特别的注意。

发展中国家由于受经济能力的限制，其医疗废物处理设施普遍存在单一、缺乏和简陋的现象，导致了医疗废物的分类和最终处置的衔接性较差，其医疗废物处置的理念和技术往往是发达国家十几年前使用而现在已被淘汰的方法。医疗废物的分类由于受终末端处置技术的制约，往往只起到减少生活垃圾混入的效果，其主要特点如下：

(1) 缺乏指导医疗废物分类和最终处置技术相匹配的操作指南；

(2) 医疗废物处置观念滞后，停留在通过焚烧或填埋方式处置医疗废物这种较低的层次上，忽视了不科学、不洁净的终端处置方式可能带来的严重污染；

(3) 缺乏经费支持，导致废物分类和最终处置技术规范的硬件部分无法落实，形成政策层面不完整，执行和操作层面缺失的尴尬局面，如印度，法律、法规较为完善，配套政策也已制订，但由于要求较高，缺少经费，全国 60%以上的医院无法达标；

(4) 小型焚烧炉基本上不符合要求，是二噁英等污染物的主要排放源；

(5) 由于发展中国家对医疗废物的处置方式主要是填埋和焚烧两种，因此废物分类的好坏和末端处置的关联度不高，导致精确分类很难推广实行。

可以说，从世界各国医疗废物处置的总体发展趋势来看，首先是要建立完善的医疗废物处置技术应用管理模式，实现医疗用品的材料替代、医疗废物分类、医疗废物收集、贮存、运输、处置整个生命周期的全过程管理。

1.4 中国医疗废物处置技术发展及管理模式

1.4.1 中国医疗废物处置技术应用的发展历程

在医疗废物处置技术应用方面,具有重要历史意义的是2004年国务院批复了《全国危险废物和医疗废物处置设施建设规划》。通过该规划的实施,全国将建设医疗废物集中处置设施331个,投资68.9亿元。规划完成后的医疗废物处置设施分布情况如图1-1所示。

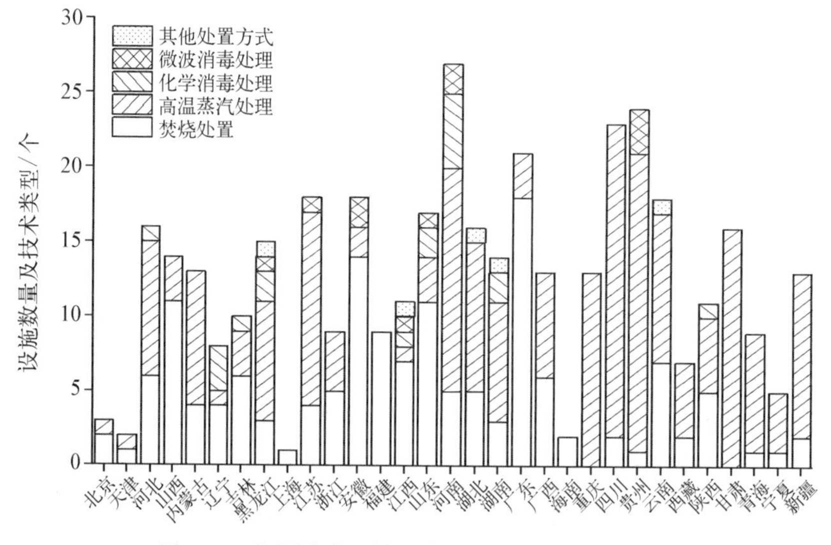

图1-1 规划完成后的医疗废物处置设施分布情况

由图1-1可知,到2018年年底,规划内建设项目中,焚烧处置设施数量占处置设施总数的37%,而非焚烧处置设施数量占63%。焚烧设施主要以热解焚烧处置设施为主,非焚烧处置设施主要以高温蒸汽处理设施为主。从目前国内技术应用的现状来看,全国医疗废物焚烧技术和非焚烧技术的应用都非常普遍,其中非焚烧处理设施在中国已成为一种主要的医疗废物处理技术方案,并呈现出良好的发展势头。

从规划的实施情况来看,医疗废物处置硬件设施建设问题基本得到解决,而在推进医疗废物处置设施规范化和安全运行方面的软件配套条件还存在着一定的差距,尤其是在中国针对医疗废物处置行业相关的经济政策和监管手段还不到位的特定背景下,如何避免和减少危险废物焚烧处置设施运行过程中的环境风险已经成为一个必须面对的科学问题和实际问题。

1.4.2　中国医疗废物处置管理模式

中国针对医疗废物的管理最早开始于 20 世纪 90 年代,主要历程包括以下几个阶段:

(1) 1995 年建设部发布了中华人民共和国城镇建设行业标准《医疗废物焚烧环境卫生标准》,对医疗废物焚烧过程的环境卫生标准提出了相应的要求。

(2) 1996 年国家技术监督局与卫生部联合发布了《医院消毒卫生标准》,该标准规定,污染物品无论是回收再使用的物品,或是废弃的物品,必须进行无害化处置,不得检出致病性微生物。

(3) 1998 年国家环境保护局等部委联合颁布实施了《国家危险废物名录》并于 2008 年修订,该名录将医疗废物列入其中。

(4) 2000 年卫生部颁布实施了《医院感染管理规范(试行)》,该规范对医院废物的处置做了规定,并明确提出要对医疗废物进行分类收集处理;锐利器具用后放入防渗漏、耐刺的容器内,并做无害化处理;感染性废物置于黄塑料袋内密闭运送,做无害化处理等。

(5) 2001 年国家环保总局出台了《危险废物焚烧污染控制标准》(GB 18484—2001)、《危险废物贮存污染控制标准》(GB 18597—2001)和《危险废物填埋污染控制标准》(GB 18598—2001),对危险废物焚烧厂的选址、焚烧炉的技术指标、危险废物贮存等环节均做出了相应的规定。

(6) 2003 年国务院颁布实施了《医疗废物管理条例》,该条例是中国第一部关于医疗废物管理的法规文件，它的出台标志着中国的医疗废物的管理从产生、暂存、运送、集中处置的全过程进入了规范化、法制化管理的轨道。

(7) 2004 年国务院批复了《全国危险废物和医疗废物处置设施建设规划》。该规划的实施，无疑成为中国推进危险废物和医疗废物处置能力建设的具有历史意义的跨越。随后国家环境保护部和卫生部也陆续颁布了一系列法规及标准，该规划以及相关配套政策、法规及标准的颁布实施标志着中国在医疗废物管理和处置方面进入一个全新发展阶段。

(8) 2019 年 10 月，生态环境部印发的《关于提升危险废物环境监管能力、利用处置能力和环境风险防范能力的指导意见》；2020 年 2 月，经国务院同意印发的《医疗废弃物综合治理工作方案》均明确要求；到 2020 年年底，全国每个地级市都要至少建一个规范的医疗废物处置设施；到 2022 年 6 月底，各县(市)建成较为完善的医疗废物收集转运处置体系，将围绕补齐短板，全面提升中国医疗废物处置能力。

中国医疗废物相关管理体系如图 1 - 2 所示。由图中数据可知，在医疗废物焚烧处置技术应用方面，国家也先后颁布了一系列标准、技术规范和法规文件，规范了医疗废物的处理处置和运营。为了规范上述三种医疗废物非焚烧处理技术，2005 年中国先后颁布了《医疗废物集中处置技术规范》(环发〔2003〕206 号)、《医疗废物集中焚烧处置工程建设技术规范》(HJ/T 177—2005)和《医疗废物焚烧炉技术要求(试行)》(GB 19218—2003)，对医疗废物焚烧技术的收集包装、收集运输、贮存输送、消毒处理进行了初步规范化。三个规范对于加强医疗废物的安全管理，保护环境，防止疾病传播，保障人体健康，实现医疗废物无害化、减量化处理的目标，规范医疗废物焚烧处置技术的实际应用、指导医疗废物化学消毒处理工程规划、设计、施工、验收和运行管理具有重要意义。在医疗废物非焚烧处理技术方面，2006 年陆续颁布了《医疗废物化学消毒集中处理工程技术规范》(HJ/T 228—2006)、《医疗废物高温蒸汽集中处理工程技术规范》(HJ/T 276—2006)和《医疗废物微波消毒集中处理工程技术规范(试行)》(HJ/T 229—

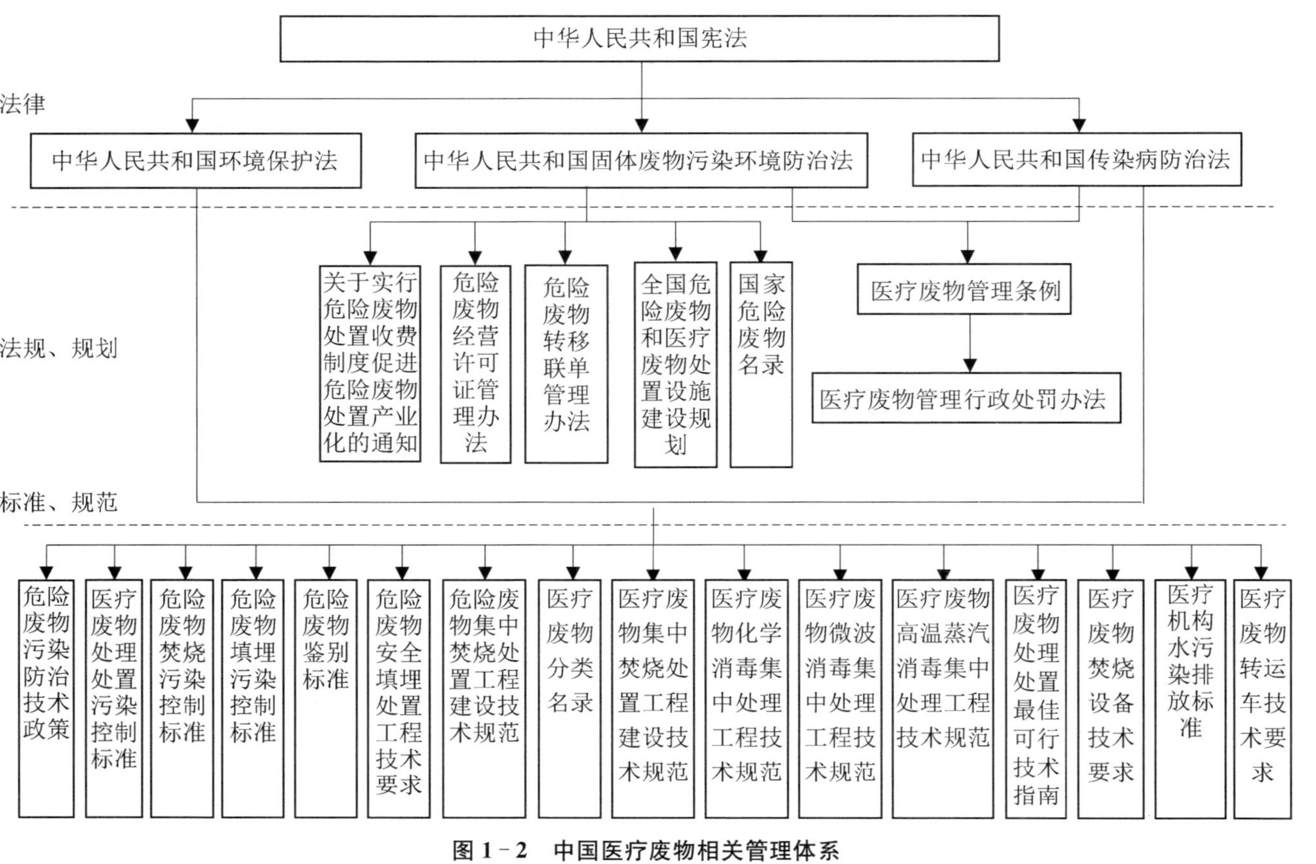

图 1－2　中国医疗废物相关管理体系

2005)。2020 年 6 月,生态环境部对以上三个非焚烧处理技术规范进行了修订并公开征求意见。另外,针对医疗废物处理处置技术的选择和应用,2009 年国家出台《医疗废物处理处置最佳可行技术指南》,指导医疗废物处理处置技术的选择和应用。《危险废物(含医疗废物)焚烧处置设施二噁英排放监测技术规范》《医疗废物集中焚烧处置设施运行监督管理技术规范》《危险废物(含医疗废物)焚烧处置设施性能测试技术规范》《医疗废物处理处置污染防治最佳可行技术指南(试行)》等技术规范的出台,有利于指导和规范医疗废物处理处置的污染防治、监督管理和设施性能测试等。

从目前医疗废物处置管理体系的发展趋势来看,医疗废物污染防治不仅涉及医疗废物从产生到收集、贮存、运输、处置整个生命周期实施全过程管理,也涉及医疗废物处置从技术选择到技术认证、技术应用环节的工程建设、建设后处置设施的运行管理、环保部门的监督管理以及配合设施运行和监督管理所实施的监测管理等全过程管理环节。

1.4.3 中国医疗废物处置技术及管理模式与国外差距分析

医疗废物处置技术和管理模式优化是一个不断进步和发展的过程,世界各国,无论是发达国家还是发展中国家,都在积极的推进其处置技术应用和管理能力的提升,如美国、英国、约旦、埃及、韩国、土耳其、巴西、蒙古、希腊和印度等。

发达国家已经逐渐以非焚烧技术替代焚烧技术,又如焚烧烟气的二噁英排放标准,国际上多数国家采用了 0.1～0.5 ngTEQ/ Nm^3 排放指标。结合西方国家的经验,非焚烧处理技术所体现出的建设成本和运营成本低、处置后产生的残渣不具有危险特性以及不排放二噁英等优点。然而,从医疗废物非焚烧处理技术应用模式来看,非焚烧处理技术不能处置所有的医疗废物,如高温蒸汽、微波和化学消毒等,仅能处置感染性废物、损伤性废物和部分病理性废物,而化学性废物和药物性废物则不适用于非焚烧处理技术。因此,如果分类和处置管理不当,医疗废物所存在的感染性问题不易彻底消除。另外,医疗废物非焚烧处理过程中还会产生恶臭、VOCs 和粉尘等二次污染物,处置过程中还会产生残液和废水等,其处置过程中的污染控制问题不容忽视。因此,国外生产的医疗废物非焚烧处理设施都配备了较为完善的恶臭和 VOCs 污染控制系统,并通过自动化控制,实现医疗废物处置过程安全管理。另外,非焚烧处理技术应用和管理不当,也会对人体健康和周围环境带来潜在风险,如会产生恶臭和 VOCs 等大气污染,处理不当仍然会产生疾病传播。

对医疗废物非焚烧处理设施而言,医疗废物的化学和热动力学等特性决定了采用技术的系统配置和单元设计、设施运行条件以及后续的废气处理系统和废水/废液处理系统的配置,决定了温度和消毒时间等参数。因此,在选择医疗废物非焚烧系统和设计时要充分分析和考虑废物的类型和性质,合理的选用高效经济的处理装置,并根据处理量和处理要求确定合适的设计参数和工艺参数,保证医疗废物非焚烧时的灭菌效率。反过来说,要确定一套设施是否达标排放,是否确保对特定废物处置类型的适用性,就需要结合废物的特性和设施的工况进行系统的评价。性能测试作为一种综合性的设施性能评价方法,国外在危险废物和医疗废物焚烧领域获得了较为广泛的应用。实际上,要进行科学系统的考证一套非焚烧设施的性能,就必须结合非焚烧设施的特性进行,全面考证一套设施的安全性能,要从废物特性、设施工况性能、污染物排放性能以及设施运行参数相结合的全过程的设施性能测试和评价方法。

尽管中国已基本建立了有效医疗废物管理的法规、政策、标准体系,并建设了大量的医疗废物处置设施,但中国医疗废物管理和处置尚未建立起全过程管理体系,存在医疗废物管理操作性不强、安全性不够,污染物排放控制难度大等问题,主要体现在如下几个方面:

1) 现行医疗废物管理体系有待进一步规范和完善

现行管理体系未体现医疗废物生命周期和全过程管理的实际需求,如对医疗废物源头减量考虑不足,不利于减少医疗废物处置过程中的污染物排放;医疗机构内部医疗废物分类未能考虑与末端处置技术间的衔接;医疗废物收集、贮存、运输等环节规范不具体;设施运行和监督管理方面缺乏科学的方法和手段。上述问题的存在,有待从技术管理体系完善角度科学分析和诊断,推进可持续的医疗废物管理体系的建立。

2) 医疗废物监督管理有待加强

医疗废物监督管理体系尚不完善,如医疗废物产生机构、监督管理机构、医疗废物处置机构及相关机构的职权分工不够清晰,法律责任不够明确问题;设施建设完工试运行管理程序以及相应监测的可靠性、验收程序的可操作性还存在欠缺;医疗废物处置设施运行监督管理还缺乏足够的依据,缺乏完整的执法监督体系,缺乏持续、全面、严格、规程性的监督管理手段,难以保证有效的监督管理等。如何基于医疗废物的产生以及后续处置技术的特点,推进医疗废物生命周期和全过程管理体系的医疗废物监督管理方面的应用至关重要。

3) 医疗废物处置技术应推进 BAT/BEP 理念

医疗废物处置技术难以满足未来国际社会对医疗废物处理处置技术的基本要求以及保护环境的需要,如在处置技术选择方面没有充分考虑最佳可行技术和最佳环境管理实践(BAT/BEP)理念;国内目前在医疗废物焚烧处置技术方面同满足履约要求存在较大的差距,任何技术的选择和应用都应是建立在技术、管理、经济以及社会可接受性为一体的应用模式基础上才能奏效。

4) 医疗废物焚烧处置设施排放标准有待提高

目前,中国焚烧烟气的二噁英排放标准为 0.5 ngTEQ/Nm^3,与国际上普遍采用 POPs 公约建议的 0.1 ngTEQ/Nm^3 排放指标仍存在一定差距。另外,由于管理人员和操作人员在操作能力和水平存在的差距,也造成处置设施排放的差异,如何从运行管理能力提升角度推进设施运行管理是确保处置达标的关键。

5) 医疗废物源头的分类和减量有待与后期处置技术相衔接

中国医疗废物分类的指导思想是通过分类,科学地区分生活垃圾和医疗废物,达到医疗废物减量化的目的;医疗废物经过合理的分类后,根据其材质和污染程度的不同,采用不同的无害化处置方式进行处理,以最大限度地减少对环境的污染。但是医疗废物的分类虽根据其卫生学特征和危害性分为五类,由于区域内医疗废物处置技术的单一,造成分类与处置脱节,未能体现分类的实际意义;且有些地区医疗废物管理和处理处置机构负责人员本身对分类的模糊认识导致要求医疗机构分类过多,大大增加了用于包装的高分子废物量。而就医疗废物非焚烧处理技术而言,仅能处理感染性废物、利器和一部分病理性废物,如将化学性废物和药物性废物纳入非焚烧处理设施则会带来环境风险。

6) 医疗废物应急处置能力有待进一步提升

2020年年初暴发的新冠疫情,暴露出我国医疗废物应急能力方面存在多方面的短板。一方面,全国生态环境管理系统的应急意识和应急思维普遍淡薄,各政府部门对迅速、高效抗击疫情的重要性、复杂性、严峻性和持久性缺乏足够的认识。基层普遍缺乏切实可行的医疗废物应急预案。加之应急设施、应急技术、转运车辆、应急操作人员等的匮乏,致使应急处置工作被动,应急管理"临时抱佛脚",明显缺乏连续性、落地性。另一方面,我国在医疗废物应急处置过程中的环境污染管理要求仍属空白。与专业处置设施相比,临时启用的医疗废物应急处置设施在设施组成、功能、运行参数控制、自动控制等方面存在一些问题,污染物排放缺乏监督性监测,污染隐患持有客观认识和分析。此外,我国医疗废物集中处置能力是按照常态下医疗废物产生量设计的,未考虑重大疫情期间医疗废物产生量急剧增加的情况。并且,与常态下相比较,疫情期间医疗废物中的无机废物增多、含水率增大等,后续处置难度增大。因此,医疗废物应急处置缺乏顶层设计、应急处置能力严重不足、应急处置技术力量短缺、应急处置监管能力不足等都是我国有待补齐医疗废物应急处置能力短板的根本原因。

7) 医疗废物处置模式单一

"非典"疫情后,我国推行医疗废物集中处置模式。一般情况下,一个地级市建立一个医疗废物集中处置中心,负责辖区内医疗废物的收集处置。但是,由于数量少、位置偏、体量小等因素,在城市基础设施建设体系中,医疗废物集中处置设施容易被忽略。而且,在集中处置模式下,医疗废物不可避免地需要长距离运输,运输途中易发生散落、泄露,造成疾病传播和环境污染的风险较大。在针对新冠疫情的相关个人及公共卫生防护以及医疗废物管理指导文件中,WHO提出在确保安全收集分类的前提下,推荐对涉疫情医疗废物进行就地处置。因此,在医疗废物分类管理的理念下,兼顾安全、健康和环保需求,可以将疫情期间医疗废物分为高感染性医疗废物、传统医疗废物和混有高感染性的废物(如隔离病房的生活垃圾、被褥床单等)。为在最小范围最短时间内降低医疗废物的风险,可以通过采用非焚烧处理技术就地或就近灭活处理医疗废物,然后再集中焚烧处置。随着非焚烧处置技术和设备的发展,推行集中处置与就地处置相结合的医疗废物处置模式势在必行。

1.5 中国医疗废物处置技术应用管理需求

1.5.1 建立健全生命周期和全过程管理体系

结合国家公约和欧美发达国家的经验,应从全过程管理的实际需求出发,推进医疗废物生命周期和全过程管理体系建设。中国医疗废物技术管理体系构建框架建议如图1-3所示。

图1-3切实体现出生命周期管理和全过程管理的理念,所谓生命周期管理是指针对医疗废物从产生到收集、分类、包装、暂存、运输、处理、处置的整个过程进行管理;全过程管理是从环境管理的过程来说的,即针对一项技术研发后的技术认证、技术应用环节的工程建设、建设后设施的运行管理、环保部门的监督管理以及配合设施运行和监督管理所实施的监测管理。通过该过程,全面推进建立一个满足环境、经济、社会以及公众医院的医疗废物管理体系,促进医疗废物可持续管理。

医疗废物的管理和处置应是一个从源头开始,一直到安全处置结束的

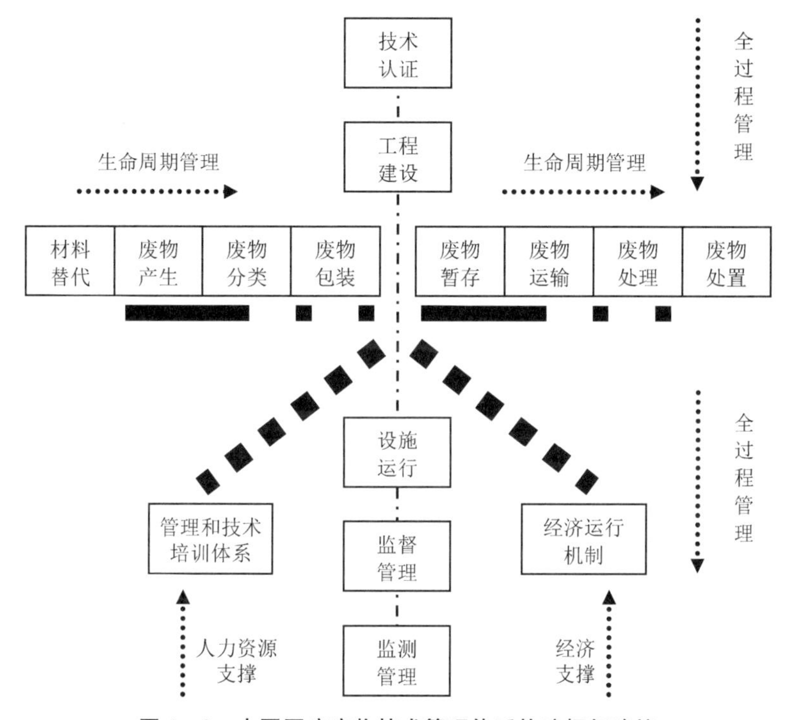

图1-3　中国医疗废物技术管理体系构建框架建议

全过程,其核心内容是要根据焚烧和非焚烧两类技术的不同特点,切实从技术适用型角度出发,从源头开展,做好医疗废物的减量、分类和包装工作,全面推进源头分类与后期处置技术应用相衔接;另外,还要从废物的产生和处置流程中,做好其暂存和运输工作,消除其感染性威胁。应围绕医疗废物从产生到处置整个生命周期的实际管理工作需要,国家应从技术选择、工程建设、设施运行、监督管理以及监测管理等角度出发,建章立制,结合现行医疗废物管理体系制定适用于不同环节的技术标准和规范,做到有章可循、有法可依。另外,医疗废物处置工作还要切实解决两大关键问题,一是能力建设,包括医疗废物收集、分类、包装、运输、处置等整个过程相关人员的能力提升问题;二是经济运行机制,应做到在医疗废物处置设施工程建设、设施运营等过程有足够的经济支撑,确保整个医疗废物管理和处置过程稳定运行。

此外,应根据中国履约要求,积极探索具有中国特色的医疗废物管理和处置领域的 BAT/BEP。采用 BAT/BEP 是中国未来医疗废物管理和处置的必由之路,因此,应根据不同的医疗废物处置技术,如焚烧、热解、高温蒸汽、化学消毒、微波等技术的实际应用出发,在全面开展 BAT/BEP 示范的基础上,编制相应的 BAT/BEP 导则,从技术应用、工程建设和设施运行管理等角度,为医疗废物领域 BAT/BEP 的定义和推广应用提供管理基础。另外,结合中国医疗废物管理领域的政策、法规和标准,借鉴国外经验,进一步明确医疗废物管理的主要途径和方法,以便进一步促进医疗废物生命周期和全过程管理理念的理解。

统筹建设以城市为核心的医疗废物处理模式,推进医疗废物全生命周期管理理念的实践应用,各医疗卫生机构内部产生到废物处置单位的处置等全过程的各个环节,不同单位、不同管理部门分别担负不同的管理职责。

2020 年 4 月 29 日,新修订的《中华人民共和国固体废物污染环境防治法》明确规定,县级以上人民政府卫生健康、生态环境等主管部门应当各司其职加强对医疗废物收集、贮存、运输、处置环节的监督管理;医疗卫生机构应依法对本单位产生的医疗废物进行分类收集,并将其交由医疗废物集中处置单位集中处置;而医疗废物集中处置单位则应及时收集、运输和处置医疗废物。发生重大传染病疫情等突发事件时,卫生健康、生态环境、环境卫生、交通运输等主管部门应加强部门间的协作,依法开展应急处置工作,统筹做好医疗废物等危险废物的收集、贮存、运输、处置等,保障所需的车辆、场地、处置设施和防护物资。

可见,明确医疗废物管理和处置的各个责任主体,实现有效分工,分解任务,对于实现城市医疗废物的统一和协调管理,避免因责权利不清造成各种疏漏,是防止医疗废物危害公众健康、污染环境的必要保障。

1.5.2 建立以城市为核心的医疗废物管理和处置体系

基于目前中国医疗废物处置设施建设规划,以及不同医疗废物处置技术的使用范围,医疗废物的处置应做到三个衔接,即焚烧处置技术与非焚烧处理技术相衔接,推进不同处置技术的优势互补,包括城市内部焚烧与非焚烧处理技术,也包括邻近城市之间的技术应用过程优势互补;医疗废物产生单位与医疗废物处置单位的管理相衔接,应实现医疗废物的源头分类和减量工作与后续的医疗废物处置技术的应用相衔接,确保处置技术应用的规范性和安全性;推进生态环境行政主管部门与卫生行政主管部门在针对医疗废物监督管理方面的衔接,确保医疗废物管理的连贯性和统一性。具体内容包括以下几个方面。

1) 进一步推进技术研发和技术应用的广度和深度

从目前的国际发展趋势来看,医疗废物处置技术呈现出不断进步和发展的态势。焚烧处置技术日新月异,非焚烧处理技术不断更新。我国作为世界上最大的发展中国家,应从国家层面全面推进医疗废物处理处置研发机构能力建设,在基本研发能力、工程建设和设施运行等方面逐步向国际先进水平靠拢,建立科学合理的技术支撑体系,为不断解决医疗废物环境管理问题,寻求适合中国国情的 BAT/BEP 提供技术支撑。而就医疗废物具体焚烧处置技术来看,目前针对焚烧炉内过程的研究还有待进一步深化,针对尾气净化技术还有待进一步推陈出新,针对运营管理过程还有待进一步摸索出切实可行的实践经验。从医疗废物非焚烧处理技术来看,基于目前中国对各类非焚烧处理技术的应用和管理还处于起步阶段的实际情况,应针对其处置过程中产生的二次污染物,如恶臭、VOCs 的污染控制应加强研究,针对其微生物检测的技术和方法应深入摸索,针对该类设施的运行管理技术应加大投入,推进该类技术应用的良性发展。

2) 实施医疗废物源头分类,推进医疗废物处置技术优化

医疗废物机构内部医疗废物管理问题至关重要,一方面它关系到能否切实消除医疗废物感染性,减少对人体和环境的危害;另一方面它也与后续的处置技术的选择以及处置技术的应用密切相关。正如 Diaz. L. F 等认为,在开发医疗废物管理计划时,进行风险及成本分析时一定要透彻了解废物的数量和特性,但无论在发达国家还是在发展中国家,都未能清晰地明确上述问题。而目前中国环境管理问题的核心问题仍然是管理问题,这是技术

问题解决的前提和基础。就医疗废物管理和处置领域而言，做到以下几个方面：

(1) 进一步完善医疗机构内部医疗废物管理模式，探讨医疗机构内部医疗废物分类及其处理方式，这是由于目前我国医疗机构医疗废物的分类比较粗放，且多考虑的是管理方便，对医疗废物的特性考虑较少；同时对一些特殊的医疗废物的处置如含汞类废物、废弃的化学试剂、消毒剂等没有给予足够的重视；同时对中国高分子废物产量大的特点未进行充分的考虑。一个有效的医疗废物管理计划是医疗废物管理的关键环节，这不仅对于护理本身，而且对于管理人员的职业安全也扮演着相当重要的角色。另外，医疗卫生机构也产生一定的化学性和危险性物质，这些物质不能采用高温蒸汽等处理设施进行处置，包括来自化疗过程产生的废物、汞、挥发性和半挥发性物质、放射性物质以及其他危险性化学物质。

(2) 在一次性使用医疗用品使用方面，应加强对其规范化管理。医疗废物的循环利用趋势不可避免，非焚烧的资源化和能源化技术逐步取代传统的焚烧技术，已成为一次性医疗废物处置技术的发展趋势。我国对塑料制品逐步采用强制性回收再利用是代表最先进最环保的科技潮流，既可最大限度地回收利用资源，又可彻底消除因填埋、焚烧而带来的各种环保弊端。统一回收、集中存放、统一处置，防止使用后通过非正常途径流入社会，造成病源性疾病的传播，确保医疗安全和患者健康。

(3) 应正确区分医疗机构废物和医疗废物。根据 WHO 研究成果，只有 10%～25%医疗机构产生的废物属于医疗废物，而实际上往往将医院内产生的所有废物理解为医疗废物，分类管理水平较差。

2020 年 2 月，国家卫生健康委等多部委联合发文，将医疗卫生机构产生的废弃物划分为医疗废物、生活垃圾和输液瓶(袋)，并明确了其相应的处理处置方式和管理要求。然而，医疗废弃物的分类管理不规范、将医疗废物与其他垃圾混堆混存的现象仍普遍存在。由此造成医疗废物处置量增加，既加重了医疗废物无害化处置的负担，又造成了更多的二次环境污染隐患，尤其是医疗废物在焚烧处置过程中会产生二噁英等有毒有害物质的排放。

无害化、减量化、资源化的综合处理是对一次性医疗废物的发展目标。为了推进医疗废物的源头管理，国内外专家学者已开展了大量的研究工作，希望通过行政管理和技术方法相结合的方式推进医疗废物的源头管理，如层次分析法。因此，应首先从源头入手，通过减少应用、综合利用、分类回收等措施，全面推进医疗废物的分类管理。在考虑医疗废物管理计划时，一方面要做到无害化和减量化，适当考虑资源化；另一方面也要考虑后期可处置的医疗废物类型，进行规范的分类管理。这就要求对中国医疗机构产生的医疗废物的分类进行深入细致的研究，并制定详细的医疗废物源头管理细则，推进医疗废物管理。

3) 加强焚烧处置设施的运行管理，推进焚烧技术规范化应用

焚烧技术是目前中国医疗废物处置的主流技术。《全国危险废物和医疗废物处置设施建设规划》所提出的300多个医疗废物处置设施中，一大半要采用焚烧处置技术。为了全面推进中国履约进程，首先就要在医疗废物领域全面贯彻和落实全过程管理理念，从医疗废物源头开始，实施减量，尤其诸如医疗废物焚烧处置的源头氯源的减量控制方面与国外发达国家存在着一定的差距，这也是导致中国目前危险废物焚烧处置尾气治理难度比较大和无法达标的主要原因之一。中国虽然从标准层面上对医疗废物包装袋等的材质提出了一定的要求，严禁采用聚氯乙烯材料制作医疗废物包装袋，但是，一方面危险废物领域的管理问题不仅仅是医疗废物一种废物，另一方面由于中国在环境执法和材料替代方面进展缓慢，缺乏基本的政策导向，进而造成危险废物和医疗废物源头减量方面得不到有效控制。如欧美国家和其他一些发达国家在医用制品上采用的原材料主要是聚乙烯，而中国主要采用的是聚氯乙烯；欧美国家和其他一些发达国家在医疗废物的包装上使用的是纸板箱，是连同医疗废物一同焚烧处置的，而中国是采用清洗消毒箱和医疗废物包装袋，而且包装袋是连同医疗废物一同焚烧的。这种差距的存在，直接导致中国和发达国家之间在二噁英产生方面存在差距。因此，加强源头控制是实现中国危险废物焚烧尾气污染控制的前提条件，应做到如下几点：

(1) 从源头上减少和限制含氯医疗用品的生产和应用,严格执行《医疗废物专用包装物、容器标准和警示标识规定》(环发〔2003〕188 号),杜绝在医疗废物包装过程中采用含 PVC 的材料制作包装物,全面减少用于焚烧处置医疗废物中的 PVC 的含量,从根本上解决二噁英产生的氯源问题,废物源头产生量最小化是从解决危险废物焚烧处置过程二噁英产生的根本方法。这一点已经得到全世界越来越明确的共识。只有在源头减少产生二噁英的氯源问题才能从根本上保证最终排放量的较少,同时也会减轻后续尾气处理的负荷。

(2) 从如何提高运营者的管理水平出发,全面推进设施运行规范化,通过完善管理来推进达标问题的解决。

(3) 从提高环境监督执法水平出发,全面推进环保部门在设施运行监督执法过程中切实实现从末端控制走向过程控制,从宏观的环境执法走向微观执法,并全面实现从人为管理走向法制管理的技术化环境管理道路,进而从行政执法角度规范医疗废物处置领域的行业行为。

(4) 进一步提高焚烧处置技术水平的实际需要出发,加大投入力度,促进 BAT/BEP 的示范和推广,实现医疗废物焚烧处置过程安全管理。

4) 推进非焚烧处理技术应用,把握非焚烧处理技术规范化应用

从当前中国医疗废物管理情况来看,对于目前规划中的建设项目,尤其是针对 3～5 t 的中小规模的医疗废物集中处置设施,应鼓励采用高温蒸汽、微波和化学消毒等非焚烧处理技术,并配套相应的管理手段,从根本上消毒二噁英的产生和排放,这也是未来解决医疗废物处置过程履约问题的根本出路。

但是,采用非焚烧处理技术处理医疗废物时也要注意污染防治问题,不仅要综合考虑医疗废物的处理类型、细菌灭活效率、技术可靠性、自动化水平、环境排放物和环境影响、职业安全与健康等基本因素,还要考虑政策法规的认可程度、公众的接受程度、处理空间的要求和选址、配套公共设施及安装要求等基础因素,以便确保非焚烧处理技术应用的实效性。因此,在非焚烧处理技术应用过程中一定要注意以下几个方面:

(1) 一定要将非焚烧处理技术不能处置的化学性废物、药物性废物和病理性废物在源头分类过程中分离出去。

(2) 要严格控制非焚烧处理过程中的工艺参数控制以及处理效果检测,确保经非焚烧处理后的医疗废物能够达到国家相应标准以下,不再具有感染性。

(3) 经非焚烧处理后的医疗废物也要妥善管理,实施规范的填埋或焚烧处置,不能任意丢弃,否则还会有恢复到原有感染废物特性的可能。

5) 加强监督和监测技术体系建设

医疗废物的环境监督工作是全面推进整个医疗废物政策、法规及标准体系建设的核心环节。在监督管理体系建设方面,应在首先推进监督管理政策、法规及标准体系建设的同时,着重从推进政策、法规及标准实施的角度出发,围绕医疗废物收集、分类包装、贮存、运输、处理、处置以及资源化利用的整个过程,从技术和管理角度加强管理所需要的技术和手段,使各级环保部门以及其他相关管理部门走向技术化管理轨道。监测工作是监督管理的必要手段。因此,该体系的建设应结合医疗废物环境管理和设施运行的需要,重点从加强环境管理部门环境监测能力出发,从监测方法、监测技术以及监测手段提升等角度出发,开展环境监测体系的建设,提升中国医疗废物环境监测能力,进而提升医疗废物全过程环境管理能力。

6) 建立规范的经济运行机制

经济运行机制的建设和完善的最终目标是要做到在医疗废物处置设施工程建设、设施运营等过程有足够的经济支撑,确保整个医疗废物管理和处置过程稳定运行。经济运行机制的建设是推进医疗废物可持续环境管理的必要支撑手段。因此,应围绕处置技术研发、工程建设、设施运营等环节的实际需求出发,探索且适合性的经济手段,从商业化协作、医疗废物处置定价、财政补贴、税收和环境税等角度出发,规范医疗废物处置的规范化建设和运营行为。

7) 加强医疗废物集中处置单位的管理

按要求到服务范围内的医疗卫生机构收集医疗废物,按规范包装和装车。配备备用车辆和应急人员并保持良好状态，确保按期收集各医疗卫生机构的医疗废物。医疗废物运输必须实行危险废物转移联单制度。严格按工艺规范焚烧医疗废物，定期保养维护设备，保持良好状态。废水、废气处理必须达到国家规定的排放标准；炉渣必须送生活垃圾填埋场填埋；飞灰、废活性炭等危险废物必须按规范进行贮存，送有资质的单位进行处理。建立突发事件应急预案，每年按应急预案进行一次演练，人员发生较大变动时，应及时进行演练，以确保按应急预案熟练处置突发事件。

8）完善医疗废物应急处置体系的建设

2020 年年初以来，随着疫情防控力度的逐步加大，我国医疗废物应急收集处置体系凸显出了一系列问题和短板。因此，提高完善医疗废物应急体系的认识和重视，统筹规划应急能力建设，对于补足生态环境应急体系的短板，保障城市可持续发展具有重要意义。市级人民政府作为应急响应的管理主体，应组织编制并发布辖区内医疗废物应急处置工作实施方案，针对医疗废物的管理短板，规划建设回收和处理处置设施，鼓励医疗废物移动式处理处置技术的研发，完善医疗废物信息化管理平台以及增强应急保障能力等方面，全面提升医疗废物的应急管理能力，切实保障医疗废物在突发公共卫生或环境污染事件时得到迅速、高效无害化处置，维护当地的环境与卫生安全。

9）加大宣传教育力度，推进公众参与

国外的经验和国内的教训客观要求我们必须加大宣传教育力度，推进公众参与放在非常重要的地位。为有效地实现医疗废物的全过程管理，就必须使相关管理和技术人员懂得如何去实现相应环境管理目标的实现，采取何种方法和措施才是符合要求的。在此基础上还要使相关政府官员、环境管理者、处置设施运营单位的管理者、操作工人切实了解国家相关政策、法规、标准，切实明确各类医疗废物处置设施的操作模式和操作程序，进而实现各项管理和操作过程有章可循。因此，应探索医疗废物全过程管理所涉及的培训体系的建立，包括医疗机构内部医疗废物收集、分类和包装等知识的培训，也包括医疗废物贮存、运输以及处置环节管理和技术的培训，以便最大限度地满足医疗废物管理和处置的要求，推进全过程管理理念的有效贯彻和实施。为了提高医疗废物的管理水平和效果,必须改变目前的培训方式,研究中国医疗机构内部医疗废物管理知识培训方式及内容,并编写一套适合中国医疗机构以及不同处置技术点的医疗废物管理及培训教材。另外,也应在培训机构和培训师资等方面加大资金投入,以便为建立规范的管理和技术培训体系提供基础和条件。

另外,还应在积极推进管理和技术培训,提高管理和技术人员能力和水平的基础上,广泛开展宣传教育,扩大公众参与,以便更好地促进良好的医疗废物管理意识和行为习惯的形成和发展。

1.5.3 促进医疗废物处置管理多元化

1) 建立集中与分散相结合的医疗废物处置模式

目前,我国建立的是以行政区划为核心的医疗废物管理体系。医疗废物的处置经营许可归所在市级环境保护行政主管部门审批,且普遍只有一家医疗废物集中处置设施。

边远地区或距当地医疗废物集中处置设施较远的医疗卫生机构由于其地理位置偏僻、经济落后、分布不集中和医护人员对医疗废物管理知识欠缺等因素,导致该类地区医疗废物处置分类隔离贮存不规范、转运频率低、贮存时间长、违规自行处置等问题长期得不到有效改善。

尤其在发生重大疫情期间,上述问题更加突出。由此造成环境风险、处置成本增加等方面的问题也不容忽视。探索以城市为核心的医疗废物集中与分散式收集处置模式,是解决医疗废物管理适应城市发展需要的必由之路。在坚持实行集中处置的基础上,充分考虑边远地区医疗废物的产生及分布特点,按照因地制宜的原则,结合现实需求,科学配套建设小型医疗废物处理设施,减少长距离转运,开展就地、就近、及时处置,同时作为集中处置设施的适当补充。这些小型医疗废物处理设施应简单易行,如,采用非焚烧处理技术或者处理后安全填埋等,利用当地现有条件实现及时消除医疗废物的感染性的目的,减少其处置过程对环境的二次污染。

此外，还可参考国际上推行的管理经验，对传染病医疗机构产生的感染性医疗废物或发生一定规模突发公共卫生事件后的数量徒增的医疗废物利用移动式可撬装处理设施进行就地、高效处理处置，也不失为一种可操作性强、环境风险较低、管理方便的区域性集中处置方式。

2）积极探索医疗废物协同处理处置经验

现行的医疗废物处理处置技术，尤其是非焚烧类，从适用范围来看，多具有一定的局限性。焚烧处置设施基本可对所有种类的医疗废物进行无害化处置，而非焚烧类的处理设施，却无法对化学性、药物性以及部分病理性医疗废物进行有效处置。为此，以城市为单元，建立城市间的区域协同处置机制，利用不同处理处置工艺的互补性，将不能处置的医疗废物种类转移至相对较近的市级医疗废物处置单位进行安全处置，可为解决当地全种类医疗废物无害化处置问题提供条件。同时，在具有富余医疗废物处置能力的相邻城市或省份间建立跨区域协同处置机制，也是有效应对医疗废物应急处置需要的一种积极有效的举措。

医疗废物处置行业研究文献表明，全国的医疗废物热值高于 4 500 kJ/kg，水分＞40％，可燃物以纸类、塑料类、棉纱类为主，适合焚烧技术进行处置。

基于此，国家印发的《新型冠状病毒感染的肺炎疫情医疗废物应急处置管理与技术指南（试行）》提出，可依次考虑将危险废物焚烧设施、生活垃圾焚烧设施、工业炉窑等焚烧设施用于疫情期间医疗废物的应急处置。但应对这些非专业性的处置设施设置专用卸料区，并配置专用上料设备、清洗消毒设备等。当地政府可将上述环境效用相似的环境基础设施进行整合，统筹管理，以便应急时期第一时间相应处置需要。同时，也应在规划或实施医疗废物应急能力建设时，充分考虑医疗废物处置设施与后续处置设施（如，填埋场等）及应急处置设施（如，协同处置设施）的科学、合理布局，使各类医疗废物处理处置设施发挥最大效用。

3）以智慧化管理手段推动医疗废物高水平管理

近年来，随着“互联网＋”等信息化技术的在各个领域应用的不断深入，物联网技术在医疗废物管理实践工作中发挥着积极作用。基于云端管理的医疗废物管理系统，综合应用物联网技术、移动终端技术、GIS、GPRS 等技术，对医疗废物从产生、计量、交接、收集、批量出入库等环节实行动态监管，利用电子感应等物联网手段将所有过程的人工录入变为扫描或自动上传录入，实现物联网与信息化系统的融合联动，为医疗废物管理提供坚实的技术支撑。

通过这样的物联网管理手段，可对医疗卫生机构产生的各类医疗废弃物，如，医疗废物，生活垃圾以及可作为再生资源的一次性输液瓶（袋）等废物实现收集、贮存、销售、转运和处理处置等流程的再造，实行全程扫描记录，零输入，最大程度减少与防控废物交接过程中的卫生与环境风险。在医疗废物管理工作中，其追溯性闭环式监管效果更加凸显。不仅能够对各类医疗废物的产生、贮存、运输、处置等情况进行可视化管理，还可实现对实时数据、历史数据的分析、统计等功能，便于管理人员依据数据动向，进行纵向、横向比较，辅助管理实践和决策。

此外，建设医疗废物信息化管理平台，将医疗卫生机构、医疗废物处置单位对医疗废物的管理数据互联共享，并设置不同的管理权限，根据不同职能部门的工作需要和按照不同的工作范围享有的资源进行访问控制等。

据大量的案例分析显示，医疗废物信息化管理目前还在提高医疗废物收集交接效率，节约人工成本；增加医疗废物处理计费的透明度，避免处置单位与医疗机构之间对重量或数量上的不一致问题；减少各类纸质登记和档案记录，节省大量的物资耗费等方面，被广泛认可。

医疗废物的信息化管理进程仍在不断的完善和发展中，其必将为现代化的医疗废物管理提供更加高效、精准化的操作平台发挥更加广阔的作用。

第 2 章

医疗废物处理处置技术的选择和优化

本章针对各类医疗废物处理处置技术进行分析和评估,明确了不同类型医疗废物处理处置技术的适用性,对医疗废物处理处置技术选择过程中所涉及的影响因素进行了分析和总结,建立了医疗废物处理处置技术选择考虑的指标体系,同时分析了医疗废物处理处置设施硬件及污染物控制的措施,为优化医疗废物处理处置技术及应用提供依据。

2.1 医疗废物处理处置技术分析与评估

2.1.1 医疗废物焚烧处置技术分析与评估

医疗废物焚烧设施通常包括废物进料、焚烧、烟气净化和残渣处理等系统。不同的医疗废物处置设施所采取的废物准备和供给、废物焚烧以及烟气净化设施会有所不同,因此,医疗废物焚烧处置技术呈现出多种不同形式的组合。医疗废物焚烧处置设施硬件构成及污染物控制措施如图 2－1 所示。

由图 2－1 可知,医疗废物焚烧处置是一个系统工程,充分体现了各个系统的不同功能以及不同系统之间的衔接性。因此,对于一套设施的性能

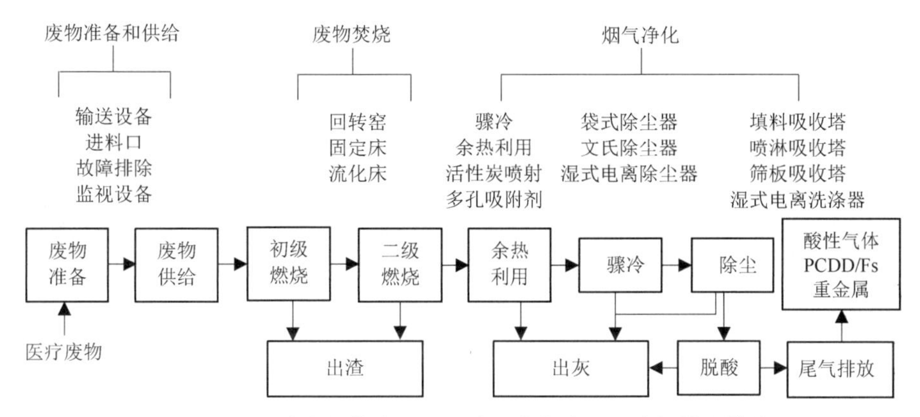

图2-1　医疗废物焚烧处置设施硬件构成及污染物控制措施

评价一方面要结合焚烧工艺的总体系统构成特点来考证，另一方面还要根据不同的焚烧设施配置做到因地制宜。不同类型的医疗废物处置技术具有不同的使用范围。

回转窑焚烧炉技术成熟，适合各种不同物态(固态、液态、半固态)及形状(颗粒、粉状、块状)的废物处理，二次污染少，但因其一次性投资大，用于焚烧医疗废物时运行费用高，主要应用于规模大于10～15 t/d的医疗废物处置或者危险废物和医疗废物统筹处置的项目。具有适应性强、运行稳定等特点，适合较大的城市和地区的医疗废物集中处置。在焚烧技术中，回转窑技术处置效果最好，较适合连续运转，但处置费用较高。国产回转窑式医疗废物焚烧炉存在的问题是，点火升温和停炉降温时间较长，连续运转时间短，运行费偏高；在焚烧过程中，辅助燃料消耗量也较大；耐火材料等材质档次低，运营经验少。

固定床焚烧炉适合处理感染性、损伤性、化学性和药物性的废物。对于一般体积不大的病理性废物也有一定的适应性，但由于一燃室温度低，对于体积较大的病理性废物或药物性废物，会产生焚烧不完全的现象。因此，其应用性受到了一定的影响。固定床焚烧炉适合处置量为1.5～8.0 t/d的中小规模医疗废物焚烧，具有投资少，操作简单，运行稳定，处置成本低等特点，但缺少完善成熟的烟气净化系统，会对周围环境产生二次污染。

相对而言，近年来热解焚烧技术发展较快，并在加拿大、美国、英国和墨西哥等国使用，效果很好。目前，热解焚烧技术在国外处置医疗废物等危险废物领域得到较多使用。中国目前生产并投入运行的城市医疗废物焚烧炉较多地采用了热解气化焚烧技术。热解气化焚烧处置技术在处置效果和处置成本方面均有较大优点，具有燃尽率高、辅助燃料消耗量小、产生的烟气量少、烟气中污染物浓度低、后处置的负荷较小和粉尘夹带很少等优点。但热解焚烧的技术设备差异较大，难以实现稳定燃烧和良好的自控性能。热解段、燃烧段、燃尽段相互影响，在实际运营中往往由于进料状态与设计相差太大、自控系统难以调控到理想状态、尾气系统负荷频繁变化等原因，也演变成为固定炉床的过氧燃烧，实际效果不理想，门槛较低，技术市场混乱。

炉排焚烧炉因存在焚烧物燃尽率低，辅助燃料消耗量大等缺点目前应用已不多见。另外，考虑到安全问题，应禁止仅配置单燃烧室的炉排炉应用于医疗废物处置。

高温等离子体技术对处置医疗废物效果明显，其主要的特点是在超高温下焚烧难降解危险废物(PCBs 等)，用于医疗废物尚不能充分发挥其特点。此外，高额的建设和运营费用也限制了其在医疗废物处置领域的应用。

除了以上炉型所涉及的主体设施外，还应包括围绕医疗废物收集、运输、处置全过程的其他辅助设备。对于在特定时间、特定地点用于某些特殊医疗废物焚烧处置以及偏远地区的区县城市使用的小型焚烧炉，应在连续进料、烟气净化、自动控制技术等方面予以保证。

2.1.2 医疗废物非焚烧处理技术分析与评估

医疗废物非焚烧设施通常由废物供给、废物处理(高温蒸汽、化学、微波处理等)、尾气净化、废水处理、出料等系统构成。医疗废物非焚烧处理设施硬件构成及污染物控制措施如图 2-2 所示。

医疗废物非焚烧处理技术在我国的应用较晚。2001 年，我国第一台高温蒸汽和微波处理设备开始在天津投入运行。2005 年，原国家环境保护总

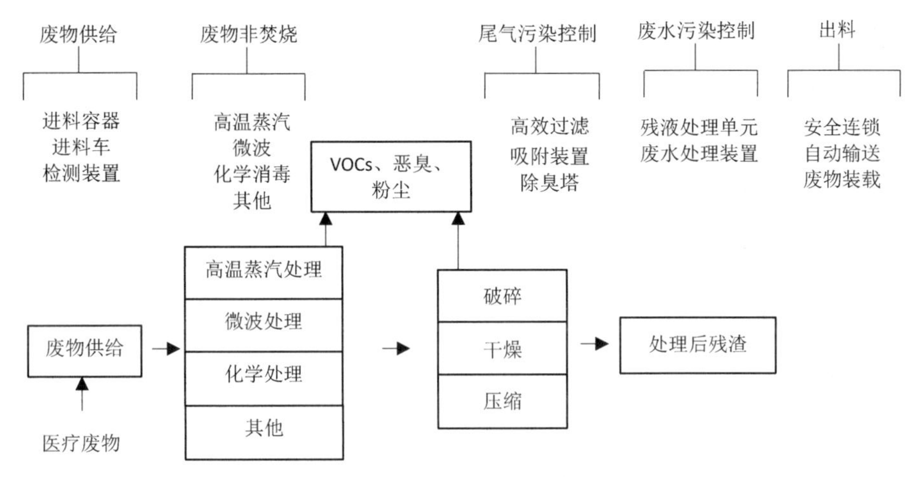

图 2-2 医疗废物非焚烧处理设施硬件构成及污染物控制措施

局颁布实施非焚烧领域的相关标准,针对化学、微波和高温蒸汽处理技术发布了工程技术规范。之后,非焚烧处理技术在医疗废物处理方面取得了长足的发展。

2.1.3 医疗废物处理处置技术适用性分析与评估

根据医疗废物优化处置技术指标体系中所确定的 23 项指标,在进行系统的评估和比较前,首先针对集中技术之间的关键性问题进行论述和比较。

1) 处置对象适用性比较

医疗废物处置技术的适应范围是进行技术应用的基础,不同医疗废物处理处置技术适用范围见表 2-1。

表 2-1 不同医疗废物处理处置技术适用范围

处理处置技术		感染性废物	病理性废物	损伤性废物	药物性废物	细胞毒性类药物废物	化学性废物
焚烧	焚 烧	√	√	√	√	√	√
	热 解	√	√	√	√	√	√

（续表）

处理处置技术		感染性废物	病理性废物	损伤性废物	药物性废物	细胞毒性类药物废物	化学性废物
焚烧	炉排炉	√	√	√	可处理部分	√	允许一小部分
	等离子体	√	√	√	√	√	√
非焚烧	高温蒸汽	√	×	√	×	×	×
	微　波	√	×	√	×	×	×
	化　学	√	×	√	×	×	×
	高温干热	√	×	√	×	×	×
	电子辐照	√	×	√	×	×	×

2) 技术规模适宜性比较

焚烧工艺较适合规模较大的医疗废物处置和危险废物处置。10 t/d 以上的医疗废物处置和危险废物处置往往采用回转窑焚烧等技术。但对于小规模医疗废物焚烧设施(如 3 t/d、5 t/d)，其所有工艺环节(如尾气急冷、脱酸、袋滤等)都与大规模焚烧设施类似，但实现起来有较大的难度。实际上，仅配置国家标准要求的焚烧尾气在线监测装置就需要 100 万元左右的投资。而小规模焚烧设施来料不稳定，3 t/d 规模全额收集实际上往往仅 1 t/d 左右，难以实现稳定连续运行。再加上对尾气处理工艺造成的影响波动较大，频繁的起炉和停炉间歇导致污染严重，维持燃烧需要的辅助燃料成本极高。因此，小规模的焚烧设施实现医疗废物的焚烧并达标排放只具有理论上的可能。另外，中国已经加入《关于持久性有机污染物的斯德哥尔摩公约》，未来将要求焚烧二噁英排放标准如从现有的 0.5 ngTEQ/Nm^3 提高到 0.1 ngTEQ/Nm^3，这对于小规模焚烧设施带来的压力是毁灭性的。对于小规模医疗废物处置项目，高温蒸汽、微波、化学和高温干热等处理技术因其可以间歇运行、运行费用低、适应性强、二次污染少、不产生二噁英等污染物、易于操作管理、工艺运行效果稳定等优点，比较适用于小规模的医疗废物处置。

3) 技术可靠性比较

焚烧处置技术对不同的废物具有较好的适应性，因其能使医疗废物处理达到无害化、减量化、稳定化和彻底毁形的处理目的而得到较大的应用。然而，目前国内在运行的热解技术设备水平难以支撑其设备的可靠性。我国医疗废物热解焚烧门槛低，技术不成熟，市场混乱，实际运营中往往偏离原设计的理论焚烧工艺，运行效果差。根据未来发展需要，这些技术大部分属于面临改造或者淘汰范围。而对非焚烧处理技术而言，不同技术针对医疗废物的处置有其不同的适应性。因此，应按照技术设备可靠程度综合考虑(操作水平、分类水平、技术水平、消毒效果)。

4) 技术污染物排放比较

焚烧处置技术在处置医疗废物的过程中产生二噁英以及重金属等污染物质，尤其是在废物来料不稳定的情况下，会造成尾气净化方面的诸多问题，环境风险较大。非焚烧处理技术是对焚烧技术一种积极的补充，其间歇式的运行方式和工艺特点使该技术具有操作灵活、运行简单、处理成本低廉的特点，更适合产生量较小、来料不稳定、小规模医疗废物的处理。与焚烧技术相比，非焚烧处理过程的温度最多不超过 200℃。医疗废物中塑料等含氯高分子化合物的物质不会分解，所以不会产生二噁英类致癌物质，可以实现二噁英的“零排放”。

5) 技术建设成本和运行成本比较

同焚烧技术相比，非焚烧处理技术在建设成本和运行成本都具有较为显著的优势，从建设成本来看，非焚烧处理设施因其不具有类似焚烧处置技术所应具备的复杂的尾气净化系统，因此其建设成本较低，同等处理规模的相比，建设成本仅为焚烧处置设施的 1/2。从运行成本来看，一般情况下可认为非焚烧技术处理消耗的燃料、动力和原辅材料成本是焚烧技术的 1/4～1/3，较低的运行成本使该技术更具有吸引力和竞争力，产生的废水、废气量小，易于处理，处置效果保障程度较高。非焚烧处理技术不改变医院内部现有的分类包装收集体系，不能纳入其处置体系的废药品、化学性废物、病理组织类废物往往所占比例较小，且一般都有相应的处置体系，也没有纳入焚烧体系。该技术尤其适合于 3 t/d、5 t/d 等小规模医疗废物处置项目。

6) 技术管理匹配性比较

无论是焚烧处置设施还是非焚烧处理设施,在管理方面都处于一个不断进步和发展的过程。为了规范焚烧处置设施的工程建设,环境保护部先后于 2004 年和 2006 年分别颁布实施了针对医疗废物集中焚烧处置以及非焚烧集中处理的工程技术规范,从建设和运行两个方面提出了严格的要求。相对而言,焚烧设施因工艺复杂需要较高的运营操作水平,而非焚烧技术的局限性在于它不是一种广谱的处置技术,对于药物性废物、病理性废物、化学性废物不适用,因而非焚烧技术的应用需要医院内部具备严格分类管理程序。卫生部门和环保部门已颁布多部行业规章,对医疗废物的分类管理和收集进行了严格规定,从源头减少了废物量和有害成分。因此,非焚烧技术需要较高的医疗机构内部管理和全过程监管能力,以便解决不同处置技术的适用性问题。

7) 不同处置技术的综合性比较分析

经总结前面章节关于焚烧和非焚烧处理技术的评估与分析,现结合技术优化的 23 项指标,对我国目前应用以及潜在应用的主要医疗废物处置技术进行系统的分析和评估,见表 2-2。

表 2-2 医疗废物处理处置方法对比

项　目	热解焚烧	回转窑焚烧	高温蒸汽处理	微波处理	化学处理	高温干热处理
适用范围	感染性、病理性、损伤性、药物性和化学性医疗废物	感染性、病理性、损伤性、药物性和化学性医疗废物	感染性和损伤性医疗废物	感染性和损伤性医疗废物	感染性和损伤性医疗废物	感染性和损伤性医疗废物
适宜处理规模	5～10 t	10 t 以上	10 t 以下	10 t 以下	10 t 以下	10 t 以下
技术可靠性	满足焚毁减量、消毒要求	满足焚毁减量、消毒要求	满足消毒要求	满足消毒要求	满足消毒要求	满足消毒要求

（续表）

项　　目	热解焚烧	回转窑焚烧	高温蒸汽处理	微波处理	化学处理	高温干热处理
技术成熟度	国产化设备已成熟	国产化设备已成熟	国产化设备已成熟	国产化设备已成熟	国产化设备已成熟	国产化设备已成熟
设备要求	耐高温、耐腐蚀	耐高温、耐腐蚀	密闭、保温、耐高温高压	密闭、耐高温、电磁防护	负压操作、耐腐蚀	密闭、耐高温、耐腐蚀
技术优点	烟气量低、热利用率高	处置效果好、适应性强、处理量大、燃烧完全、运行效果稳定	运行费用低、适应性强、二次污染少、不产生二噁英等污染物、易于操作管理、运行效果稳定			
技术缺点	不易实现稳定燃烧、尾气系统负荷频繁变化，易产生二噁英	运行费用较高、节能效果较差，易产生二噁英	冷凝液和蒸汽锅炉废气须处理	废物先破碎增加安全风险、电磁辐射须防护	易产生消毒剂的二次污染	须达到一定消毒效果
作业方式	连续/间歇作业	连续作业	间歇作业	间歇作业	间歇作业	间歇作业
操作要求	操作难度一般、劳动强度大	操作难度较大、劳动强度大	操作难度一般、劳动强度较大	操作难度一般、劳动强度较大	操作难度一般、劳动强度小	操作难度一般、劳动强度大
污染物排放	酸性气体、重金属、二噁英	酸性气体、重金属、二噁英	VOCs、恶臭	VOCs、微波辐射	VOCs、废弃消毒剂	恶臭、VOCs、病菌性生物、噪声
占地面积	相对较大	大	相对较小	相对较大	相对较小	相对较小
运行维护	运行维护要求较高、成本较高	运行维护要求高、成本高	运行维护要求较高、成本较高	运行维护要求一般、成本较低	运行维护要求高、成本居中	运行维护要求较高、成本居中

2.2 医疗废物处置技术选择指标及优化

2.2.1 医疗废物处置技术选择指标

我国医疗废物领域履行 POPs 公约的实质是减少其焚烧处置过程中产生的二噁英。目前,我国医疗废物管理和处置的最终目标是要建立既满足国际公约要求,有符合国情的医疗处置技术和管理模式,最终实现可持续环境管理。医疗物处置有多种技术路线,众多的技术均有其各自的特点及适用性。推进一项医疗废物处置技术在一个地区的应用应综合国际公约以及国际组织关于医疗废物处置技术应用的选择标准,并结合本国的实际情况进行确定。经研究和分析国内外技术应用状况,认为一项技术的选择应考虑如下因素:

(1) 环境目标可达性(environmental desirability)。指采取的废物处置技术和管理能力能够确保公共健康和环境安全。

(2) 管理持续性(administrative diligence)。指相应的管理能力能够确保采取的政策和措施得以落实并长期有效,重点为环境影响情况。

(3) 经济有效性(economic effectiveness)。指采取的处置技术和管理手段成本有效性,并同时考虑了废物本身的经济价值。

(4) 社会可接受性和有效性(social acceptability and equity)。指采取的处置技术和管理手段能够为当地社会所支持和接受,包括废物管理方法的有效性。

针对技术的选择,美国和欧洲的医疗废物无害化组织在其医疗废物处置技术选择时,考虑的因素有废物处置能力、处置废物的类型、微生物灭活效率、污染物排放、政策接受水平、空间要求、附属设施要求、废物减量、职业安全和健康、噪声和恶臭、自动控制、技术可靠性、商业化水平、技术和设备提供商背景、成本、社会及公众接受程度等。

围绕以上考虑因素，综合国内外研究成果，对医疗废物处置技术选择过程中所涉及的影响因素进行分析和总结，得出医疗废物处置技术选择考虑的指标体系，见表 2 - 3。

表 2 - 3　医疗废物处置技术选择考虑的指标体系

序号	考虑范畴	编号	选择指标	重点考虑因素
A	技术性能	A1	处置规模适宜性	与地方规划规模的适应性
		A2	处置效果有效性	与地方配套设施匹配性
		A3	处置废物适用性	与地方废物类型和配套设施互补性
		A4	系统配置完备性	与标准和规范相符性
		A5	单元设计先进性	与标准和规范相符性
		A6	自动化控制水平	与标准和规范相符性以及自动化先进性
		A7	处置设施的安全性	考虑设施安全防护措施配置情况
		A8	须配套的基础设施	考虑配套设施的难易程度
		A9	节能性能情况	考虑节能效果的比较优势
		A10	处置设施的易操作性	考虑设施的复杂程度和可操作性
		A11	监管手段可实现性	考虑相应的地方监管及监测能力
B	环境影响	B1	产生有毒有害污染物风险	考虑 POPs 等有毒有害物质的产生情况
		B2	产生二次污染物风险	考虑废气、废水、废渣、噪声等环境因子
		B3	职业安全健康风险	考虑技术应用对操作人员的健康风险
		B4	对周围居民环境影响风险	考虑污染物排放对周围居民的影响程度
		B5	生态环境影响风险	考虑污染物排放对生态环境的影响程度
C	经济性能	C1	建设成本	考虑主体设备及配套设施的成本
		C2	运行成本	考虑废物处置成本和设备折旧
		C3	收益水平	考虑利润水平和运行可持续能力

（续表）

序号	考虑范畴	编号	选择指标	重点考虑因素
D	社会条件	D1	公众可接受程度	从污染程度以及公众反映进行综合评价
		D2	政策允许程度	从对技术应用的政策角度评价
		D3	选址难易程度	从卫生和安全防护距离角度评价
		D4	技术获取难易程度	从技术获取的难易程度评价

表 2-3 列出了在进行技术选择时应考虑的主要因素，关于其具体内容阐述如下。

1) 技术性能指标 A

A1—处置规模适宜性：指医疗废物处置系统在规定时间内按所能处置废物的量处置。

A2—处置效果有效性：指处置医疗废物所能达到杀灭病原性微生物的效率、减容减量毁形程度及后续处置要求。

A3—处置废物适用性：指处置技术对各种医疗废物类型的适用范围。

A4—系统配置完备性：指处置设施应具备的全套设备和单元情况。

A5—单元设计先进性：指各个处置单元的先进程度。

A6—自动化控制水平：指处置设施对相关工况参数和运行参数实现制动化控制的程度。

A7—处置设施的安全性：医疗废物处置系统要有完备的应急保护方案，在突发紧急事故时，可以通过设置由工作区监视系统、分级报警显示、联动自锁装置、应急供电及设备等组成的应急安全系统，以确保系统的安全。

A8—须配套的基础设施：主要指除了主体设备和附属设备外，还须配套哪些其他设施，如供水、供电、二次污染物处置等。

A9—节能性能情况：通常用处置单位废物量所消耗的能源量来衡量处置系统能耗性能。

A10—处置设施的易操作性：主要体现在处置操作难易程度、操作强度大小及操作时间长短等。

A11—监管手段可实现性：主要结合处置技术水平，考虑地方的实施监管硬件和软件条件的可实现程度。

2）环境影响指标 B

B1—产生有毒有害污染物风险：各种医疗废物处置技术均会或多或少产生的有毒有害气体、液体或固体污染物等对环境危害的可能性大小。

B2—产生二次污染物风险：指处置过程中产生的有毒有害物质经污染控制装置处置之后排放，排放物对环境产生二次污染可能性大小。通常用污染控制装置出口的排放物种类和浓度来反映。

B3—职业安全健康风险：指在处置过程中对工作人员造成的不安全因素可能性大小和危害后果，不安全因素包括有毒有害物的危害和危险性作业的危害，如机械性损伤、热表面烫伤、辐射、化学性伤害及病原体感染等。

B4—对周围居民环境影响风险：指处置活动对周围居民健康危害的可能性大小。

B5—生态环境影响风险：指在医疗废物处置活动中产生或排放的有害物对处置单位所在地的土壤、水体、大气等生态环境状况造成的负面影响。

3）经济性能指标 C

C1—建设成本：指估算项目所投入的总资金，包括建设投资、流动资金及建设期内分年资金需要量。

C2—运行成本：指项目生产运营支出的各种费用。通常用单位废物量处置成本和总成本费用反映成本费用多少。

C3—收益水平：收益水平反映了项目盈利能力的高低。财务内部收益率、财务净现值和投资回收期是主要的盈利性指标。

4）社会条件指标 D

D1—公众可接受程度：指公众根据对医疗废物处置方式和工艺技术方案的认知，所表现出的排斥性大小或认可接受程度。

D2—政策允许程度：指所选用的处置技术得到国家以及地方相关标准和法规认可或偏向性程度。

D3—选址难易程度：针对备选医疗废物处置技术，项目所在地可用场地条件与选址要求相匹配、相适应程度。

D4—技术获取难易程度：技术获取难易程度与技术供应商背景、技术商品化程度、技术引进方式及国产化程度等有关。

而每个方面又各自包含了许多指标因素，其中既有定量指标因素，又有定性指标因素。这些因素均反映了技术方案评价的整体性、综合性、相关性和阶层性特征。实际上，一项技术的成功应用将最终要体现在工程上。同时，医疗废物处置工程技术方案的综合评价是一个由相互关联、相互制约的众多因素构成的复杂系统，涉及技术、经济、环境及社会制约等多个方面。基于我国医疗废物处置设施所存在的问题，正如前面所述，现在运行的处置设施在推进其应用方面还存在着较大的差距，尤其是在中国履行斯德哥尔摩公约、严格控制二噁英排放的特定背景下，如何针对现有源和新源采取相应的技术优化措施就显得尤为重要。

2.2.2 医疗废物处理处置技术优化

2.2.2.1 医疗废物处理处置技术选择模式

我国幅员辽阔，不同地区经济水平、卫生事业水平以及环境意识差异较大，医疗废物处理的技术经济条件各异。因此，如何更好地扬长避短，切实发挥相应处置技术在区域医疗废物处置中的应用，应该成为我国确定医疗废物处置技术选择的依据。我国医疗废物处置技术的选择应遵循多种技术并举、安全处置的原则。总结过去医疗废物管理的经验教训，借鉴国际上发达国家医疗废物管理的成功经验，结合我国现实国情和实施需要，提出如下建议：

(1) 对于处置规模较大(＞10 t/d)的省级危险废物处置中心(兼顾处置医疗废物)，采用以回转窑为主的焚烧处置技术；对于已经建设完成的采用热解焚烧处置技术的市级医疗废物处置中心，其工作重点应放在两个方面：一方面要确保该类设施在今后的更新改造和完善过程中，按照前面提到的处置技术优化指标进行对比和分析，切实保证处置设施的建设水平；另一方面，应重点从管理入手，切实推进该类设施的规范化运行和管理，实现在安全处置医疗废物的同时，实现污染物稳定达标排放。

(2) 对于处置规模不大(＜10 t/d)，特别是 3 t/d、5 t/d 等小规模医疗废物处理的项目，在项目建设条件允许时应尽可能选用非焚烧技术，保证设施建成后运行的灵活性和经济性。同时，还要对非焚烧技术设备市场进行规范，避免重复热解焚烧设备市场目前混乱和无序竞争状态的出现，加强对设备招投标环节严格的监督管理。

(3) 对于边远地区，应充分结合医疗废物的产生及分布特点，按照因地制宜的原则，在推进集中处置的大前提下，兼顾考虑建设简单易行的医疗废物处置设施(运距在百公里以上可以考虑再建医疗废物处置设施)。如采用非焚烧处理技术、采用化学消毒处理后填埋等，旨在利用当地现有条件及时消除医疗废物的感染性，并减少其处置过程对环境的二次污染。

(4) 对于边远地区、应急情况以及区域性医疗废物处置设施暂未建成的情况下，可以考虑采用移动式处置技术进行处置，技术类型可采用非焚烧技术。

当然，正如前面章节所提到的，任何技术都不是万能的。因此，在实施一项技术选择的时候，一定要充分结合地方技术、管理、经济和社会四方面的因素，切实为最终的处置技术的选择提供背景和依据。另外，对于高温蒸汽、化学消毒等非焚烧处理技术而言，我国医疗废物分类目录中规定的化学性废物、药物性废物以及一部分病理性废物就不能采用这类方法进行处理。因此，医疗机构内部医疗废物分类水平决定于医疗废物最终的处置技术选择。

2.2.2.2　医疗废物处理处置技术应用模式

我国医疗废物处理处置技术应用模式应采取集中处置、合理布局的原则。正如《医疗废物管理条例》中规定的那样，在我国应推行医疗废物集中处置。因此，应继续贯彻执行规划中提出原则上以设区市为规划单元，建设医疗废物集中处置设施，在合理运输半径内接纳处置辖区内所有县城的医疗废物;一般情况下不提倡、不允许医院分散处置;地方各级人民政府应有计划地建设医疗废物集中处置设施,对医疗废物进行集中处置;并按国家有关规定向医疗卫生机构收取医疗废物处置费用。

医疗废物集中处置设施在以地级城市为单位进行建设的基础上,鼓励交通发达、城镇密集地区的城市联合建设、共用医疗废物集中处置设施。同时,危险废物设施和医疗废物设施应统筹建设,危险废物集中处置设施要一并处理所在城市产生的医疗废物。

医疗废物具有感染性与传染性、细胞毒性、放射性危害等多种特点,医疗废物从产生源到最终处置应在全封闭的状态下进行,并实施对人和环境的隔离。对指医疗废物从产生、分类收集、警示标记、密闭包装与运输、贮存、无害化处置的整个流程实施全过程管理,即从“摇篮”到“坟墓”的各个环节实行全过程严格管理和控制。

就一个城市而言,医疗废物污染防治总体工艺技术选择如图 2 - 3 所示。

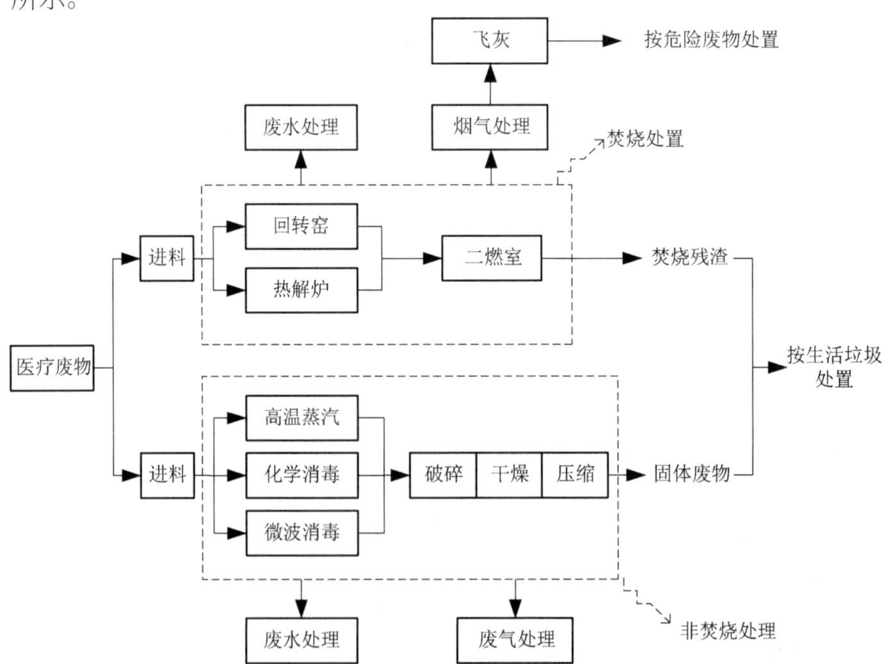

图 2 - 3　医疗废物处理处置工艺最佳可行技术组合

2.3　医疗废物处置技术体系及发展述评

2.3.1　医疗废物集中处置模式的构建及发展

从 20 世纪 50 年代起，医疗废物处置已经引起世界各国的广泛关注。医院产生的医疗废物含有大量的病原微生物、寄生虫和其他有害物质。因此，如果对医疗废物疏于管理，它势必会成为疾病的传染源。不仅医务人员、患者会面临感染的危险，一旦这些医疗废物流散到社会，甚至对整个社会造成不可估量的危害。以前我国缺乏完整的医疗废物管理体系，医疗废物管理明显滞后于社会经济的发展。近年来，随着社会的快速发展，政府越来越认识到了医疗废物处理对控制感染的重要性，相继颁发了《医疗废物管理条例》和《医疗卫生机构医疗废物管理办法》(卫生部第 36 号令)，标志着我国医疗废物管理正式步入法制化轨道。

不同发展阶段对医疗废物无害化处置的要求有所不同，10 多年来医疗废物集中处置体系经历了不断完善的过程。2004 年印发的《全国危险废物和医疗废物处置设施建设规划》提出 2006 年年底前医疗废物基本实现安全处置。实际上 2010 年医疗废物集中处置体系才基本建立。2012 年发布的《"十二五"危险废物污染防治规划》提出城市医疗废物基本实现无害化处置，该规划的实施推动城市建成区的医疗废物收集处置体系进一步完善。据统计，2014 年，我国大中城市医疗废物产生量 62.2 万 t，处置量 60.7 万 t，处置率为 97.5%，大部分城市已经建立了医疗废物集中处理设施。

《"十三五"生态环境保护规划》要求医疗废物集中处置范围向农村地区延伸，同时要求加强医疗废物规范化管理；《关于提升危险废物环境监管能力、利用处置能力和环境风险防范能力的指导意见》(环固体〔2019〕92 号)提出每个县(市)都建成医疗废物收集转运处置体系的要求，"十三五"期间农村医疗废物的无害化处置得到越来越多的关注。新冠疫情发生后，医疗废物集中处置工作得到大力推进，疫情期间印发的《医疗机构废弃物综合治理工作方案》《医疗废物集中处置设施能力建设实施方案》等文件进一步明确了“十四五”期间医疗废物治理的目标，我国医疗废物集中处置体系将迎来新一轮提升。

2.3.2 医疗废物补短板技术需求

目前，在医疗废物处理方面，主要有高温焚烧处置技术、非焚烧处置技术和其他技术等。其中，高温焚烧技术主要有以下不足：首先，焚烧烟气中含有多种有害物质；其次，处置系统一次性投资相对较大，运行费用较高；再次，焚烧处置项目有防护距离要求，选址难；最后，焚烧残余物极易造成二次污染。而对于非焚烧处置技术而言，其使用范围存在局限性。其他技术中如等离子体法，存在投资、运行成本较高，具体操作难度大、技术性强，处置技术整体的成熟性尚待研究。

在医疗废物处置管理方面存在应急处置能力不足，协同处置机制不健全的问题。新冠疫情暴发期间，全国医疗废物产生量迅速增长，疫情严重地区医疗废物产生量激增，转运车辆、转运箱、应急处置设施等储备明显不足。生态环境部举全系统之力在全国范围内调集设施设备驰援湖北，方才解决湖北省及武汉市医疗废物积压问题。目前，医疗废物处置中心多以设区市为单位规划建设。在收集运输过程中，医疗废物需要跨县区长距离运输，运距从几十到上百公里不等，容易造成医疗废物散落、泄漏，引发环境污染事故和传染性疾病的扩散。对于医疗废物消毒后的残渣随生活垃圾卫生填埋。这种方式不仅没有实现垃圾的资源化处理，而且大量占用土地是把污染源留存给子孙后代的危险做法，也不符合垃圾减量化、资源化的处置原则。相对于医疗废物产生量的快速增加，部分城市集中处置能力的提升较为迟缓。同时，农村及偏远地区的医疗废物未得到妥善处置。我国的医疗废物集中处置体系基本覆盖了城市建成区及大部分东部农村区域，中西部农村及偏远地区的医疗废物由于产生源分散、产生量小、运输距离远、交通不便等因素，尚未纳入医疗废物集中处置体系。

随着信息技术的不断发展，城市信息化应用水平不断提升，智慧城市建设应运而生。在医疗废物处置方面，智慧化处理也有很大的发展空间。愈加多元化的智能医疗废物处置技术已经被广泛应用于国内外医疗废物处理领域，在智慧废物处理管控与引导、设施运维管理等方面持续发挥作用。如何进一步利用多元化的智慧垃圾处置相关技术解决医疗废物处置过程中的实际问题，推动新兴技术应用落地，提升医疗废物处置安全性和效率等仍需要进一步思考。

2.3.3　"十四五"医疗废物处置技术发展

医疗废物集中处置体系在新冠疫情的推动下，现有集中处置体系面临新一轮提质升级，应尽快补齐处置能力、覆盖范围、应急能力、管理制度等方面的短板。

针对目前存在的短板问题，提出以下几条优化医疗废物集中处置体系的主要建议：首先，将有序增强城市医疗废物集中处置水平能力，综合对医疗废物收集处置量产生影响的各种因素，全面评估之前设施医疗废物处置能力，以处置设施运行负荷率高于正常水平的城市为重点，有序推进医疗废物集中处置能力的提升；其次，重点推进农村及偏远地区医疗废物收集处置，进一步扩大现有医疗废物集中收集转运处置体系覆盖范围，可考虑集中处置设施，相邻县(市)可采取共享模式建设医疗废物集中处置设施。集中处置设施收集转运体系难以覆盖的农村及偏远地区，可通过在当地建设非焚烧设施或配备移动式处置设施进行就地分散处置；再次，加快构建集中处置体系应急响应能力，以城区常住人口超过300万的大城市为重点，提升医疗废物集中处置体系的应急响应能力，各城市可根据自身状况确定集中处置体系能力配置的形式，确保每百万人口的应急处置能力不低于10 t/d；最后，依托医疗废物集中处置设施，形成医疗废物应急处置的专业队伍储备和物资储备，建立健全应急调度机制。不断完善医疗废物集中处置管理制度，启动《医疗废物管理条例》的修订工作，加快出台《医疗废物分类目录》，动态更新《国家危险废物名录》，加快《医疗废物处理处置污染控制标准》《医疗废物集中处置技术规范》以及各种集中处置工程技术规范的制修订工作，加快指定针对移动式及小型医疗废物处置的工程技术规范，确保医疗废物管理制度相关要求间的协调统一。

疫情的发生加快了医疗废物集中处置体系的提升，为满足“十四五”期间的医疗废物治理目标，须尽快补齐医疗废物管理和处置的短板。

第3章

医疗废物的源头分类和减量

医疗机构是医疗废物产生的源头，是医疗废物生命周期管理的起点，也是医疗废物全生命周期管理中的重要环节。2020 年 2 月，国家卫生健康委和生态环境部等 10 部门联合印发了《关于印发医疗机构废弃物综合治理工作方案的通知》。该通知提出，通过规范分类和清晰流程，在各医疗机构内形成分类投放、分类收集、分类贮存、分类交接、分类转运的废弃物管理系统，确保医疗机构废弃物应分尽分和可追溯。本章结合医疗废物管理领域的相关法规、标准和政策，借鉴国内外经验，探讨医疗废物减量和分类的管理措施，并就其经济效益进行简单分析。

3.1 医疗废物源头减量和分类管理依据

3.1.1 医疗废物的源头减量

医疗机构产生的废物中，大约有 80%属于非危险性的普通生活垃圾，主要包括办公和生活区产生的各种废物，在医护生活区、非传染性疾病诊疗区医生办公室、护士站和普通患者产生的日常废物，药械和后勤保障仓库产生的包装废物等。仅有20%左右的医疗机构产生的废物属于医疗废物和纳入医疗废物管理的废弃物。一个未受过专业培训的人员，一般很难明确区分普通垃圾和医疗废物的界限。例如，我国2003年印发的《医疗废物分类目录》中，感染性废物的特征为“携带病原微生物具有引发感染性疾病传播危险的医疗废物”。如何判定与患者有过接触的废弃物是医疗废物还是其他，需要经过专业的培训。因此，医疗机构在医务人员的岗前培训中，大多纳入了医疗废物分类收集等相关内容。根据《国家危险废物名录》(2016年版)第三条规定，医疗废物属于危险废物，一旦生活垃圾中混入了医疗废物，根据医疗废物管理原则，这些普通垃圾也将被当作医疗废物进行管理和处置。无论是医疗机构，还是医疗废物转运、处置单位以及其他机构或人员，如果将医疗废物混入生活垃圾之中，将会按照是否有主观故意以及废物的数量来判定是否受到刑事处罚。因此，如果未实行医疗废物源头分类管理，则需要处理处置的医疗废物数量将会很大。严格地将生活垃圾和医疗废物分开，不仅是履行法律、法规和相关规定要求的需要，也是医疗废物源头分类管理的重点。做好医疗废物源头管理，是一种十分有效的医疗废物减量化管理方法。

近年来，医疗机构在维护和促进人民群众健康的同时，为患者诊疗时使用的各种物品随着住院以及门诊患者的增多，也是愈来愈多，医疗机构医疗废物产生的种类和数量明显上升。随着科学研究、技术的进展，以及管理能力、处理能力的提升，那些属于“灰色区域”的医疗废物，如输液瓶(袋)已经明确归类为生活垃圾，但仍须符合定点定向、闭环管理原则；还有沾有少量非感染性疾病患者血液、体液的棉球、敷料等，未来的管理中可能像中国香港地区一样离开医疗废物范畴。因此，医疗废物分类方法具有时效性，《医疗废物分类目录》需要定期调整。医疗机构从源头明确区分医疗废物和生活垃圾，从源头减少使用一次性器械和用品是医疗废物实现源头减量的根本。

3.1.2 医疗废物分类管理依据

医疗机构产生的医疗废物根据《医疗废物分类目录》分为五类：感染性废物、病理性废物、损伤性废物、药物性废物和化学性废物。医疗机构产生的医疗废物按照材质主要可以分为以下几种类型：高分子废物、玻璃废物、织物废物、金属废物、病理性废物、药物性废物、化学性废物、放射性废物和其他废物。

1) 高分子废物

高分子废物主要包括塑料、乳胶和橡胶等废物。医疗机构内部产生的高分子废物的常见来源包括一次性注射器、一次性输液器、一次性输血器、一次性窥器、一次性手套、乳胶手套、引流管、血液管路、透析器、吸痰管、输氧管、呼吸机和麻醉机管路、导尿管、一次性口罩、帽子、一次性手术衣、一次性隔离衣、一次性防护服、一次性铺单和垫单、医疗废物专用包装袋和利器盒等。

高分子废物中的塑料主要包括聚乙烯、聚苯乙烯、聚氨酯和聚氯乙烯4种化学物质，其中以聚乙烯材料的塑料废物占比例最大。4种主要医用塑料的化学成分及性质见表3-1。主要常见塑料医疗废物和相应的原料组分见表3-2。

表3-1 4种主要医用塑料的化学成分及性质 /wt%

成分及性质	聚乙烯	聚苯乙烯	聚氨酯	聚氯乙烯
水分	0.20	0.20	0.20	0.20
碳	84.38	86.91	63.14	45.04
氢	14.14	8.42	6.25	5.60
氧	0.00	3.96	11.61	1.56
氮	0.06	0.21	5.98	0.08
硫	0.03	0.02	0.02	0.14
氯	0.00	0.00	2.42	45.32
灰分	1.19	0.45	4.38	2.06

表 3-2 常见塑料医疗废物和相应的原料组分

原料组分	常见塑料医疗废物
聚乙烯	注射器、导管、插管、导尿管、输血器、输液器等
聚丙烯	注射器、无纺布口罩、手套、手术衣、输液瓶等
聚氯乙烯	导管、插管、导尿管、输血器、输液器、输液瓶、输液袋、血浆袋、检查用具、诊疗用具等
聚对苯二甲酸乙二酯	无纺布、血液透析产品等

2）玻璃废物

医疗废物中常见的玻璃废物主要有载玻片、盖玻片、玻璃试管、玻璃安瓿等。

3）织物废物

织物废物常见组分包括被患者血液或体液污染的棉球、棉签、引流棉条、纱布、尿垫、绷带、棉纤维类敷料；废弃的污染手术衣、隔离衣等。

4）金属废物

金属废物常见组分包括医用针头、缝合针、解剖刀、手术刀、手术锯、备皮刀、口腔科镊子、探针、导丝、钢钉以及废弃的手术器械等。

5）病理性废物

病理性废物常见组分包括：手术及其他诊疗过程中产生的废弃人体组织、器官；医学实验动物的组织、尸体；病理切片后废弃的人体组织、病理蜡块等。

6）药理性废物

药物性废物常见组分包括：批量废弃的药品；废弃的细胞毒性药物和遗传毒性药物；有细胞毒性和遗传毒药药物残留药物的药瓶、输液瓶以及手套等。

7）化学性废物

化学性废物包括废弃的固态、液态和气态化学品，其主要来源于医疗机构的诊断、清洁、灭菌和维护等工作中。化学性废物主要包括如下几种：

(1) 甲醛。甲醛是医疗机构化学性废物的重要来源，在病理、解剖、诊断、防腐及护理科室常被用来清扫或消毒设备、保存标本。甲醛属于液态传染性废物。

(2) 废显影液、定影液。定影液主要含有 5%～10%的对苯二酚、1%～5%的氢氧化钾和少于 1%的银；显影液主要含有 45%的戊二酸醛；乙酸在显影液、定影液中均有使用。因成像技术的发展，目前该类化学品使用量比较少。

(3) 溶剂。含有溶剂的废物来源于病理室、解剖室、组织实验室等医院的多个部门。医院使用的溶剂包括二氯甲烷、氯化物、三氯乙烯、制冷剂等卤化物和二甲苯、甲醇、丙酮、异丙醇、甲苯、氰化甲烷等非卤化物。

(4) 环氧乙烷。属气体类废物，因其不损害灭菌的物品且穿透力很强，故大多数不宜用高温高压、浸泡类灭菌的物品均可用环氧乙烷消毒和灭菌。如部分医疗器械、文件、腔镜等。主要在医疗机构的消毒供应中心(室)使用。

(5) 化学消毒剂。废弃的过氧乙酸、戊二醛、邻苯二甲醛等。

8) 重金属废物

含有高浓度重金属废物的医疗废物属于危险化学品废物，此类废物通常是剧毒的。医疗废物中常见的重金属主要是汞，来源于汞血压计、汞温度计等医疗设备破损的溢出物以及口腔科银汞合金或银汞胶囊使用后的残留物。此外，还包括医疗机构废弃电池产生的含镉废物等。

9) 放射性废物

放射性废物是指在应用放射性核素的医学实践中产生的放射性活度超过国家规定值的医疗废物，该种废物包括在医疗服务中所使用的放射物质及释放的医疗废物。

医疗机构和相关医学实验室产生的医疗废物从产生源至最终处置是一条单向的废物流。医疗废物进入废物流后，不可逆地通过各个环节到达最终处置端，经过适当的处理后，才离开废物流。在这一过程中，废物处理得越早，越有可能减少管理的成本；同时，进入废物流的医疗废物越少,管理和处理处置成本及对环境的危害就越低。从狭义范围分析,在医疗废物产生源头减少废物的生成;在终末处置时,减少有毒、有害物质排入环境,是有效的减量化措施。从广义范围分析,选择使用可循环使用的物品是减量化的关键,采用安全无毒的物品替代也是有效的减量化措施。

3.2 医疗废物源头减量和分类管理措施

3.2.1 医疗废物分类减量的总体思路和源头分类原则

3.2.1.1 医疗废物分类减量的总体思路

目前,我国医疗废物分类和收集管理不规范。由于监管措施不到位,存在医疗废物和生活垃圾混合存放、不同类别医疗废物混装的现象,对后续处置造成了较大环境风险。农村和偏远地区医疗废物收集、转运、处理能力薄弱,普遍存在未进行分类隔离贮存、转运频率低、贮存时间长、违规自行处理处置等问题。

经综合分析可知,我国现行医疗废物处置和管理模式体现出如下特点。

(1) 在规划建设方面实施集中处置、合理布局的总体思路。我国推行医疗废物集中处置,实施了以设区市为规划单元的建设思路。每个设区市都应建设医疗废物集中处置设施,综合考虑地理位置分布、服务人口等因素设置区域性收集、中转或处理处置医疗废物设施,实现每个县(市)都建成医疗废物收集转运处置体系。鼓励发展医疗废物移动处置设施和预处理设施,为偏远地区提供就地处置服务。通过引进新技术、更新设备设施等措施,优化处置方式,补齐短板,大幅度提升现有医疗废物集中处置设施的处置能力,对各类医疗废物进行规范处置。探索建立医疗废物跨区域集中处置的协作机制和利益补偿机制。

(2) 在风险控制方面体现风险管理的基本理念。医疗废物具有感染性、细胞毒性和遗传毒性等多种特点。医疗废物从产生到最终处置应在全封闭的状态下进行，并实施对人和环境的隔离；实施医疗废物从产生、分类收集、警示标记、密闭运送、暂时贮存到与运输单位或处置单位的交接、转运、贮存、无害化处置的整体流程，即从“摇篮”到“坟墓”的各个环节实行全过程严格管理和控制。

3.2.1.2　医疗废物的源头分类原则

医疗卫生机构内部医疗废物的管理问题至关重要：一方面，它关系到能否切实消除医疗废物的感染性，减少对人体和环境的危害；另一方面，不同的医疗废物处理处置技术需要医疗机构内部实施相应的科学分类。医疗废物的源头分类应坚持如下原则。

1）坚持风险控制的原则

医疗废物具有多种危险废物特性，实施科学的分类有利于更好地杜绝或切断致病微生物的传播。禁止将医疗废物混入生活垃圾，切断致病微生物传播途径，规范分类收集、封口紧致可避免因医疗废物中致病微生物的扩散所带来的健康及环境风险。盛装医疗废物的包装袋有污染时或者疑有污染时，可对污染处进行消毒或者再加一层医疗废物包装袋。可以说，医疗废物管理和处置的核心任务就是：一方面要在医疗废物产生源头实施有效的感染控制；另一方面要兼顾后续处理处置技术的适用性，为处理处置医疗废物，特别是有毒有害物质提供条件。

2）坚持与医疗废物处置技术相衔接的原则

不同的医疗废物处置技术具有不同的适用范围，因此医疗废物的源头分类应切实考虑后续医疗废物处置技术的优点和缺陷，确保源头分类后的医疗废物与后续处置技术相适应。如果当地有焚烧、非焚烧、填埋等多种方式的废物处理手段，分类就显得十分重要，如来自化疗过程产生的废物、汞、挥发性和半挥发性物质以及其他危险性化学物质是不能采用非焚烧技术进行处理的。只有经过良好分类的医疗废物在采用与之相适应的处理技术进行无害化处理后，方可达到效果好、费用省、环境友好的目的。

3）坚持医疗废物源头减量化原则

应正确区分医疗废物与生活垃圾，不能将本属于生活垃圾的废物混入医疗废物，也不应将医疗废物混入生活垃圾中。根据 WHO 研究成果，医疗机构产生的废物中只有 10%～25%是医疗废物。而实际上，可能存在的问题是往往将医疗卫生机构产生的所有废物理解为医疗废物，这样直接造成需要处理处置的医疗废物量大大增加，不仅增加后续医疗废物处理处置的负担，也会造成二次污染，尤其是焚烧处置过程为更多二噁英/呋喃等污染物的产生和排放提供了来源。

4）重大传染病疫情期间坚持应急管理的分类方法和对应处理技术相适应的原则

疫情期间，因病原体携带者人数大量增加，医疗和为防疫而展开的准医疗活动相应加强，造成原有医疗机构产生的医疗废物增加；而且，临时医疗机构（如院外医疗场所）、集中隔离点等准医疗场所也会新增大量医疗护理类废物，使得医疗废物量激增。我国大部分区域医疗废物处理能力的冗余水平均不能承受此期间的冲击负荷，必然需要采用应急处理方法及时处置疫情期间产生的医疗废物。

为了推进医疗废物的源头管理，国内外专家学者开展了大量的研究工作，希望通过行政管理和技术方法相结合的方式推进医疗废物的源头管理。因此，应首先从源头入手，通过减少应用、综合利用、分类回收等措施，全面推进医疗废物的分类管理。在考虑医疗废物管理时，一方面要做到无害化和减量化，适当考虑资源化；另一方面也要考虑后期可处置的医疗废物类型，进行规范的分类管理。这就要求对医疗机构产生的医疗废物进行分类，并从精细化管理入手，制定医疗废物源头管理方法。如图 3－1 所示，医疗废物的源头管理是医疗废物生命周期管理的起点，其重要程度毋庸置疑。结合我国医疗废物管理领域的政策、法规和标准，并借鉴国外经验，我国医疗废物分类、处理处置和减量化位点分析如图 3－2 所示。

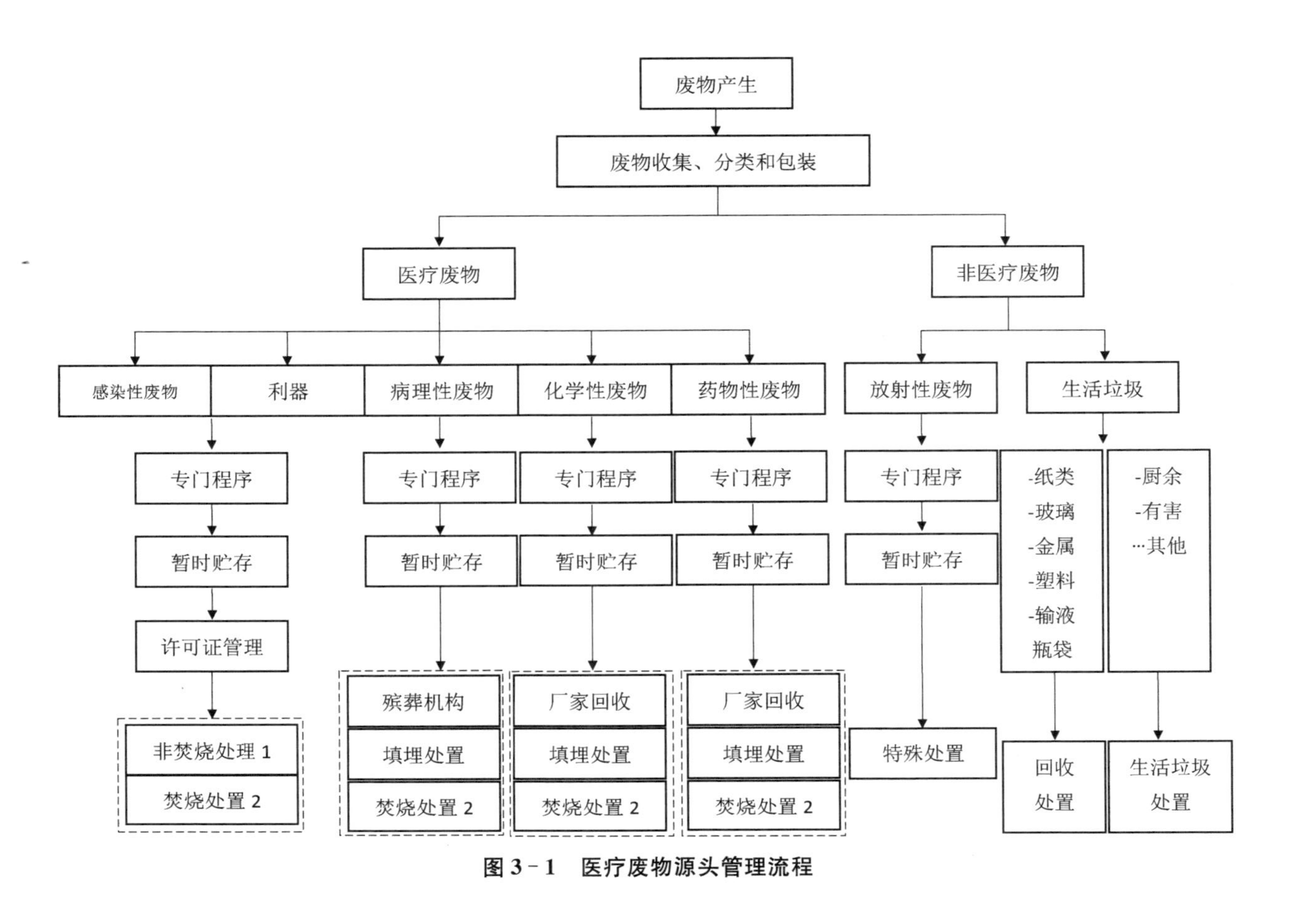

图 3－1　医疗废物源头管理流程

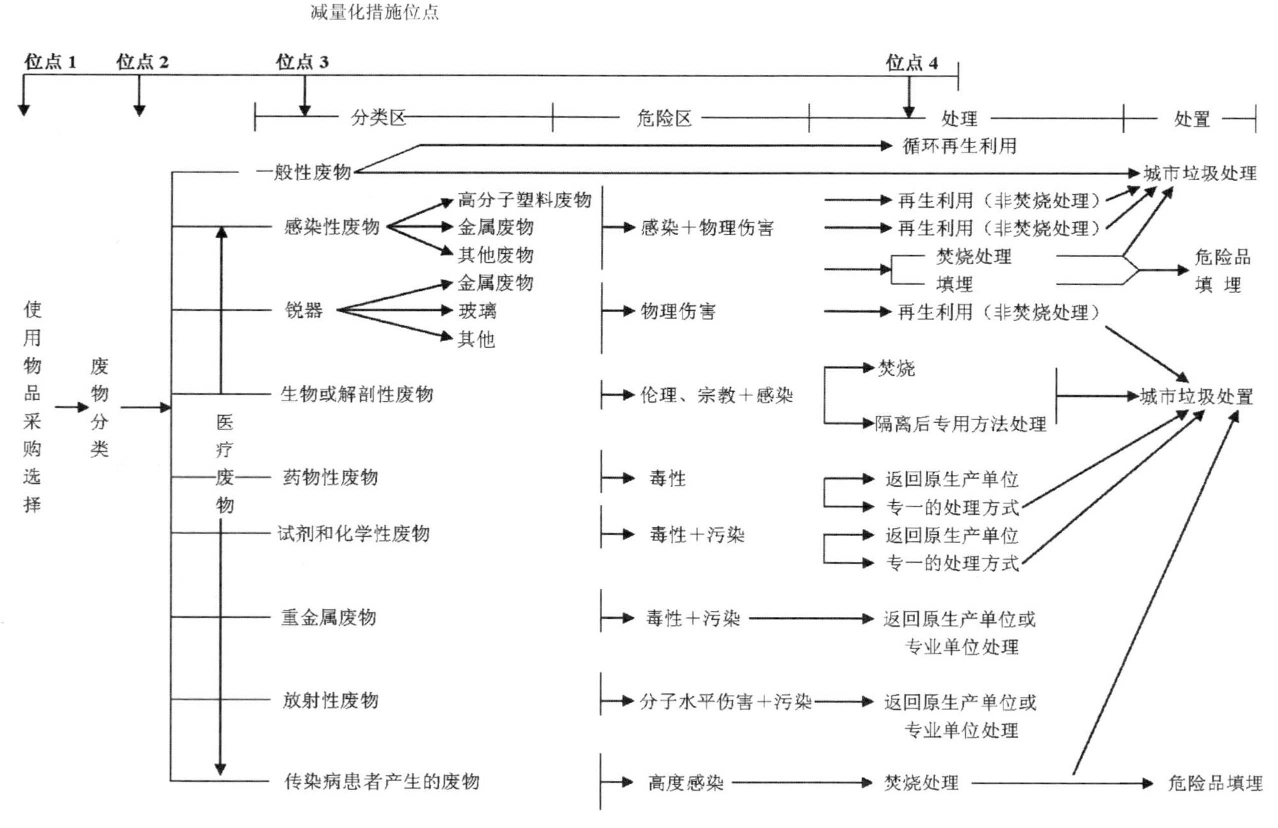

图 3－2　医疗废物分类、处理处置和减量化位点分析

3.2.2　医疗废物分类减量的具体措施

3.2.2.1　通过调整医疗用品的采购和选择政策，推进减量化

我国从 1987 年开始，在医疗机构推广使用一次性医疗用品。30 多年来，我国医疗机构和相关单位使用的一次性医疗器具品种和数量增长迅速。各种新型一次性医疗用品的推广使用，虽然为减少医院感染，预防经血传播性疾病的医源性传播做出了重要的贡献，但同时也带来了医疗机构产生的医疗废物种类和数量大量增加的问题。

随着临床医学和诊断科学的不断发展，新的医疗仪器设备、诊疗用品不断更新和增加。一次性医疗用品在保障患者诊疗安全、方便诊疗操作的同时，也造成了医疗废物产生量的激增。据不完全统计，当前一次性医疗物品达 1 500 种以上，仅输液器就分为各种材质、各种规格 20 余种。同时，存在患者主动询问并要求使用一次性医疗物品的现象。这其中，存在因收费政策等原因，医疗机构使用可复用物品需要清洗、消毒、灭菌等过程，其人力成本尚无收费标准。使用可复用物品医疗机构赔钱，而使用一次性物品可以从患者处收取费用等原因，导致一次性医疗物品的增加，进而导致了医疗废物的增加。

医疗机构中使用的常见含汞物品，如温度计、血压计等，由于新型的同类电子仪器价格高，以及技术问题导致的产品质量稳定性尚未被医疗机构认同等原因，一时还无法对其进行替代。目前，牙科的补牙材料已基本由复合树脂替代了常用的银汞合金，但银汞合金仍有部分医疗机构使用。

因此总体而言，对医疗用品的采购和选择是实行最佳环境实践、有效减少医疗废物产生的关键。同时，各种采购和选择方式的决定都伴随着利弊两方面的产生，这种权衡取舍需要论证和试验，因此应慎重考虑。在目前已有的知识和经验范围内，下述几个方面是医疗用品采购和选择政策应首先关注的地方：

(1) 无创体外检查用具可采用重复使用物品，如不锈钢压舌板等；

(2) 无创体内检查用具在严格消毒,确保安全的前提下,可有限次数地重复使用;

(3) 金属类器具在严格消毒,确保安全的前提下,选择可行的种类重复使用;

(4) 多用纸质材料,少用高分子材料和含氯制品;

(5) 仅受轻微污染的物品,尽量采用可重复使用的材料制作,消毒后重复使用;

(6) 减少医疗仪器设备和试剂的不必要淘汰和过快的更换频率;

(7) 尽量选用高效低毒、在环境中易分解的消毒剂;

(8) 根据实际需要采购药品,减少不必要的囤积。

3.2.2.2 通过制定医疗废物和生活垃圾的区分标准,推进减量化

对医疗机构产生的废物进行明确分类,并将生活垃圾和医疗废物科学地区分是实施医疗废物减量化的关键环节之一,也是医疗废物环境无害化处理和生活垃圾资源再生利用的前提条件。对医疗废物和生活垃圾的区分标准应从以下 4 个方面给予考虑:

(1) 废物含有的患者血液、体液、分泌液的量,在给出衡量标准后,在此量以下的废物不作为医疗废物;沾染非传染性疾病患者的血液、体液和分泌物的废弃物,基本没有疾病传播风险,从理论上是可以不算作医疗废物的。

(2) 废物含有的药物、化学品和试剂等物品,要根据药品、化学品中是否为有毒、有害物质,作为衡量其是否为医疗废物的依据。为提高可操作性,可以对常见的和明确了解是否具有危害性的物品进行先行判断,而有危害性或对其危害性不了解的物品按医疗废物处理。

(3) 依据废物产生地点的地点进行判断。例如,普通病区产生的一次性床垫、鞋套、手套等,可作为普通生活垃圾处理。

(4) 依据产生废物患者情况进行判断。普通患者产生的废物,只是沾有规定标准以下的血液、体液、分泌液,可考虑按普通垃圾处理;医疗机构收治的隔离传染患者产生的生活垃圾,应按照医疗废物管理和处理。

3.2.2.3　减少包装用品用量，推进减量化

根据医疗废物管理的相关法规要求，在医疗废物产生地，须用《医疗废物专用包装袋、容器和警示标志标准》(HJ 421—2008)规定的黄色医疗废物包装袋或者利器盒将医疗废物按类别收集后，才可进行院内运送和暂时贮存。由于我国幅员辽阔，各地经济发展水平不一，医疗废物的处理处置方法又较为单一，导致医疗机构内部医疗废物的分类和后期的处理处置出现了脱节现象，由此引起了医疗废物包装的不合理增加。

1) 具体不良表现

(1) 根据《医疗废物管理条例》和有关规定，医疗机构应将医疗废物按感染性、病理性、损伤性、药物性和化学性5类进行分类收集。在我国部分省、市医疗机构的抽样调查表明，有些医院分类增加到5类以上，如将感染性废物按输液器、注射器、其他等类别进行收集。而后期的处理处置为焚烧以及高温蒸汽、化学消毒、微波消毒等处置方式，尚无资源回收利用方法及规定，故使前期的有些分类归于无效，而其所需的包装容器却因分类的存在而无法减少。特别是有些地区对利器盒的使用时间进行了要求，使利器盛装尚没有达到3/4满就被收取，既增加了医疗成本，也增加了医疗废物的产生量和处理量。

(2)《医疗卫生机构医疗废物管理办法》规定，医疗废物的暂存时间不得超过2 d，因此收集运送人员每天必须将医疗废物从产生地将废物清运送至医疗机构医疗废物暂存处。由于医疗废物收集桶大多为固定位置、固定规格，包装袋的规格也相对较为单一，医疗废物在产生地每天收集运送1次，医疗废物有时未达到盛装量至3/4时，即被清走。调查结果表明，大部分病区每袋的医疗废物重量不足4 kg，体积不到包装袋容积的1/2，产生了包装袋明显浪费的现象。

(3) 目前医疗机构采用的利器盒均用塑料制作，一次性使用。如果对盛放损伤性废物的利器盒能够在技术上实现由处置单位对封口进行专业开合、消毒清洗后，可重复使用；对于玻璃安瓿瓶等废物使用纸盒箱加塑料袋的方式密封，减少利器盒的使用，不仅可以降低医疗成本，同时也可有效减

少高分子医疗废物的排放。

2）采取措施

(1) 根据当地的后期处理处置方式，确定相应的分类模式，合并同类项，减少不必要的包装物。

(2) 使用大小不同的医疗废物收集桶，内套不同规格的医疗废物包装袋，使其和每天产生的医疗废物数量相匹配，减少无效体积，降低包装类废物排放量。

(3) 将塑料材质的利器盒改为可复用的塑料或金属材质类利器盒，在确保密封的情况下，可使用纸箱盛装玻璃安瓿等非感染性利器。

3.2.2.4 减少含氯、汞、水分、金属材料和有机高分子材料的不适当处理和处置

有研究表明，焚烧时，氯和铜、铁、铝等金属元素的存在是二噁英等POPs生成的重要因素之一。医疗机构内部含氯元素的医疗废物主要来自聚氯乙烯(PVC)塑料，含氯消毒剂和含氯元素的药品。因此，实行严格的分类管理措施，将这类物品剔除在焚烧的废物之外，是一件操作上可行，又能有效降低二噁英生成的减排方法。另外，从源头减少含汞医疗废物的处理量是确保这类废物对环境和人类不构成污染和伤害的重要途径之一。采用的有效措施包括以下几点：

(1) 在采购政策上制订减少以PVC为原料制作的医疗用品采购，含PVC的医疗废物采用非焚烧方式处理；

(2) 含氯消毒剂不管是过期产品还是使用后的残液，尽量不进入固体医疗废物中，可排入污水处理池处理；

(3) 严格实行分类收集，根据相关部门提供的含氯药品以及含汞医疗器械名单，将这类废弃的药品单独收集，交由有相应资质的处置机构处理；

(4) 金属废物压力蒸汽消毒后，循环使用，再生利用或填埋处置。

固体医疗废物中的水分，有些是医疗用品在使用过程中伴随产生的，有些是操作过程中无意识带入的，还有些是由于医护人员和作业人员缺乏医

疗废物管理知识而人为放入的。采用焚烧方式处理医疗废物，要求废物低含水量，废物的热值大于 18 600 kJ/kg 时，能维持自身的燃烧，超过 6 000 kJ/kg 时，有较高的热能回收价值，低于 3 000 kJ/kg 时，已无热能回收的价值。有研究表明，我国医疗废物的综合热值，由于含水量较高，大部分低于 2 500 kJ/kg，需要添加燃油或煤块助燃。这种情况实际上间接增加了废物的处理量，加重了二噁英排放的可能，也提高了处理成本。因此，应制定有效的措施，减少固体医疗废物中水分的带入。

3.2.2.5　回收利用可再生资源，达到减量化

医疗废物中有潜在回收利用价值的物质见表 3-3。

表 3-3　医疗废物中有潜在回收利用价值的物质

材　质	常见品种举例	占总重量百分比/wt%	潜在回收利用价值
高分子材料	输液器、注射器等	30～35	电线护套、鞋底、门帘、农用储筐等
金属材料	针头、刀片、瓶帽等	2～3	熔炼成金属原料
玻璃制品	输液瓶、药瓶等	7～9	熔炼成玻璃制品原料
生物质	棉球、纱布、敷料等	30～35	能量回收

目前，对于采用非焚烧等技术进行消毒处理后的可回收塑料类医疗废物，按照国外的做法，经过消毒和无害化处理后作为循环资源可以再利用。通过回收利用，减少原材料消耗，方能从根本上解决二噁英产生的氯源问题，这一点已在世界范围内达成明确共识。

在回收利用高分子材料、金属材料和玻璃制品之前，对这类废物必须采用非焚烧处理技术，将其无害化。处理的目标应达到以下要求：

(1) 达到消毒效果，即达到杀灭病原微生物的效果；

(2) 处理时无超标或含有致病微生物的气溶胶外泄或带菌的气体排放；

(3) 无超标的挥发性有机物排放；

(4) 材料无明显的物理和化学性能变化；

(5) 材料可被纯化、均质化而达到再生利用的要求;

(6) 处理费用在可接受范围内。

医疗废物管理和处理处置采用前述方法后,有 39%～47%的废物材料是可以再生利用的,需要焚烧或其他技术进行最终处置的废物仅占 53%～61%,可大大减少医疗废物的终端排放。

3.3 源头减量经济效益分析

3.3.1 医疗废物减量化的预期效果

医疗废物不同组分焚烧时对二噁英产生的潜在贡献是不同的。以单位重量比较,高分子材料对二噁英的贡献最大,生物质最小。采用非焚烧技术处理医疗废物如不进行资源的回收利用,也会造成填埋地大量农田或其他土地被侵占,浪费潜在资源的现象。

医疗废物总流程中存在 4 个可能的减排位点,通过实施医疗废物源头分类和减量,可达到医疗废物总量减少 65%的预期效果。4 个点位医疗废物源头减量分析见表 3－4。

表 3－4 医疗废物源头减量分析

减量位点	减 量 类 别	目前情况	优 化 措 施	减量/%
位点一	1. 选择处理后可重复利用的物品,减少一次性用品 2. 减少在焚烧过程中容易生成二噁英的物品	没有考虑	给予充分考虑	
位点二	1. 将生活垃圾和医疗废物严格分开 2. 控制液体进入固体废物中	分类存在不足之处	1. 严格区分生活垃圾和医疗废物 2. 液体进入污水处理系统	15

（续表）

减量位点	减量类别	目前情况	优化措施	减量/%
位点三	1. 医疗废物包装 2. 高分子废物、金属废物、玻璃废物	焚烧	1. 减少无效包装 2. 非焚烧处理后回收利用	50
位点四	各类适宜非焚烧处理的废物	焚烧	非焚烧处理	

注：全国医疗废物总量以50.6万t计算。表中总减量65%，总减量重量32.89万t。

结合表3-4，按全国医疗废物总量50.6万t核算，位点一减排涉及生产、药学、临床、物价等多个部门，虽然是一个富有潜力的减排位点，但需要国家主管部门的多方协调，因此减排量无法精确估算，预期减排目标3%，减量1.52万t。位点二减量在医疗机构内部采用BEP管理时是可以实现的，其中生活垃圾和医疗废物严格区分可贡献减量6.5%，液体进入污水处理系统可贡献减量8.5%，两者合计15%，7.59万t。位点三减量，需要有国家的相关政策支持，具备适宜的处理设备；如果实行，减量效果十分显著，可达50%，25.30万t。根据表3-4所示数据，医疗废物中高分子材料、金属材料、玻璃制品在医疗废物中所占的百分比是不同的，经在国内数家医院的试验表明，位点四的减排效果是完全可以达到的。位点四的减量效果仅限于医疗废物焚烧比例的减少，并由此产生的二噁英排放量的降低，但未对医疗废物的总排放量产生减排影响。四个位点的减排百分比大于65%，减量总量不低于32.89万t。

3.3.2　医疗废物二噁英预期减排效果

根据全年医疗废物总量50.60万t计算，如果最终处理有80%采用焚烧处理，排放因子3 000 μgTEQ/t，年排放量为1 214.4 gTEQ。通过采用规范的医疗废物分类和减量措施可以推进实现二噁英排放减量。医疗废物二噁英预期减量效果见表3-5。

表 3-5 医疗废物二噁英预期减量效果

类　别	项　目	数量/万 t	排放因子(TEFs)/(μgTEQ/t)	焚烧比例/%	总排放量/gTEQ
届时情况	医疗废物产生量	50.60	3 000	80	1 214.400
实施 BAT/BEP 方案	高分子材料	16.698	3 000	10	50.094
	金属材料	1.265	无	10	0
	玻璃材料	4.048	无	10	0
	织物类	16.698	10	80	1.336
	其他废物(残液)	11.891	10	40	0.476
	合计	50.60			51.906

注：① 在医疗废物总量中，高分子材料按 33%、金属材料 2.5%、玻璃材料 8%、织物类 33%、其他废物(残液)23.5%；其中其他废物的排放因子未知，暂按燃油燃烧的排放因子 10 μgTEQ/t 计算。
② 表中，减量为 1 162.494 gTEQ，减量百分比为 95.23%。

由表 3-5 可以看出，医疗废物中高分子材料占总量 33%，16.698 万 t，减量贡献 450.846 gTEQ；金属材料 2.5%，1.265 万 t，减量贡献 37.950 gTEQ；玻璃材料 8%，4.048 万 t，减量贡献 121.440 gTEQ；生物质 33%，16.698 万 t，研究表明焚烧时其二噁英的排放因子在相同条件下低于高分子材料 300 倍以上，为 10 μgTEQ/t，年排放 1.336 gTEQ；其他废物主要以残液为主要成分，大部分从污水系统排放，以 40%进入焚烧处理计算，共有 4.756 4 万 t 需要处理，此类物质的二噁英排放因子未知，暂按燃油排放因子 10 μgTEQ/t 计算，全年排放 0.476 gTEQ，上述合计 51.906 gTEQ。由此可知，采用 BAT/BEP 方案后，在年处理量 50.6 万 t 的情况下，每年可减排 1 162.494 gTEQ，减排率达到 95.23%，是一套科学先进的环境友好型医疗废物源头分类和减量方案。

3.4 医疗废物源头分类信息化技术及应用

3.4.1 医疗废物源头分类技术需求

医疗废物的源头分类往往不是单一的，在考虑源头分类的同时，还要充分考虑分类技术的适用性。实施切实可行的源头分类，以便规避风险，减少二次污染，实现医疗废物无害化安全管理和处置。

医疗废物处理处置全过程主要包括医疗机构医疗废物的产生、收集、贮存流程和医疗废物集中处置单位对医疗废物的收运处置流程两大部分。

医疗机构内部对医疗废物从产生源头分类收集、转运和暂存，需要登记医疗废物的来源、种类、数量或重量、交接时间、最终去向以及经办人签名等。医疗废物集中处置单位到医疗机构收集交接和转运，也需要登记医疗废物的来源、种类、数量或重量、交接时间、处理处置方法、最终去向以及经办人签名等。

1) 医疗机构信息化技术需求

目前，我国医疗机构作为医疗废物产生的主要源头，大部分采用纯人工操作实现内部医疗废物交接、转运、登记等环节的管理，传统的交接登记形式通常无法达到现代化医院管理的要求，也不利于管理人员及时掌握医疗废物收集及处理处置信息。若人员操作不规范，则难以追溯责任人，一旦发生医疗废物流失更难以实现源头追溯，具体表现为以下5个方面：

(1) 包装。标签随意无条码，包装容器密闭不严。

(2) 重量。每个科室均配备一个弹簧秤，但称重误差大。

(3) 记录。在纸质表单上手工记录，记录不全、字迹不清、纸质保存难。

(4) 追溯。手工记录数据统计分析烦琐，追溯困难。

(5) 人员。医疗废物收集暂存操作基本由外包物业员工承担，规范化操作依靠员工自觉性，医院管理部门较难监管。

2) 医疗废物处置机构信息化技术需求

医疗处置机构链条包括医疗废物收集单位、医疗废物运输单位和医疗废物处置单位。不同机构的信息化管理水平参差不齐差距较大。其信息化技术需求主要在于医疗废物交接、转移、运输、出入库等环节的管理,与医疗机构现有管理模式类似,绝大部分采用纯手工操作和纸质档案管理,同样存在若操作人员不规范、废物称重存在误差、出入库台账混乱等问题,导致医疗废物流失追溯困难,处置台账底数不清。另外,医疗处置机构会因信息渠道不畅或延迟,导致医疗废物不能及时收运,出现转运频率低、贮存时间长、违规自行处置等问题。

3.4.2 医疗废物分类收集技术原理

医疗废物分类收集前端管理主要实现分类管理、规范存储的目标。针对医疗废物,细化到单个病房科室,单个病房或科室均通过二维码或射频识别(radio frequency identification, RFID)进行标识,有效识别医疗废物产生来源,并通过医疗废物物联网衡器实现对单个病房或科室产生废物的称重计量。医疗废物物联网衡器是物联网计重传感器在医疗废物计量领域的一种应用,它能够实现用户对衡器设备的监测,能够将设备本身的信息数据和产生的过磅信息及时送到后台,为各类用户管理设备、及时了解生产进程,提供比传统方式更加高效的方法。医疗废物分类收集前端新技术原理如图3-3所示。

3.4.3 医疗废物源头分类技术应用

1) 网格化产废科室

产废科室是医疗废物全过程信息化监管的起点,可将医疗废物转运箱放置到每个产废科室,从产废科室开始就分类封箱转运到暂存间。根据医院规模大小,产废科室可以是一个科室或病区,也可以包含几个科室。具有

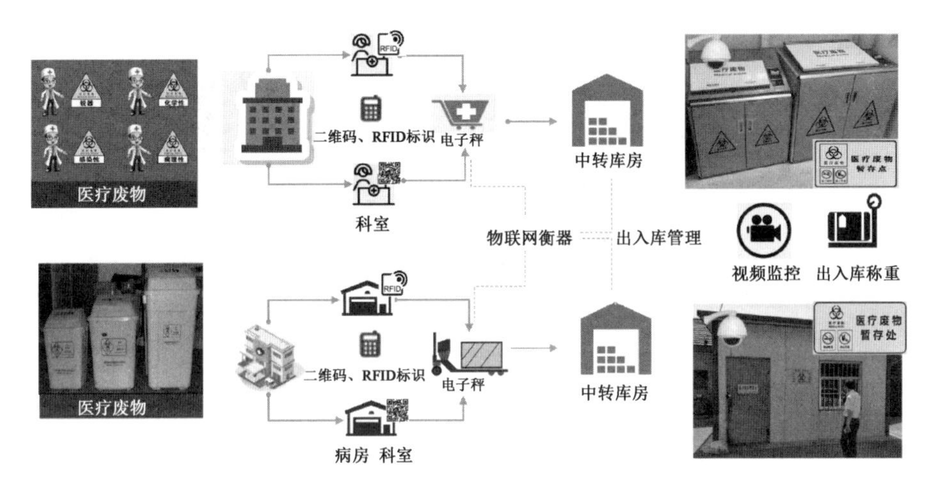

图 3－3　医疗废物分类收集前端新技术原理

独立暂存间的病区或医疗废物产生量较大的科室可以设置为 1 个产废科室。未设置独立暂存间或产废量较少的科室，可以将若干个科室合并为 1 个产废科室。产废科室外设置产废科室智能标牌。

2）源头分类收集

根据网格化产废科室采用不同类型的医疗废物收集设备进行分类投放，并为每次投放的废物建立电子标签或二维码。以医疗废物转运箱或包装袋为对象，建立唯一电子标签或二维码，每一个条码识别号对应每一个转运箱或包装袋。利用移动智能数据终端扫码采集和识别医疗废物数据，包括废物类型、废物重量、产生科室、投放时间和人员等，各个环节以扫描医疗废物识别码为数据录入依据，以识别码为追溯依据，并同时将相关信息实时传输至后台管理系统。医疗废物识别码如图 3－4 所示。

3）移动端数据采集

使用移动智能数据终端进行扫描和感应交接卡、科室牌等，采集医疗废物的来源、种类、数量、重量、交接时间、交接人员等。替代原有人工清点的方法，采集的数据更精确可靠。

针对医疗废物转运、贮存环节，通过后台管理系统对医院内医疗废物投放情况进行预警，通知清运人员及时收集，通过移动终端 APP 实现医疗废

图 3－4　医疗废物识别码

物院内的转运贮存，可追溯医疗废物在医院内流向，医疗废物转运及处置时限超过 48 h，发出预警并通知监管部门。

针对医疗废物院外处置转运过程中，转运人员到达时，先扫描交接人员信息，锁定责任人，再扫描医疗废物信息，锁定医疗废物种类。物联网计量系统会自动计重，最后扫描转运人员信息。在医疗废物到达处理处置企业后通过二维码信息进行入库、出库，系统自动将此次操作的所有人员、医疗废物种类、重量、时间等信息绑定在一起，实现院外转移处置的溯源管理。医疗废物分类收集物联网应用流程如图 3－5 所示。

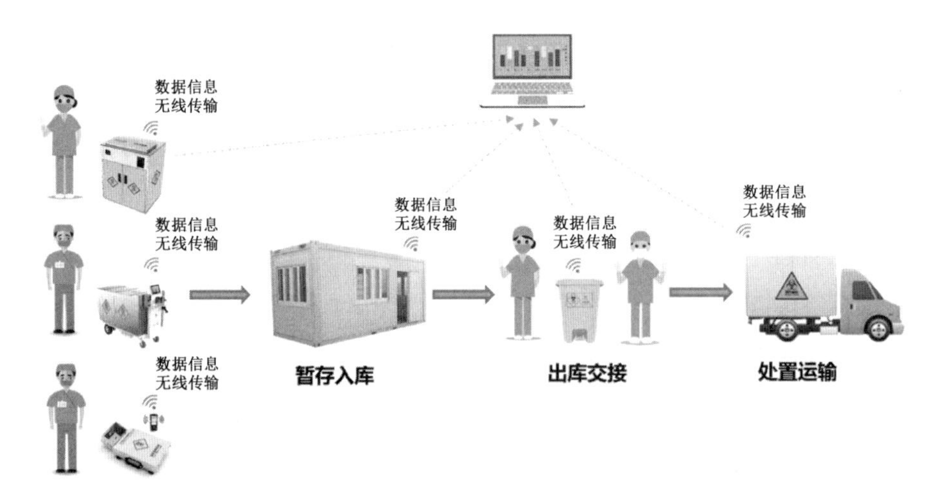

图 3－5　医疗废物分类收集物联网应用流程

第 4 章

医疗废物优化焚烧处置技术

医疗废物焚烧处置技术是美国和WHO等国家、组织常用的技术,而中国也将焚烧法作为主要的处置方法,并制定了相应的标准和技术规范。本章将详细叙述医疗废物焚烧处置的原理、工艺流程及产污节点,并对医疗废物焚烧炉及尾气控制技术进行解析。在综合分析的基础上,提出医疗废物焚烧处置技术的优化措施。

4.1 医疗废物焚烧处置技术原理

4.1.1 热解气化技术原理

医疗废物热解气化技术是一种热化学反应技术。根据医疗废物进料方式的不同,医疗废物热解气化技术可分为连续热解气化技术和间歇热解气化技术。

连续式热解气化技术是指废物进料系统对所处理的物料采用一定的间隔周期、分批次的连续投入热解炉内,从而能够维持热解炉内连续、稳定的热解反应过程。在整个工作过程中,热解炉出口的热解产物产生量波动较小或基本稳定。间歇热解气化技术是指废物进料系统对所处理的物料采取一次进料方式,热解炉的进料和炉内热解过程均采用分批次、间歇的工作方式。

进料系统和热解炉按照进料→热解→出灰→进料→热解→出灰的循环模式运行。在整个工作过程中,热解炉内的温度和出口的热解产物产生量均呈波浪状循环波动。热解气化一般工艺流程如图 4-1 所示。

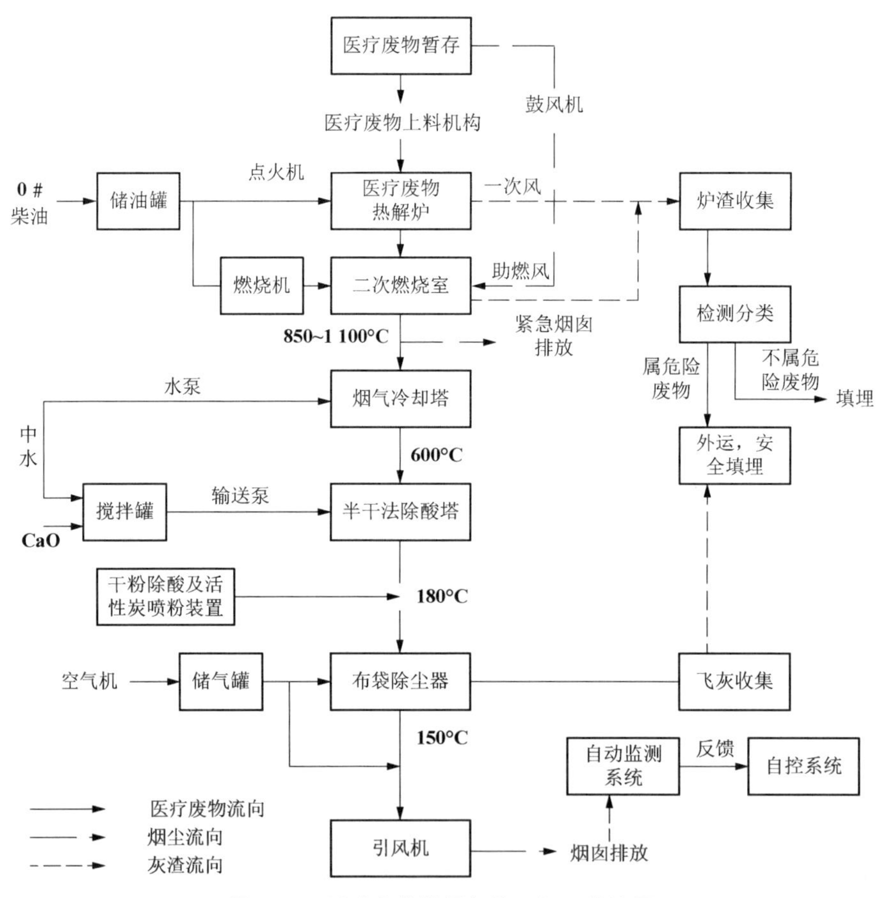

图 4-1 医疗废物热解气化一般工艺流程

1) 医疗废物热解气化过程

(1) 经医疗废物上料机构将医疗废物引入热解炉,在此设备内完成热解过程,热解气化炉利用缺氧热解原理,供给不足量的助燃空气,使医疗废物在一定温度范围内进行热解,热解气化室内医疗废物在 600~900℃的缺氧条件下热解气化，医疗废物裂解成短链有机气体、甲烷、氢气、一氧化碳等可燃气体；热解气化炉也有采用 A 和 B 炉交替气化、后续燃烧炉不间断的连续工作方式。

(2) 经热解气化后的可燃气体经二燃室 850～1 100℃的高温焚烧达到完全燃烧状态。热解气化炉产生的裂解气体在二燃室内继续充分燃烧。二次燃烧室安装有柴油燃烧机，燃烧机的开启幅度或关闭由设定温度自动控制。在起炉阶段，由于炉温较低，需要开启燃烧机对二燃室进行加热升温，热解气体自燃时，炉温会迅速上升并达到设定温度(850℃左右)，助燃装置则自动关闭。由于二次燃烧室内温度达到 850℃以上，烟气在此温度停留时间 2 s 以上，故烟气中的各种有害成分(包括二噁英)在二次燃烧室内得到充分的分解和消除。

(3) 在尾气净化方面，采取冷却、半干式急冷除酸、活性炭吸附、布袋除尘、灰渣处理等过程。烟气降温系统的作用是让高温烟气(二燃室出口温度高达 1 100℃以上)降温到后续烟气处理设备可正常工作的温度。其后的半干式法急冷除酸塔要求入塔烟气温度在 600℃以下。采用半干式冷却除酸装置将烟气从 600℃迅速降至 180℃，在二噁英低温生成同时进行除酸，防止后续设备腐蚀。利用文丘里装置将活性炭粉均匀喷入烟气中以吸附废气中残留的二噁英。布袋除尘器，将吸附有二噁英类物质的活性炭粉和残留的烟尘在滤袋的表面截留。

(4) 固体废物在热解炉燃尽后形成的炉渣因经过高温处理，经毒性浸出试验后如不属于危险废物可直接填埋。热解炉残渣和烟气净化系统收集的烟尘(飞灰)属于危险废物，平时可将其密闭收集，定期运送至危险废物处置中心统一进行固化处置。

2) 医疗废物热解气化技术特点

(1) 医疗废物首先在还原条件下分解产生可燃气体，废物中的金属没有被氧化，废物中的铜、铁等金属不易生成促进二噁英形成的催化剂。

(2) 热解气体燃烧时的空气系数较低，能大大降低排烟量、提高能量的利用率、降低 NO_x 的排放量、减少烟气处理设备的投资及运行费用。

(3) 含碳的灰渣在 1 000℃左右的高温状态下进行焚烧,能抑制二噁英类毒性物质的生成,并使已生成的二噁英分解,熔渣被高温消毒可实现它的再生利用,可以最大限度地实现垃圾的减量化和资源化。

4.1.2 焚烧技术原理

医疗废物回转窑焚烧技术是一种高温热化学反应技术,其焚烧系统由回转窑和二燃室组成。回转窑呈略微倾斜状,窑头略高于窑尾。回转窑内采用富氧燃烧方式,燃烧温度控制在 850～1 000℃。医疗废物从窑头进入窑内。随着窑体的转动,医疗废物在窑内沿着回转窑内壁向下移动,从而完成干燥、焚烧、燃尽和冷却过程。冷却后的灰渣由窑尾下发排出,沸化的蒸汽及燃烧气体进入二燃室。二燃室的温度维持在 900～1 200℃。烟气停留时间为 2 s 以上,以确保烟气中可燃成分达到完全燃烧状态以及二噁英高度分解。回转窑典型工艺流程如图 4－2 所示。

1) 医疗废物回转窑处置过程

(1) 经计量并检验的医疗废物进入分类贮存间,在贮存间内冷藏。

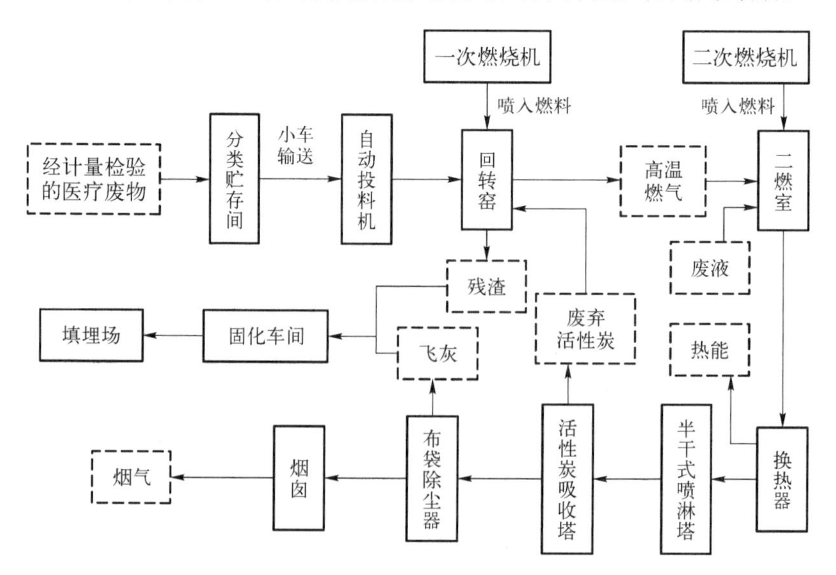

图 4－2 回转窑典型工艺流程

(2) 回转窑利用补充燃料自动点火使窑体升温后，由封闭废物输送小车将医疗废物送进焚烧车间，并放入回转窑自动投料机，由自动投料机送至炉口投入溜槽进入炉体内，炉体以 0.5～3 r/min 转速旋转(可调速)，将医疗废物自动翻转搅拌，使焚烧物料缓慢向前移动，完成烘干、沸化、高温氧化、主燃、燃尽、排渣等过程，并产生挥发可燃高温气体，炉内燃烧温度可达 700～850℃。

(3) 回转窑沸化氧化产生高温气体进入二次燃烧室，二次燃烧系统利用补充燃料在二次燃烧室内对烟气进一步高温焚烧，燃烧温度达到 850～1 300℃，使有机废气全部高温分解。

(4) 两次高温焚烧所产生的高温烟气经过换热器将烟气温度降低到 600℃左右。

(5) 烟气再经过半干式喷淋塔进一步急速将温度降低到 200℃以下，以控制烟气在 200～600℃温度区间的停留时间小于 1 s，除去大部分酸性有害气体的同时，也抑制二噁英的大量产生；然后进入活性炭吸收塔，利用活性炭吸附烟气中的二噁英及其他有害物质；再进入布袋除尘器除去极微小粉尘，并对二噁英及其他有害物质进行进一步的拦截过滤；废活性炭焚烧处理，布袋飞灰固化填埋处理。

(6) 产生的洁净烟气由排风系统导入烟囱进行达标排放，焚烧后的灰渣由炉本体下方排出经固化后填埋处置。

2) 医疗废物回转窑焚烧技术特点

(1) 结构简单、控制稳定、技术成熟，对医疗废物的适应能力强，可以处理各种不同形状的固液态废物。

(2) 医疗废物在炉内能得到充分的搅拌、翻滚，与空气混合效果好、湍流度好，炉内不存在因分布不均匀或料层太厚而产生未烧到的死角。

(3) 医疗废物在窑内翻腾前进，三种传热方式(辐射、对流、传导)并存一炉，热利用率高，窑体转动速度可调节，医疗废物的停留时间可控制，回转窑以及二燃室有足够的空间使医疗废物焚烧完全。

4.2　医疗废物焚烧处置工艺流程及产污节点

无论是热解气化，还是回转窑焚烧，其工艺过程一般包括进料单元、热解单元(或一段焚烧炉)、二次燃烧单元、余热回收单元、残渣收集单元、气体净化单元、水处理单元、自动控制单元及其他辅助单元等功能单元。工艺流程及产污节点如图 4-3 所示。

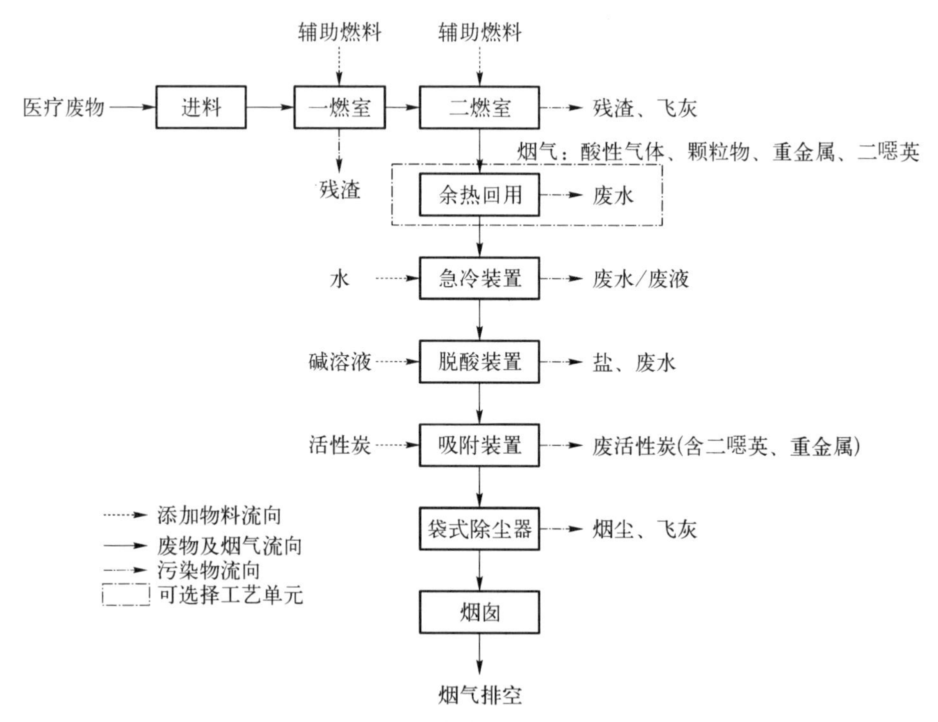

图 4-3　医疗废物热解焚烧处置工艺流程及产污节点

由图 4-3 可知，医疗废物热解焚烧处置过程中会产生二次污染物，主要有烟气污染物烟尘粉尘、二噁英、SO_2、HCl、重金属，以及废水、噪声等。

医疗废物热解焚烧处置工艺主要物料与能源消耗为柴油、电和水，具体消耗量见表 4-1。

表 4-1　物料与能源消耗情况(以 t 废物计)

序号	名　称	单　位	消　耗　量		
			连续热解气化	间歇热解气化	回转窑焚烧
1	柴油	kg	20～50	16.2～23.3	398～520
2	电	kW·h	390～520	394～456.7	300～400
3	水	t	3.5～8	8～11.2	10～14

4.3　医疗废物焚烧过程污染物排放

1) 大气污染物排放

医疗废物热解处置所产生烟气中污染物的种类和含量均有较大的变化范围。烟气中通常含有颗粒物、一氧化碳、二氧化硫、氮氧化物、氯化氢、氟化氢、重金属和二噁英类等污染物,具体浓度见表 4-2。

表 4-2　医疗废物热解处置大气污染物排放情况

序　号	污染物控制项目	单　位	数　值
1	颗粒物	mg/Nm^3	40～120
2	一氧化碳	mg/Nm^3	40～120
3	二氧化硫	mg/Nm^3	50～300
4	氮氧化物	mg/Nm^3	30～300
5	氯化氢	mg/Nm^3	10～105
6	氟化氢	mg/Nm^3	3.5～15
7	重金属	mg/Nm^3	0.05～0.15
8	二噁英	$ngTEQ/Nm^3$	0.1～1.5

2) 废水污染物排放

废水污染物是指工艺工程中排放的废水和少量生活废水,主要包括转运车辆消毒冲洗废水、周转箱消毒冲洗水、软化水排放废水、卸车场地暂存场所和冷藏贮存间等场地冲洗废水、生活污水等。水质主要指标的具体数值见表 4-3。

表 4-3 医疗废物热解处置废水污染物排放情况

序　号	污染物控制项目	单　　位	数　　值
1	pH	mg/L	6～9
2	BOD_5	mg/L	10～20
3	CODCr	mg/L	30～60
4	SS	mg/L	15～30
5	氨氮	mg/L	5～15
6	大肠杆菌群数	MPN/L	100

3）固体残渣排放

固体残渣可分为焚烧渣和飞灰两大类。焚烧渣为热解焚烧炉和二段燃烧炉底部排出的炉渣，其组分主要为玻璃等无机物。焚烧渣是无害渣，可作为城市生活垃圾直接送至生活垃圾处理场进行处理。飞灰主要包括余热锅炉和袋式除尘器收集的净化渣，含有重金属和二噁英等污染物，须按危险废物进行管理和处置。

4）噪声排放

噪声主要集中在厂房和辅助车间各类机械设备和动力设施，如鼓风机、引风机、发电机组、各类泵体、空压机和锅炉安全阀等，最高可达 85 dB 以上。

4.4 医疗废物热解焚烧污染控制技术分析

4.4.1 热解焚烧炉型及控制参数选择

在各种医疗废物焚烧技术中，根据其不同的工作原理和燃烧方式可分为小型单燃烧室焚烧炉、机械炉排焚烧炉、回转窑焚烧炉、控气式焚烧炉（CAO）、两段式热解气化焚烧（批式）、立式热解气化焚烧炉、电弧炉法等，或组合技术。医疗废物焚烧炉的燃烧方式和炉型有很多种。按焚烧方式来分,有过氧燃烧方式、热解气化方式等;按炉型分有回转窑式、往复炉排炉、链条炉、立式旋转炉等。一般设置有尾气净化系统,但进料系统和监控系统较为简单。

小型单燃烧室焚烧炉由于自动化程度低,缺少完善的烟气净化系统,对环境产生二次污染,不能满足新的环保要求,从而已经不适合处理医疗废物,目前已经基本淘汰。

回转窑焚烧炉技术成熟,二次污染少,但因其一次性投资大,用于焚烧医疗废物时运行费用高,一般需要与其他焚烧用途组合。该技术具有处理效果好、适应性强、运行稳定等特点,适合较大的城市和地区的医疗废物集中处理。

电弧炉和等离子体对处理医疗废物效果较好,其主要的特点是在超高温下焚烧难降解危险废物(PCBs 等),用于医疗废物尚不能充分发挥其特点。此外,高额的建设和运营费用也阻碍了其应用于医疗废物处理处置领域。

相对而言,近年来热解技术发展较快,并在加拿大、美国、英国和墨西哥等国使用,效果很好。目前,热解焚烧技术在国外的处理医疗废物等危险废物领域得到了较多的使用。

目前,我国生产并投入运行的城市医疗废物焚烧炉较多采用了热解气化焚烧技术。热解气化焚烧处理技术在处理效果和处理成本方面均有较大优点,是一种主要用于处理医疗废物等危险废物的焚烧炉。焚烧炉具有燃尽率高,辅助燃料消耗量小,产生的烟气量少,烟气中污染物浓度低,后处理的负荷较小,粉尘夹带很少等优点。但热解焚烧的技术设备差异较大,难以实现稳定燃烧、良好的自控,热解段、燃烧段、燃尽段相互影响,在实际运营中往往由于进料状态与设计相差太大、自控系统难以调控到理想状态、尾气系统负荷频繁变化等原因,也演变成为固定炉床的过氧燃烧,故实际效果不理想。又由于其技术门槛较低,技术市场混乱。

炉排焚烧炉应用也较多。我国曾采用炉排焚烧炉的有广州、天津、鞍山、吉林、大连、贵阳、顺德等城市。在实际应用中存在焚烧物燃尽率低,辅助燃料消耗量大等缺点。目前,国内已经禁止仅配置单燃烧室的炉排炉应用于医疗废物处理。

固定床焚烧炉具有投资少,操作简单,运行稳定,处理成本低等特点,但缺少完善成熟的烟气净化系统,会对周围环境产生二次污染。

在医疗废物炉型选择方面,应根据医疗废物特性和焚烧厂处理规模选择合适的焚烧炉炉型,严禁选用不能达到污染物排放标准的焚烧装置。应选择技术成熟、自动化水平高、运行稳定的焚烧炉,严禁采用单燃烧室焚烧炉、没有自控系统和尾气处理系统的焚烧装置。医疗废物焚烧炉的选择,应符合下列要求:

(1) 焚烧炉结构由一燃室和二燃室组成,一燃室是燃烧或热解作用,二燃室是实现完全燃烧。

(2) 焚烧炉炉床设计应防止液体或未充分燃烧的废物溢漏,保证未充分燃烧的医疗废物不通过炉床遗漏进炉渣,并能使空气沿炉床底部均匀分配。供风孔应采取免清孔设计,避免因积灰或结垢而堵塞。

(3) 焚烧控制条件应符合《医疗废物处理处置污染控制标准》(GB 39707—2020)、《医疗废物管理条例》和《医疗废物焚烧炉技术要求(试行)》等相关规定。

(4) 应有适当的超负荷处理能力,废物进料量应可调节。

(5) 正常运行期间,焚烧炉内应处于微负压燃烧状态。

(6) 炉体可接触壳体外表温度应≤50℃。

(7) 控制二次燃烧室烟气温度≥850℃,烟气停留时间≥2.0 s。

(8) 设备的燃烧效率应≥99.9%,焚烧残渣的热灼减率<5%。

(9) 焚烧炉出口烟气中的氧含量应控制在 6%~10%(干气)。

(10) 焚烧炉可以由一个中心控制台进行操作、监控和管理,包括连续显示操作参数和条件(温度、压力、含氧量、空气量、燃料量等),并能实现反馈控制。

(11) 应可实现对热解和燃烧过程的控制,防止燃烧不完全或炉体烧塌。

(12) 焚烧炉二燃室应设紧急排放烟囱;热解焚烧炉一燃室应设防爆门或其他防爆排压设备。

4.4.2　热解焚烧尾气控制技术

4.4.2.1　脱酸技术

1) 半干法脱酸控制技术

半干法脱酸工艺实际上是一个喷雾干燥系统(设备通常称为喷雾干燥吸收塔)。烟气从吸收塔的上部进入,下部流出。利用高效雾化器将消石灰浆液(浓度为5%～10%的氢氧化钙浆液)喷淋入吸收塔中,烟气与喷淋入的浆液充分接触并发生中和作用。由于系统内雾化效果好、接触面大,半干法不仅可有效降低烟气温度,中和烟气中的酸性气体,并且喷入的浆液可在吸收塔中完全蒸发。

半干法的优点是具有较高的脱酸净化效率,设备投资较湿法工艺少,不产生废水的二次污染,占地少,运行费用低;缺点是制浆设备比较复杂,喷嘴易磨损、结垢,石灰浆的输送管路容易出现故障,系统维护要求较高。该工艺对烟气在半干法塔中的停留时间、吸收浆液中的吸收剂种类、粒度及配置浓度以及喷嘴的要求都比较高。

在半干法净化工艺中,烟气有两种进料方式:一种是上方进气,烟气与吸收剂浆液一起向下流动,然后进入后续的除尘设备;另一种是下进气,烟气与吸收剂浆液一起向上流动。在下进气方式中,吸收后的烟气通常进入旋风分离器进行固气分离,所得的部分固体分离物返回脱酸塔内,使未完全反应的吸收剂得以充分利用,从而提高了吸收剂使用效率,烟气在通过旋风分离器后再进入除尘设施。通常前种工艺的设备称为喷雾干燥吸收塔,后者工艺的设备称为气态悬浮吸收塔。实际工程应用中,前种工艺应用较为普遍。

2) 干法脱酸控制技术

通常采用消石灰中和剂,将消石灰喷射装置设置在急冷塔和布袋除尘器之间。通过烟道上的混合器，在压缩空气作用下，使消石灰均匀地混合于烟气中。在布袋除尘器袋壁上沉积，形成反应层，使消石灰与烟气中的气态酸性物质进行中和反应，达到去除酸性物质的目的。为了加强反应速率，实际碱性固体的用量为反应需求量的 3～4 倍，固体停留时间至少需 1.0 s 以上。

消石灰(熟石灰)，主要成分是 $Ca(OH)_2$，白色粉末状，微溶于水，其澄清的水溶液是无色无嗅的碱性透明液体。一般情况下，要求 $Ca(OH)_2$ 过筛率 200 目超过 90%。近年来，为提高干式洗气法对难以去除的一些污染物质的去除效率，有用硫化钠(Na_2S)及活性炭粉末混合石灰粉一起喷入，可以有效地吸收气态汞及二噁英。

干式洗气塔与布袋除尘器组成工艺是焚烧厂中尾气污染控制的常用方法。优点为设备简单，维修容易，造价便宜，消石灰输送管线不易阻塞；缺点是由于固相与气相的接触时间有限且传质效果不佳，常须超量加药，药剂的消耗量大，整体的去除效率也比其他两种方法为低，产生的反应物及未反应物量亦较多，需要适当最终处置。目前，虽已有部分厂商运用回收系统，将由除尘器收集下来的飞灰、反应物与未反应物，按一定比例与新鲜的消石灰粉混合再利用，以期节省药剂消耗量；但其成效并不显著，且会使整个药剂准备及喷入系统变得复杂，管线系统亦因飞灰及反应物的介入而增加了磨损或阻塞的频率，反而失去原系统设备操作简单、维修容易的优势。

3) 湿法脱酸控制技术

焚烧烟气处理系统中最常用的湿法脱酸控制技术为湿式洗气塔。该系统是对流操作的填料吸收塔，尾气与向下流动的碱性溶液不断地在填料空隙及表面接触、反应，使尾气中的污染气体被有效吸收。常用的吸收药剂(碱性药剂)主要有 NaOH 溶液(0～15%，质量浓度)或 $Ca(OH)_2$ 溶液(0～10%，质量浓度)。洗气塔的碱性洗涤溶液采用循环使用方式，当循环溶液的 pH 值或盐度超过一定标准时，排泄部分补充新鲜的 NaOH 溶液，以维持一定的酸性气体去除效率。排出液中通常有很多溶解性重金属盐类(如 $HgCl_2$、$PbCl_2$ 等)，氯盐浓度亦高达 3%，必须予以适当处理。湿式洗气塔的最大优点为酸性气体的去除效率高，对 HCl 去除率为 98%，SO_x 去除率为 90%以上，并附带有去除高挥发性重金属物质（如汞）的潜力。其缺点为造价较高，用电量及用水量亦较高，为避免尾气排放后产生白烟现象，须另加装废气再热器。此外，湿式洗气法产生的含量金属和高浓度氯盐的废水需要进行处理。

4.4.2.2　袋式除尘污染防控技术

尾气除尘对所有焚烧炉的运行来说都是非常关键的。除尘器按净化机理可分为机械式除尘器、湿式除尘器、袋式除尘器、静电除尘器。国际上各种技术都在用，焚烧炉除尘装置应选用袋式除尘器，我国推荐采用布袋除尘器。袋式除尘器适用于清除粒径 0.1 μm 以上的尘粒，除尘效率达 99%。

医疗废物焚烧的除尘设备中，袋式除尘器相比其他除尘设备更具优势，特别适合于在干法或者半干法脱酸工艺中。袋式除尘器不仅是除尘设备，也是去除烟气中其他有害物质的反应装置，是尾气处理的最关键设备之一。危险废物/医疗废物焚烧烟气净化应优先采用袋式除尘装置，不得使用静电除尘和机械除尘装置。若选择湿式除尘装置，必须配备完整的废水处理设施。

袋式除尘器通常由多个直径在 16～20 cm、长度在 2～3 m，由玻璃纤维材料或者 PTFE 材料制成的布袋，按照序列排列组成。织物的多孔性和滤袋表面形成的滤饼形成了布袋除尘器的过滤层，可以去除颗粒大小在 0.05～20 μm，压力降在 1～2 kPa，并高效地去除烟气中的含尘物质，以及尾气中吸附在烟尘颗粒物上的重金属（特别是 Hg）和二噁英物质。除尘效率一般可达 99%以上。

袋式除尘器根据清灰方式的不同，可分为机械振动袋式除尘器、逆气流反吹袋式除尘器、脉冲喷吹袋式除尘器等。脉冲喷吹清灰方式中，废气自滤袋外向内流动，粒状污染物积累于滤袋的外层，滤袋仅上端固定。清洗时，借助由内向外的高压气体将滤袋膨胀。该法较为迅速，并可采用在线连续操作的方式。推荐优先采用脉冲喷吹清灰方式的袋式除尘器。此类袋式除尘器的结构主要包括箱体、灰斗、支柱、楼梯（爬梯）、栏杆、平台、滤袋框架、滤袋、提升阀、清灰气路系统、清灰控制仪、排灰设备、卸灰装置、脉冲阀分气箱、脉冲阀、气包等。滤袋长度设计时受制于喷入气体压力的极限。为了维护清洗效果,一般均小于 5 m。

由于布袋对于酸性物质比较敏感,通常会在其前设置脱酸装置。推荐采用前面所述的半干法脱酸工艺,其一方面起到脱酸的作用,另一方面降低烟气的温度到布袋滤袋适宜的范围,起到保护滤袋的作用。另外,还需要特别注意烟气中的含水量。对于达标排放难度较高的焚烧设施,可以采用湿法脱酸工艺。

布袋除尘器出口烟气中颗粒物排放浓度从一定程度上可以间接反映二噁英的排放浓度。目前,正在制定的《医疗废物处理处置污染控制标准》颗粒物排放限值为 30 mg/m^3(1 h 均值)和 20 mg/m^3(24 h 均值或日均值),二噁英排放浓度规定为 0.5 ngTEQ/Nm^3。提高布袋除尘效率,降低出口颗粒物排放浓度对于控制二噁英有积极的作用。

4.4.2.3 NO_x 处理技术

目前国内一般采用 SCR 和 SNCR 两种 NO_x 处理技术。选择性催化还原法(SCR):在催化剂(如 V_2O_5/TiO_2 和 $V_2O_5-WO_3/TiO_2$)作用下,还原剂 NH_3 在 290～400℃下将 NO 和 NO_2 还原成 N_2,而几乎不发生 NH_3 的氧化反应,从而提高了 N_2 的选择性,减少了 NH_3 的消耗。选择性非催化还原法(SNCR)是指无催化剂的作用下,在适合脱硝反应的温度范围内喷入还原剂将烟气中的 NO_x 还原为无害的氮气和水。该技术一般采用炉内喷氨、尿素或氢氨酸作为还原剂还原 NO_x。还原剂只和烟气中的 NO_x 反应,一般不与氧反应,该技术不采用催化剂。SNCR 脱硝法最主要的特点为建设时只需一次性投资,日常运行成本低,设备占地面积小,较其他方法而言 SNCR 脱硝技术经济性高,比较适合我国的国情。SNCR 目前常用还原剂为氨水和尿素。从安全性考虑,尿素容易保存,使用安全性较高,而氨水的制备和使用均有严格要求。从经济性考虑,尿素的使用成本和运输成本较氨水高得多。从使用效果上考虑,使用氨水的 NO_x 脱除率可高达 70%～80%,较使用尿素的 NO_x 脱除率 30%～45%高得多。总而言之,如优先考虑安全性，建议选用尿素作为脱硝还原剂；如优先考虑经济效率，则建议优先考虑氨水作为脱硝还原剂。

4.4.2.4　二噁英类及主要重金属过程控制技术

1）烟气高温燃烧技术

医疗废物一次燃烧后产生的烟气含有大量不完全燃烧产生的产物，必须对烟气进行高温燃烧。一燃室产生的混合烟气进入二燃室燃烧。二燃室是一个气体燃烧室，它的主要功能是将一燃室生成的易燃的热解气体燃尽，最大程度上减少有害物质。从抑制二噁英产生的角度来讲，高温燃烧是非常重要的，而且也是必备的。在燃烧过程中由含氯前体物（如聚氯乙烯、氯代苯等）生成的二噁英在高温条件下大部分是可以被分解掉的。

二次燃烧是否完全，可以根据出口烟气中的一氧化碳浓度来判断。一般在燃烧完全的情况下，出口烟气中的一氧化碳浓度应在 50×10^{-6} 以下。通常可用燃烧效率这一指标进行衡量，要求燃烧效率应该在 99.99%以上。

要实现充分完全的燃烧，烟气的停留时间、焚烧温度、湍流度以及充足的空气供应是影响燃烧效率的主要指标。高温燃烧技术主要围绕这些指标进行工程设计和运行操作。

燃烧炉采用立式圆筒状结构，包括头部、直段及附属装置、柴油燃烧器固定装置、鼓风口、防爆门、紧急排放口及内衬耐火材料。

2）烟气急冷技术

许多医疗废物中含有重金属的化合物和易挥发或蒸发的重金属成分。当医疗废物被焚烧处理时，这些重金属成分会随飞灰或黏附于飞灰进入烟气中。其中，有一些会挥发或蒸发形成气态进入烟气，与烟气一起流出。在流动过程中，随着烟气温度的变化，这些重金属气体成分会发生凝结和团聚；如果流出烟道直接进入环境，必将引起非常大的危害。

从二燃室排出的烟气温度高达 850℃以上，必须先通过冷却降温才能进行烟气净化。烟气冷却降温一般分两个阶段进行：第一阶段是将烟气温度从 850℃降至 600℃；第二阶段是将烟气温度从 600℃降至 200℃左右。在烟气降温过程中，部分蒸发的重金属气体会重新凝结或团聚到灰尘的颗粒上,然后通过除尘器收集灰尘去除重金属。温度愈低,去除效果愈佳。

3) 活性炭吸附技术

为减少二噁英的排放量,通常在布袋除尘前的烟道中喷入活性炭粉或者多孔性吸附剂(以活性炭居多),在布袋除尘器的滤袋表面上形成截留层,吸附烟气中的二噁英物质以及重金属类物质。这种技术称为活性炭喷注(ACI)吸附技术;在布袋除尘器后设置活性炭或者多孔性吸附剂的吸收塔(床),这种技术称为活性炭固定床(FCB)吸附技术。

活性炭是一种主要由含碳材料制成的外观呈黑色、内部孔隙结构发达、比表面积大、吸附能力强的一类微晶质碳素材料。增加活性炭的喷入量可以显著减少二噁英向大气的排放数量。可在系统中的袋式除尘器之前的烟气管路上设置石灰粉、活性炭喷射反应器。活性炭采用压缩空气输送至烟道中。由于活性炭容易吸潮结块,传统的给料设备不可靠。可选用悬浮喷射式计量给料器,将活性炭人工倒入上料仓内进入气化室。气化室的顶部接入压缩空气,由压线空气将气化室内一定浓度的活性炭粉送入烟道内。该装置克服了常规装置易堵塞、喷粉量控制差的缺点。或者采用螺旋板加料器,在螺旋挡板中加料并通过管道内的负压把活性炭吸入。

烟气通过急冷塔及半干脱酸塔后,其中的酸性物质及灰尘已经去除了绝大部分。由于烟气成分随工况变化,脱酸后的烟气仍或多或少有酸性物质存在。为确保烟气的净化效果,在进入布袋除尘器之前,在烟气中喷入石灰粉作为脱酸剂,和活性炭粉一同喷入袋式除尘器前烟气管道内。这样既可进一步脱除烟气中的酸性物质并去除大部分二噁英等有害物质,又利于吸收烟气中的水分,保证后续操作的效果。

定量地向烟气中添加粉状活性炭。在低温(200℃)下二噁英类物质极易被活性炭吸附。活性炭喷入后在烟道中同烟气混合,进行初步吸附;然后混合均匀的烟气进入袋式除尘器;活性炭颗粒被吸附到滤袋表面,在滤袋表面继续吸附,从而提高二噁英类物质的去除效率。

另外,在烟气中添加活性炭对于去除烟气中的汞也非常有效。外购的活性炭贮存在密闭的储罐中,通过小型回转给料机送入反应器和压缩空气混合，可以通过调整回转给料的转速调节活性炭喷入量。

加料储仓设在烟道上方，由连通管分别与活性炭干粉、石灰干粉管道相连。管道在烟气的顺流方向开孔。在喷干粉管道后面，烟气管道局部缩口，提高烟气流速，喷出的活性炭干粉、石灰干粉与烟气流动方向一致，这样可减少系统阻力。在烟气提速的过程中，喷出的活性炭干粉、石灰干粉与烟气混合均匀，达到吸收的目的。

4）低温等离子体分解技术

该技术由高电压冲击电流发生装置在气相中放电。在此过程中强电流在极短时间（百纳秒）向放电通道涌入，形成电子雪崩，引起电子升温（10^4～10^5 K）。放电通道内完全由稠密的等离子体充满，且产生羟基自由基、臭氧和紫外线；同时，由于窄脉冲上升沿产生时间极短，等离子通道以 10^2～10^3 m/s 速度向外膨胀，完成整个击穿，利用极高的电子能量对二噁英分子进行断键重组，使其直接分解成单质原子或无害分子，达到析出和去除效果，完成对二噁英的降解。其原理为：高能电子非弹性碰撞轰击二噁英分子，造成分子环装结构键的断裂，使二噁英被分解生成 CO_2、H_2O、HCl 等无机产物的技术。该技术作为深度净化的创新技术选择，可与其他技术联合应用，达到理想的去除效果。

4.4.2.5　飞灰及残渣污染控制技术

飞灰、底灰或滤渣形式排放到环境中去，故对于以上形式废物的处理十分重要。例如，可以进行预处理，或者在根据最佳可行技术专门设计并运行的垃圾填埋场进行填埋。密闭运输和专业填埋是管理这些焚烧残渣的常用方法。

残渣处理系统应包括炉渣处理系统和飞灰处理系统。炉渣处理系统应包括除渣冷却、输送、贮存、碎渣等设施。飞灰处理系统应包括飞灰收集、输送、贮存等设施。

布袋除尘产生的飞灰以及其他设施截留的粉尘，由于含有相当数量的二噁英和重金属，属于危险废物，应按有关规定和要求实行无害化处理。一般来说，由于产生量较少，各医疗废物集中处置设施不宜配置固化稳定化等无害化处理设施。建议安全贮存,由各地危险废物集中处置单位进行收集和集中处置。

残渣处理系统应有稳定可靠的机械性能和易维护的特点。炉渣处理装置的选择应符合下列要求:与焚烧炉衔接的除渣机应有可靠的机械性能和保证炉内密封的措施;优选推荐带水封的链板出渣机,在水封下运行的链轮及传动件宜选用不锈钢材质;炉渣输送设备应有足够宽度和净空高度。

炉渣和飞灰处理系统各装置应保持密闭状态。烟气净化系统采用半干法方式时,飞灰处理系统应采取机械除灰或气力除灰方式。气力除灰系统应采取防止空气进入与防止灰分结块的措施。采用湿法烟气净化方式时,应采取有效脱水措施。

飞灰收集应采用避免飞灰散落的密封容器。收集飞灰用的储灰罐容量宜按飞灰额定产生量确定。储灰罐应设有料位指示、除尘和防止灰分板结的设施,并宜在排灰口附近设置增湿设施。

4.4.2.6 自动控制系统集成及优化技术

医疗废物焚烧系统技术优化的一个重要要求就是要具备完整的自动控制系统,具备完整的工艺控制功能、安全功能,操作简便,大大简化人力操作强度。医疗废物焚烧系统采用 PC+PLC(可编程序控制器)的自动控制方式。目前,PLC 控制技术相当成熟,控制功能强,可使整个焚烧过程更加平稳、各个过程的控制变量更容易协调。焚烧厂的自动化控制系统必须适用、可靠,应根据危险废物焚烧设施的特点进行设计,并应满足设施安全、经济运行和防止对环境二次污染的要求。焚烧厂的自动化系统应采用成熟的控制技术和可靠性高、性能价格比适宜的设备和元件。设计中采用的新产品、新技术应在相关领域有成功运行的经验。主要内容一般包括:

1) 医疗废物焚烧线监视系统

(1) 医疗废物卸料过程的视频监控。

(2) 医疗废物上料过程视频监控。

(3) 窑内火焰视频监控。

(4) 烟囱排烟口视频监控。

(5) 每批固体进料重量及累计重量显示。

2) 焚烧炉窑系统自动监控项目

(1) 热解气化出口温度。

(2) 二燃室出口温度。

(3) 热解气化炉空气阀开度。

(4) 二燃室空气阀开度。

(5) 气化炉和二燃室的负压。

(6) 二燃室出口烟气中 O_2 检测、自动显示。

3) 自烟气净化及排烟系统动监测项目

(1) 急冷塔入口和出口的烟气温度及压力。

(2) 急冷器冷却水供水压力及流量。

(3) 除尘器入口和出口烟气温度及压力。

(4) 除尘器的压差。

(5) 机进口温度及风量。

(6) 石灰粉及活性炭粉流量及管道压力。

4) 尾气在线监测系统

应对焚烧烟气中的烟尘、一氧化碳、硫氧化物、氮氧化物、氯化氢、二氧化碳、含氧量实现自动连续在线监测。烟气黑度、氟化氢、重金属及其化合物应每季度至少采样监测 1 次。二噁英采样检测频次不少于 1 次/年。应对焚烧系统的主要工艺参数以及表征焚烧系统运行性能的指标包括烟气中的 CO、CO_2、NO_x、SO_2、烟尘、O_2、HCl 浓度实施在线监测。

5) 自动连锁控制项目

(1) 进料系统上、下闸板连锁控制。热解炉的加料操作要求按顺序启停提升机、水平输送机以及上下闸板。为防止有害气体在进料过程中外泄，要求上、下闸板连锁控制，两闸板不能同时打开。

(2) 热解炉气阀和燃烧室空气阀开度与二燃室温度的连锁控制。二燃室温度控制 850～1 100℃，通过调节热解炉气阀和燃烧室空气阀开度使燃烧炉温度维持在设定的温度。

(3) 二次风量与二燃室出口烟气氧浓度的连锁控制。二燃室出口烟气中氧浓度控制在6%～10%,需要控制二次风量的大小,将二次风量与二燃室出口烟气氧浓度形成闭环控制。

(4) 二燃室温度与燃烧器的连锁控制。当医疗废物发热量较低,二燃室温度难以维持在850℃以上时,必须启动助燃系统。因此,轻油燃烧器与二燃室温度连锁构成闭环控制。当二燃室温度低于850℃时,控制器自动启动轻油燃烧器;当二燃室温度高于900℃时,控制器自动关闭轻油燃烧器。同时,在二燃室设置摄像头,可在中控室监视器上观察二燃室燃烧情况。

(5) 气化炉负压与引风机的连锁控制。气化炉负压自动控制在−100 Pa,通过变频器控制引风机转速来维持燃烧炉负压恒定。

(6) 急冷塔出口温度与冷却液喷入量的连锁控制。中和急冷塔出口温度控制180～200℃,将急冷塔出口温度与喷水急冷塔的冷却液的电动调节阀连锁闭环自动控制,即急冷塔出口温度波动时,PLC的PID调节模块通过冷却液供应管道中的电动调节阀来实现冷却液供应量的控制,为后续袋滤器的正常工作提供良好的温度环境。当需人工干预时(如调试、维修等情况),可通过中控室冷却液手操器直接调节用量。

(7) 在线监控系统的HCl含量与消石灰加入量的链锁控制。通过变频改变消石灰、活性炭的粉尘浓度,对消石灰及活性炭的加入量进行调整。

(8) 袋滤压差与反吹电磁阀连锁控制。随着烟尘在滤袋表面的积累,袋滤器净室和尘室的压差不断增大;阻力增大到某一定值(1 500 Pa)后,必然导致过滤效率降低,影响系统的总负压。因此,设计袋滤压差与反吹电磁阀连锁控制。当压差到达设定的上限值时,PLC自动启动反吹控制程序及时进行袋滤器的反吹清灰操作,依次对各组滤袋反吹清灰。当袋滤器恢复初始压力后停止反吹清灰操作,此时自动启动喷涂开关,开始对袋滤器进行喷涂操作。

(9) 紧急排放烟囱与事故或紧急情况的联动。二燃室上方设置紧急排放烟囱,设置紧急联动装置使其只有在紧急情况或者事故情况下才可打开,如停电、引风机故障、布袋进口烟气超温超过一定时间、二燃室正压等情况。

计算机监视系统的全部测量数据、数据处理结果和设施运行状态，应能在显示器显示。

4.5　医疗废物焚烧处置技术优化

4.5.1　医疗废物焚烧处置污染控制措施综合分析

医疗废物焚烧处置过程中存在的最大问题是会产生二噁英等污染问题，而二噁英的污染控制是关键，要从根本上解决二噁英污染问题。首先必须结合二噁英的生成过程及其生成条件上寻求解决问题的途径。从焚烧过程来看，二噁英产生机制分为初期生成、高温分解和后期合成三个阶段。因此，应通过采取在初期生成和后期合成两个阶段尽量避免二噁英的产生，在高温分解阶段尽量消除二噁英的产生量的方式减少二噁英的排放。如果在焚烧系统高温区物料均匀、燃烧稳定、供氧充足，并且停留时间充分，那么从头合成形成二噁英的量将达到最小化，大多数的二噁英和它的前体物在焚烧炉的高温燃烧室被破坏。从二噁英的生成条件来看总体包括三个方面：氯源、二噁英前体和催化剂的存在；燃烧过程中的不良燃烧组织；低温烟气阶段的存在。根据以上原理，要从根本上解决二噁英产生问题，可以采取后续措施。

4.5.1.1　严格有效开展危险废物焚烧过程控制

高温分解阶段是控制二噁英产生的主要阶段。应保证一个温度特别高的区域(850℃以上)，在组织良好燃烧工况下，一方面抑制二噁英的生成；另一方面保证充分的传热和传质，使二噁英有机前体在这个区域内进行充分的氧化燃烧，因而进一步消除二噁英的再合成性。很多焚烧炉均具有后续燃烧措施(二燃室)，后续燃烧的温度一般控制在 950℃以上，以确保有机化合物的完全燃烧。焚烧过程中还应注意的是氧含量和低温区的形成。只有具有充分的氧气才能使有机污染物得到充分的氧化从而消除其毒性;而低温区是燃烧室内焚烧条件不均匀造成的,低温区(小于 850℃)的存在造成有机污染物的不充分燃烧,最终导致大量二噁英的排放。因此,严格控制焚烧过程的运行参数是保证二噁英减排的有效方法。后期合成控制即为了尽可能减少二噁英的合成概率,抑制焚烧烟道气在净化过程中的再合成,一般采用控制烟气温度的方法。通常是当具有一定温度的(此时温度不低于500℃为宜)焚烧烟道气从焚烧炉排出后,采取急速冷却技术使烟气在 1 s 内急冷到 200℃以下(通常为 100℃左右),从而跃过二噁英的生成温度区。同时,烟气净化过程中须采取一定的措施保证无二噁英生成环境的存在。下面针对过程中所涉及的关键因素进行分析。

1) 焚烧温度控制

焚烧温度太低不能对废物进行充分的破坏,产生二噁英;温度太高,浪费燃料,同时促进重金属的挥发和氮氧化物的合成。一燃室的作用是燃烧或热解,二燃室的作用是实现完全燃烧。由于其功能不同,其焚烧温度也应区别规定。焚烧温度应充分考虑二噁英、废物的着火点、氯的含量、氮氧化物、焚毁去除率(DRE)和燃烧效率(CE)等因素。二噁英产生机理有三种,即废物本身含有二噁英、废物焚烧过程中生成二噁英(从头合成的前体物)以及相关但无毒的小分子(如 HCl、Cl_2)再合成。

从目前的研究来看,对废物本身含有的二噁英,理论上破坏温度是500℃。当实际运行温度大于 850℃,停留时间超过 2 s 时,二噁英破坏率大于 99.99%。实验证明,当焚烧温度在 500～800℃时,会促进二噁英的产生。当温度大于 900℃时,会破坏 PCDD 的产生。无 PCDD 产生,二噁英的含量会急剧下降。当温度在 1 070℃左右时,几乎无二噁英存在。从头合成的前体物在 400～750℃产生。

当温度超过 1 200℃,会大量产生 NO_x,腐蚀设备,增加运行成本。当一燃烧室的温度超过 870℃时,金属污染物会释放到二燃烧室,而挥发的金属污染物(如 Cu 化合物)是二噁英的催化剂。当二燃烧室温度在 870℃以上,燃烧效率最高。当温度达到 870℃时,可以充分燃烧所有废物。

美国、欧盟等国家或组织对一、二燃室的焚烧温度都进行规定。建议一燃室的温度不低于 850℃，最佳温度范围为 850～870℃；二燃室的温度高于 1 100℃，最佳范围为 1 000～1 200℃；当卤化物含量超过 1%（质量）时，温度要求达到不低于 1 100℃。

2）停留时间

停留时间决定了焚烧效果和炉体容积尺寸。停留时间太短，废物和烟气燃烧不充分，焚毁去除率和排放烟气不达标；停留时间过长，则炉体尺寸过大。

烟气停留时间和焚烧温度呈反比关系。目前，美国、欧盟等国家或组织规定的烟气停留时间均大于 2 s，而且其焚烧炉运行情况良好，说明此停留时间能够保证危险废物焚烧效果。但在焚烧系统启动阶段，焚烧不够充分的前提下，可以考虑暂时延长二燃烧室的烟气停留时间。

综上所述，二燃室的烟气停留时间应该大于 2 s。同时，考虑焚烧系统启动阶段，须根据实际情况延长停留时间。

4.5.1.2　加强尾气净化措施

焚烧设施产生的烟道气包括含有重金属的飞灰（颗粒物）、二噁英、耐热有机化合物以及如氮氧化合物、碳氧化合物和卤化氢等气体，由无控制模式（无烟道气净化）产生的烟道气浓度约为 2 000 ngTEQ/Nm^3。因此，对烟道气进行净化处理，下列烟道气净化措施必须与适当的方式联合使用，以保障最佳可行技术的应用：

1）粉尘和非挥发重金属的分离

常使用纤维滤膜、静电除尘器以及精细湿式洗刷器进行粉尘的分离；烟道气的预清洗可以使用旋风除尘，这对大粒径的粒子的分离较有效。

2）HCl、HF、SO_2 和 Hg 的去除

酸性组分和汞的去除可以使用干、湿吸附法（包括活性焦炭或石灰），也可以通过洗刷，一般为 1～2 个洗刷步骤可完成。

3）NO_x 的去除

一次措施包括低 NO_x 焚烧炉的使用、分阶段燃烧和烟道气的回用三

种;二次措施可以采用 SNCR 和 SCR 技术。实际上可将一次措施(比如限制其全过程合成,优化燃烧)和二次措施组合起来应用,如活性炭滤膜、活性炭和消石灰的喷射、催化氧化等,来减少二噁英和其他有机物的排放。

4.5.1.3 避开敏感温度区间

合理的烟气净化系统是烟气达标排放的保证。通过该系统主要是控制产生的二噁英,还有酸性物质和颗粒物。300～500℃是二噁英从头合成最佳温度范围,其中 400℃产生速度最快。为了保险起见,180～550℃为产生二噁英的敏感区间。研究表明,250～350℃是二噁英再合成最佳温度范围,其中 300℃时产生量最多。

医疗废物含有的 PVC 和一些卤素酸性物质会产生 HCl。另外,布袋除尘器对酸性物质比较敏感,有必要采用除酸装置。焚烧会产生大量的颗粒物排放。同时,颗粒物是二噁英再合成的有效载体,有必要采用高效的除尘装置。急冷装置、除酸装置和除尘装置是烟气净化系统不可少的组成部分。

为了使烟气在短时间内急剧降温,急冷设备的关键指标是烟气停留时间,由此可将温度调控在 180～550℃温度区间,尤其是 200～350℃。

对于水急冷系统,从热转化的角度考虑冷却速度控制在 250～500 $K \cdot s^{-1}$,建议在 250～400℃温度区间的冷却速度为 350 $K \cdot s^{-1}$。因此,急冷设备中烟气温度从 550℃降到 180℃所需的停留时间为 0.74～1.48 s。停留时间长则相对二噁英产生量多,但喷水量少;停留时间短则相对二噁英产生量少,但喷水量多。

除酸装置的关键是工艺的选择,其中可供选择的工艺有干法、半干法和湿法。从对比(表 4-4)来看,干法工艺去除效率不如后两种。虽然湿法工艺去除效率比半干法工艺好,但是耗能耗水量大,还产生废水,投资和运行成本相应的昂贵。半干法工艺的处置效果良好,费用较低,是除酸工艺的最佳选择。

除尘装置的关键有两个:一为设备选择;二为工况设定。除尘设备包括文式洗涤器、静电除尘器(ESP)及布袋除尘器(FF)等。文式洗涤器、静电除尘器及布袋除尘器性能比较见表 4-5。

表 4-4　除酸装置的干法、半干法和湿法工艺比较

工艺种类	去除效率		药剂消耗量	耗电量	耗水量	建造费用	运行费
	单独	配合布袋除尘器					
干法	50%	95%	120%	80%	100%	90%	80%
半干法	90%	98%	100%	100%	100%	100%	100%
湿法	99%	—	100%	150%	150%	150%	150%

表 4-5　文式洗涤器、静电除尘器及布袋除尘器性能比较

种　类	效率/%	有效去除颗粒直径/μm	单位气体需水量/(L/m^3)	体积	气体变化流量影响		工作温度/℃
					压力	效率	
文式洗涤器	90～98	0.5	0.9～1.3	小	是	是	70～90
静电除尘器	90～98	0.25	0	大	否	是	—
布袋除尘器	95～99	0.4[a]/0.25[b]	0	大	是	否	100～250

注：a—传统式；b—反转喷射式。

ESP 工作温度不适合，该处置效果不如 FF。文式洗涤器最大的弊端就是产生废水，需要进行二次处理；而 FF 效率高，不产生二次污染。

布袋除尘器的关键工况指标包括工作温度和活性炭吸收剂流量。Shin 和 Chang 等研究表明，即使是布袋，在高于 230℃时也会有较高的二噁英产生。Brewster 等研究表明，当仅采用时布袋除尘器，控制温度在 200℃左右，可以控制二噁英在 1.0 ngTEQ/Nm^3；如果控制温度低于 200℃，可以控制二噁英在 0.1 ngTEQ/Nm^3；如果还添加活性炭吸收剂，则可维持二噁英在 0.1 ngTEQ/Nm^3 以下。当然，布袋除尘器的工作温度有底线，必须保证高于烟气露点温度 20～30℃。除尘装置和二噁英浓度的关系如图 4-4 所示。

综上所述，急冷设备中在 180～550℃之间烟气停留时间可以规定为小于 1 s，实际当中综合考虑二噁英产生量、经济性等因素。除酸装置优先采用半干法工艺。布袋除尘器的工作温度在 200℃以下，最好为 120～150℃。

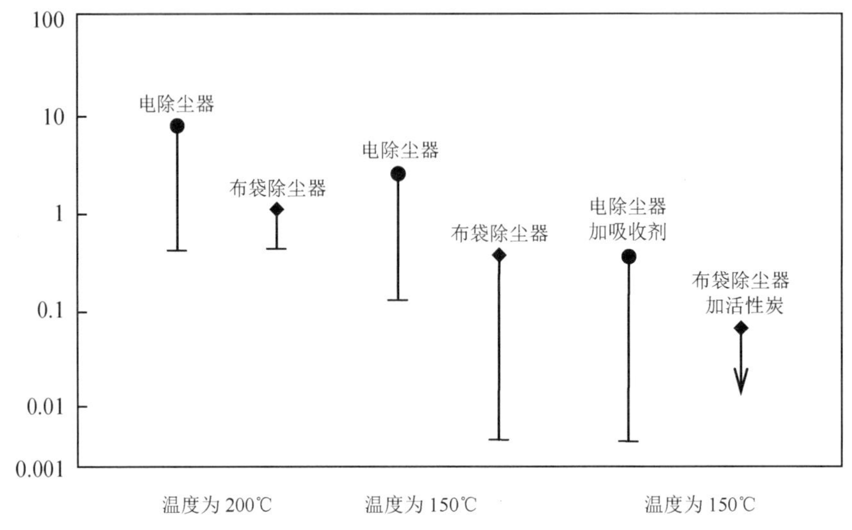

图 4-4 除尘装置和二噁英浓度的关系

活性炭(可回流)的流量在 50 mg/Nm^3 左右,在上述条件下二噁英的去除率可达 99.5%。

4.5.2 医疗废物焚烧处置技术优化措施

4.5.2.1 医疗废物焚烧处置技术优化总体要求

采用焚烧方法处置医疗废物时,实现二噁英减排建议采取如下组合措施,分别针对现有源和新源采取相应的措施,但是最终的目标是相通的,即最终建设一套设计合理,能够满足焚烧处置过程中污染物排放要求的处置设施。建议焚烧处置技术优化措施见表 4-6。

表 4-6 医疗废物焚烧处置技术优化措施

序号	新建设施技术要求	现有设施改造要求途径	目　　的
1	配置二燃室	增加二燃室	保证>2 s 的停留时间
2	配置尾气排放—炉温—空气调节反馈控制系统	增加尾气排放—炉温—空气调节反馈控制系统	保证足够的氧含量和足够的焚烧炉温度

（续表）

序号	新建设施技术要求	现有设施改造要求途径	目　　的
3	配置自动进料系统	增加自动加料系统	保证进料稳定
4	配置烟道气回用管道	增加烟道气回用管道	排放气体充分混合，减少过量空气
5	配置脱酸设施	根据实际需求，增加脱酸设施	增加处置设施的废气净化性能
6	配置在线监测及反馈控制系统	增加在线监测及反馈控制系统	及时掌握尾气排放状况并适时调整焚烧工况
7	配置袋式除尘器	增加配置袋式除尘器	除去颗粒物及吸附有二噁英的粒子
8	配置活性炭喷射或活性炭床吸附单元	增加配置活性炭喷射或活性炭床吸附单元	进一步吸附颗粒物、重金属及二噁英
9	配置滤膜飞灰洗涤系统	增加滤膜飞灰洗涤系统	清洗飞灰并妥善收集
10	配置 SNCR 等先进的尾气净化设施	根据实际，增加先进的尾气净化设施	增加处置设施的尾气净化性能
11	配置低温等离子体设施	增加低温等离子体系统	通过大分子断键控制二噁英排放

由表 4－6 可知，对于焚烧处置设施，无论新建设施还是现有设施改造，要实现二噁英等污染物达标排放，从技术角度来看，最根本的目标是实现系统的完备性和先进性。处置设施的建设及升级改造的最终实施与否还要综合考虑地方规划、建设成本和运行成本，当然，至关重要的是可行性和必要性。就回转窑和热解这两种类型的处置设施而言，其具体技术要求包括如下两个方面。

4.5.2.2　医疗废物热解焚烧处置技术优化

1）热解焚烧设施的设计

(1) 焚烧装置应有明确的热解区和燃尽区，残渣燃尽区提供足够的空气、燃烧温度和停留时间，尽可能实现燃尽，保证灰渣指标达标。

(2) 由于燃烧过程主要发生在二燃室，其耐温要求应在 1 400℃，且容积应按照最大产气量时停留 2.6 s 左右进行考虑，散热条件好。

(3) 适宜将二燃室温度变化范围控制在±100℃以内,能自动调节,系统设定关键参数的平衡点。

(4) 设备材质具有一定程度的适应性,能适应温度变化、酸碱变化等。

(5) 要配置良好的自动控制系统。

(6) 回转窑中一些技术途径和要求也适合于热解焚烧炉。

2) 热解焚烧设施的烟气净化

(1) 尾气处理工艺优先考虑干法或半干法。

(2) 稳定燃烧,即物料、产气量、温度等尽可能维持在一个平衡点附件,避免较大的波动,尽可能使实际运营状态逼近设计状态。在条件可能时,尽可能实现连续热解。

(3) 产气量保持基本稳定,均匀产气,否则系统喷水急冷水量过大、过小。

(4) 热解和焚烧分离,避免相互干扰。严格控制热解区助燃空气量、热解温度及废料热解停留时间。

(5) 在运营中确保稳定进料、物料平衡,不造成较大波动,物料热值不宜太大,以免造成二燃室热负荷过大。

另外,热解焚烧技术分为竖式连续热解、间歇热解、卧式连续热解,这三类热解技术工艺差异较大,每类技术有其自身的技术参数和要求,需要加强研究、归类比较。

4.5.2.3 医疗废物回转窑焚烧炉处置技术优化

1) 回转窑焚烧设施的设计

(1) 焚烧炉的设计应保证其使用寿命不低于10年,热容强度宜控制在$(60\sim90)\times10^4$ kJ/(m^3·h),主材材质选择应不低于Q235-A,最薄处壁厚不小于16 mm(20~30 t/d炉子),传动装置优先选用大齿轮传动、三轴变速箱,调速应采用变频方式,回转窑转速0.2~2 r/min应在驱动电机主功率区内。

(2) 焚烧炉所采用耐火材料的技术性能应满足焚烧炉燃烧气氛的要求,质量应满足相应的技术标准,能够承受焚烧炉工作状态的交变热应力,优先考虑高铝质耐火材料，回转窑耐火材料主要成分应包括 Al_2O_3、SiO_2、Cr_2O_3，其中 Al_2O_3 含量应不低于 70%、回转窑内不推荐使用保温砖，耐火材料使用寿命应不低于 8 000 h；二燃室耐火材料可考虑多层结构，应设保温层，以提高热效率，耐火材料可适当降低 Al_2O_3 的含量，但不应低于 40%，使用寿命不低于 36 000 h，二燃室金属壁厚应不小于 10 mm。

(3) 应有适当的冗余处理能力，冗余能力应控制在 115%以内，废物进料量应可调节，进料频率宜控制在 40 次/h 左右。

(4) 焚烧炉应设置防爆门或其他防爆设施；燃烧室后应设置紧急排放烟囱，并设置联动装置使其只能在事故或紧急状态时才可启动，如：停电、引风机故障、锅炉水位超高超低、布袋除尘烟气进口超温超过一定时限、二燃室正压超允许值及其他关键设备故障时。

(5) 必须配备自动控制和监测系统，在线显示运行工况(如负压、温度、液位、流量、转速、设备状态等)和尾气排放参数(烟尘、氮氧化物、硫氧化物、CO、HCl、CO_2)，并能够自动反馈，对有关主要工艺参数(二燃烧室出口温度、含氧量，急冷塔出口温度等)进行自动调节。

(6) 确保焚烧炉出口烟气中氧含量达到 6%～10%(干烟气)；应设置二次燃烧室，并保证烟气在二次燃烧室 1 100℃以上停留时间大于 2 s，烟气量应以最大负荷工况计算。

(7) 炉渣热灼减率应小于 5%；燃烧空气设施的能力应能满足炉内燃烧物完全燃烧的配风要求；可采用空气加热装置；风机台数应根据焚烧炉设置要求确定；风机的最大风量应为最大计算风量的 110%～120%；风量调节宜采用连续方式。启动点火及辅助燃烧设施的能力应能满足点火启动和停炉要求，并能在危险废物热值较低时助燃。辅助燃料燃烧器应有良好燃烧效率，应配置自动温控、温限装置及火焰监测、灭火保护等安全装置，其辅助燃料应根据当地燃料来源确定。

2) 回转窑焚烧设施的烟气净化

(1) 半干法净化工艺包括半干式洗气塔、活性炭喷射、布袋除尘器等处理单元，应符合两个要求，即反应器内的烟气停留时间应满足烟气与中和剂充分反应的要求；反应器出口的烟气温度应在130℃以上，保证在后续管路和设备中的烟气不结露。

(2) 湿法净化工艺包括骤冷洗涤器和吸收塔(填料塔、筛板塔)等单元，应符合两个要求，即必须配备废水处理设施去除重金属和有机物等有害物质；应采取降低烟气水含量的措施后再经烟囱排放，以防止风机带水。

(3) 烟气净化装置还应符合如下几项要求：应有可靠的防腐蚀、防磨损和防止飞灰阻塞的措施；应对氯化氢、氟化氢和硫氧化物等酸性污染物采用适宜的碱性物质作为中和剂，在反应器内进行中和反应；应维持除尘器内的温度高于烟气露点温度30℃以上；袋式除尘器应注意滤袋和袋笼材质的选择，优先选用带覆膜的滤袋，但应根据烟气中腐蚀性气体组分合理选用滤袋基料，袋笼优先推荐不锈钢材质；除尘器底部应配备加温装置，外部应设保温，应具有离线自动清灰功能；应优先采用分离线室低压脉冲清灰的长袋除尘器，以全气计的气布比不大于0.8 $m^2/(m^3 \cdot s)$，袋滤选用覆四氟乙烯滤料，滤布具有较好的抗水解、抗氧化、耐高温、耐折断、耐酸碱性能。

(4) 焚烧医疗废物产生的高温烟气应采取急冷处理，使烟气温度在1.0 s钟内降到200℃以下，减少烟气在200～600℃温区的滞留时间；急冷装置设备材质优先推荐316L材质，壁厚不低于8 mm，并应考虑设备内结垢清除装置和设备保温；急冷雾化喷嘴优先选择双流体喷嘴，316L材质，雾化液体颗粒的邵特平均直径(SMD，又称当量比表面直径)应小于140 μm，最大颗粒直径应小于200 μm。

4.5.2.4 医疗废物焚烧处置技术优化

我国的医疗废物管理问题的解决必须面对中国国情，如何解决现有设施的技术问题以及规划内建设项目的技术选择问题必须有清醒地认识。根据《医疗废物处理处置污染防治最佳可行技术指南(试行)》要求，医疗废物焚烧处理处置污染防治可行技术组合方式如图4-5所示。

在可行工艺参数方面，采用热解焚烧技术，一燃室温度在还原吸热阶段控制在35～350℃，氧化放热阶段炉内温度不高于800℃；采用回转窑焚烧

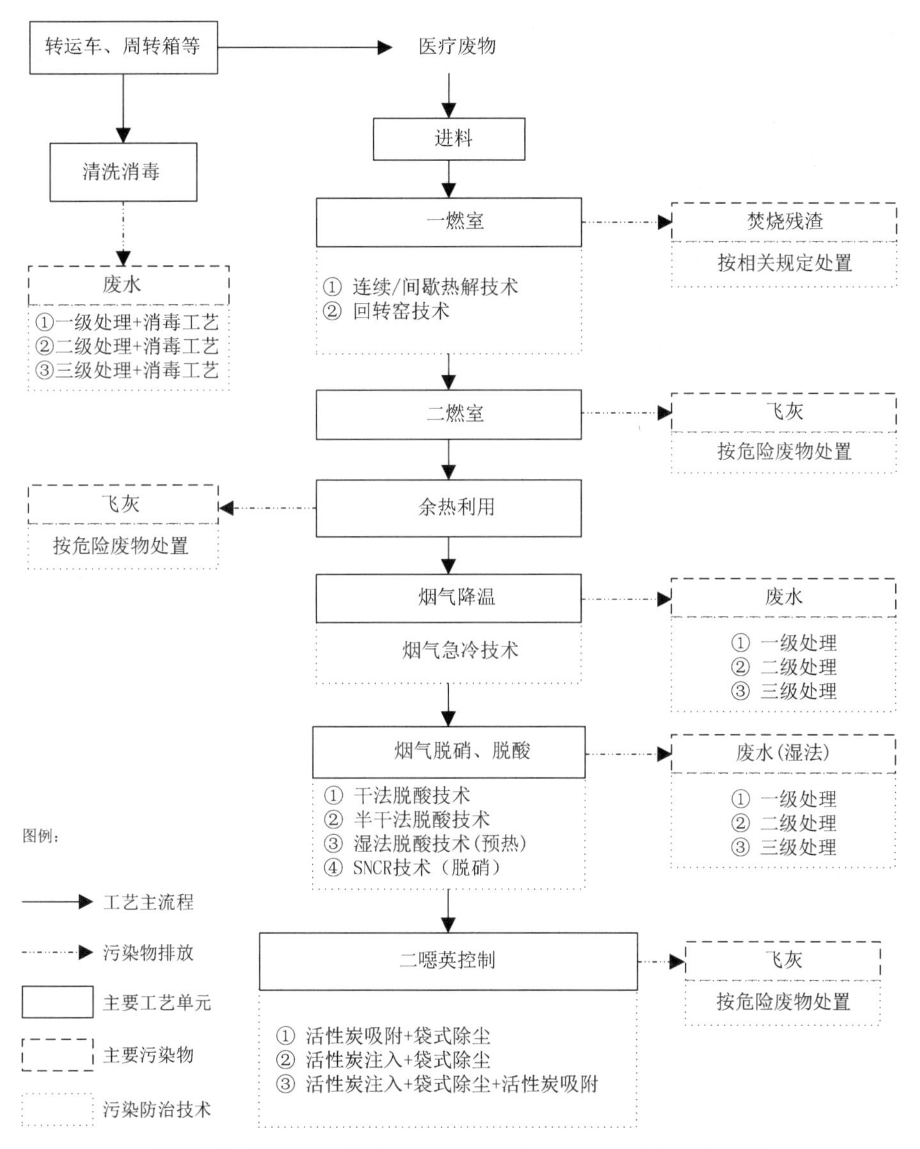

图 4-5　医疗废物焚烧处理处置污染防治可行技术组合方式

技术，一燃室温度控制在 600～900℃。

二燃室温度不低于 850℃(化学性和药物性废物，不低于 1 100℃)，烟气停留时间不少于 2 s。燃烧初期二燃室内压差控制在－10 mmH_2O，自燃期压差控制在－12 mmH_2O。

高温热烟气进入余热回收装置，回收大部分能量后的烟气温度降至约

600℃。回收的余热可用于袋式除尘器伴热、生活采暖等方面。余热回收装置出来的高温烟气应采取急冷处置,使烟气温度在 1 s 内降到 200℃以下,减少烟气在 200～500℃温度区的滞留时间。

在医疗废物焚烧处置技术经济适用性方面,选用回转窑焚烧技术,单台日处置规模宜在 10 t 以上;选用热解焚烧技术,单台日处置规模宜在 5～10 t 之间。焚烧技术适合中大规模的医疗废物集中处置,且对医疗废物类型的适应性较强。具体技术经济适用性分析见表 4-7。

表 4-7　医疗废物焚烧处置技术经济适用性分析

技术类型	处置费用		技术特点及适用性
	运行费用/(元/t)	投资费用(设备和安装)/(万元/t)	
热解焚烧技术	1 500～2 500	100～150	烟气量低、热利用率高,在还原条件下反应时金属不易被氧化成促进二噁英形成的金属离子催化剂;适用于单台规模 5～10 t/d 所有医疗废物的处置
回转窑焚烧技术	2 500～3 500	150～200	对医疗废物的适应力强、处理量大、热利用率高、燃烧完全、技术成熟、控制稳定;适用于单台处置规模 10 t/d 以上所有医疗废物的处置

2020 年 12 月刚发布的《医疗废物处理处置污染控制标准》中的污染物排放限值是基于国内外现有医疗废物焚烧烟气净化使用技术而提出的,以提高颗粒物控制水平为基础,加强对二氧化硫和 NO_x 的控制力度。现有的大规模焚烧设施,采用半干法脱酸、活性炭及布袋除尘器的组合方式。在严格运行管理的情况下,可以实现达标情况。现有的监测数据表明,大规模的医疗焚烧设施配备半干法脱酸、活性炭注入及布袋除尘器的设施大多数情况下是能够达到标准的要求。活性炭注入加布袋收尘技术、SNCR 等技术是适合我国医疗废物焚烧处置烟气污染物控制的主要技术。其技术综合比较及适用性分析见表 4-8。

表 4-8 烟气污染物控制技术综合比较及适用性分析

项目名称	脱 酸 技 术	活性炭注入加布袋收尘技术	SNCR 技术
废物类型	适用于所有类别	适用于所有类别	适用于所有类别
工厂规模	适用于任何规模	适用于任何规模	适用于任何规模
新建/改建	所有设施都要采用	所有设施都要采用	任何系统可以灵活添加
使用方式	可以单独使用,也可以与其他技术联合使用(半干法/干法一般与布袋除尘装置组合使用)	可以单独使用,也可以与其他技术联合使用	不能单独使用,与活性炭注入加布袋收尘技术联合使用
烟气污染物去除效率	脱酸效率:80%～95%。湿法可去除高挥发性重金属	重金属、颗粒物:99%可去除二噁英	NO_x:30%～80%

在现行焚烧标准实施的 20 年过程中,医疗废物焚烧处置技术手段及污染控制手段得到了长足发展,尤其针对颗粒物、NO_x、SO_2 等污染物的排放控制,已经形成了较为完整有效的技术体系。现有医疗废物焚烧设施,一般的烟气净化组合工艺为半干法脱酸+活性炭+布袋除尘器。

4.6 医疗废物焚烧处置技术管理实践案例

4.6.1 医疗废物焚烧处置技术

4.6.1.1 案例简介

技术案例选择在山东某公司,设计和建设规模为 16 500 t/年(日处理 50 t 的医疗废物焚烧生产线),年运行天数不少于 330 d,具有 40%～120%负荷连续运行的能力。回转窑焚烧处置技术案例如图 4-6 所示。

4.6.1.2 处理规模

目前,该公司建有一条日处理能力为 50 t 的焚烧生产线,同时预留一条

回转窑

二燃室

余热锅炉

SCR

急冷系统

湿法脱酸

图 4-6　回转窑焚烧处置技术案例应用现场设备情况

50 t/d 医疗废物焚烧生产线作为备用线。

4.6.1.3　处理设备

主要设备及二次污染控制设备由回转窑、二燃室、余热锅炉、SCR、急冷塔、布袋除尘器、湿法脱酸设备等组成。设备规格型号、主要技术参数见表 4 - 9、表 4 - 10。

表 4 - 9　主体设备技术参数

序号	设备名称	项　　目	内　　容
1	回转窑	规格尺寸(外径×长度)	—
2		转速	0.1～1.0 r/min
3		功率	37 kW,IP55,F 级,变频调速
4		处理能力	≥50 t/d
5		日运转时间	24 h
6		年运转时间	≥8 000 h
7		连续运行工作时间	≥2 900 h/年
8		主体设计使用寿命	>20 年
9		耐火材料使用寿命	≥2 年
10		燃烧运行温度	≥850℃
11		最高使用温度	>1 300℃
12		窑头负压	−50 Pa
13		物料停留时间	30～120 min
14		炉渣热灼减率	≤5%
15		物料进料方式	螺旋输送机入炉的进料方式
16		出渣方式	刮板+水封。灰渣掉入装满水的刮板机灰渣槽内进行水冷后,经刮板输送机送出
17		助燃空气调节方式	回转窑一次风机将助燃空气送入组合式燃烧器及窑头罩
18		外表温度	回转窑壳体外表面温度: 180～230℃,窑头外壳 55℃

（续表）

序号	设备名称	项　　目	内　　容
19	二燃室	日运转时间	24 h
20		年运转时间	≥330 d
21		主体设计使用寿命	>20 年
22		耐火材料使用寿命	>2 年
23		燃烧运行温度	≥850℃
24		最高使用温度	≤1 300℃
25		炉内压	−100 Pa
26		炉渣热灼减率	≤5%
27		烟气停留时间	≥2 s
28		表面温度	≤55℃
29		天然气燃烧器	2 台
30		出口烟温	≥850℃
31		炉内压	−100 Pa
32		额定蒸发量	8. 2 t/h
33		额定压力	1. 6 MPa
34		饱和蒸汽温度	201℃
35		日运转时间	24 h
36		年运转时间	330 d
37		设计使用寿命	>20 年
38		进口烟气温度	≥850℃
39		出口烟气温度	≥500℃
40		最高使用温度	≤1 300℃
41		排污率	2%
42	急冷系统	日运转时间	24 h
43		年运转时间	330 d
44		壳体设计使用寿命	>20 年
45		喷嘴使用寿命	≥1 年

(续表)

序号	设备名称	项　目	内　容
46	急冷系统	进口烟气温度	500℃
47		出口烟气温度	<200℃
48		急冷时间	<1 s
49		表面温度	≤60℃

表 4-10　二次污染控制设备技术参数

序号	设备名称	要　求　内　容
1	布袋除尘器	布袋面积 1 728 m^2
2		过滤速度 0.5 m/min
3		日运转时间 24 h,年运转时间≥330 d
4		布袋规格 φ160×6 000 mm
5		设计使用寿命>20 年 滤袋正常使用寿命≥22 500 h
6		设计阻力≤1 500 Pa
7		布袋除尘器的钢结构设计温度为 200℃
8		除尘效率≥99.99%
9	湿法脱酸设备	规格 φ3 000×12 200 mm
10		材质 316L
11		喷淋层数 3 层
12		喷头数量 5 只
13		喷头规格 1.5 寸(1 寸≈33.33 mm)
14		脱酸效率≥95%
15	电除尘器	出口烟尘浓度<10 mg/Nm^3
16		电场内流速≤1.0 m/s,停留时间≥6 s
17		除尘效率≥85%
18		湿式电除尘器本体压降≤500 Pa
19		湿式电除尘器本体漏风率≤2.0%

（续表）

序号	设备名称	要　求　内　容
20	SCR	GGH
21		数量 1 个
22		型式：回转式气气换热器
23		冷端烟气进/出口温度：160℃/200℃
24		压力损失 1 000 Pa
25		燃烧器
26		数量 1 个
27		燃烧器布置：水平燃烧
28		主燃料：天然气
29		燃烧器正常运行燃料耗量≤55 Nm^3/h
30		SCR 反应器
31		数量 1 个
32		最低允许运行温度 230℃
33		最高允许运行温度 350℃
34		烟气阻力 1 000 Pa
35		催化剂
36		型式：蜂窝式
37		层数 2+1
38		活性温度范围 230～350℃
39		比表面积 670 m^2/m^3
40		基材 TiO_2
41		活性物质 V_2O_5/WO_3
42		每层催化剂的模块 4 个
43		催化剂内烟气流速 5.12 m/s
44		吹灰器
45		型式：声波式
46		数量 2 个
47		设备及管路保温防冻须用不锈钢材料包覆

4.6.1.4　二次污染控制

1) 废气处理单元

医疗废物焚烧炉烟气经 1 套“急冷＋干法脱酸＋活性炭吸附＋布袋除尘＋两级湿法脱酸＋湿式电除尘＋烟气再加热＋SCR 脱硝”装置处理后，通过 1 支 60 m 高烟囱排放。

2) 废水/废液处理单元

生活废水与生活污水分别收集，污水处理工艺为消毒＋膜生物反应器(MBR)。焚烧烟气洗涤废水主要依托三效蒸发装置蒸发处理。医疗废物车间冲洗废水经 1 套一体化污水处理装置处理，达到合格排放标准后送园区污水处理厂。生活污水排入市政污水管网，进入园区污水处理厂处理。

3) 固体废物处理处置单元

焚烧飞灰送厂区现有项目危险废物填埋场填埋；污水站污泥送医疗废物焚烧炉焚烧；废脱硝催化剂尚未产生，待产生送有资质单位再生处置；焚烧炉渣属于一般工业固废，送现有项目危险废物填埋场填埋；生活垃圾由环卫部门清运。

4.6.1.5　处理处置效果

废气排放满足《危险废物焚烧污染控制标准》表 3 标准、《区域性大气污染物综合排放标准》(DB 37/2376—2019)表 1 重点控制区限制、《医疗废物焚烧环境卫生标准》(GB/T 18773—2008)表 2 标准。废水排放满足《污水排入城镇下水道水质标准》(GB/T 31962—2015)表 1B 级限制。噪声满足《工业企业厂界环境噪声排放标准》3 类。

4.6.2　医疗废物热解焚烧处置技术

4.6.2.1　案例简介

技术案例选择在江西某公司，设计和建设规模为日处理 15 t 的医疗废物热解焚烧生产线。热解焚烧处置技术案例如图 4-7 所示。

焚烧炉

二燃室

急冷塔与除酸塔

图 4-7 热解焚烧处置案例现场设备情况

4.6.2.2 处理规模

目前该公司建有一条日处理能力为 15 t 的热解焚烧生产线。

4.6.2.3 处理设备

1) 主体设备及二次污染控制设备

主要设备及二次污染控制设备由热解炉、二燃室、余热锅炉、急冷塔、除酸塔、布袋除尘器等组成，处置过程主要技术参数见表 4－11。

表 4－11　处置过程主要技术参数

序　号	项　　目	参　　数
1	炉膛负压	20～50 Pa
2	二燃室温度	1 100～1 200℃
3	锅炉出口一氧化碳	$<30\ mg/m^3$
4	锅炉出口氧含量	8%～9%
5	布袋除尘器进口温度	150～190℃
6	在线氧含量	10%～11%

2) 焚烧系统

(1) 自动上料机。医疗废物通过计量、自动提升上料系统运送到焚烧炉加料仓入口，可以实现周转箱自动开盖、翻卸、倾倒、回位等动作，空周转箱经过冲洗消毒后暂存，重复使用，操作人员不与医疗废物接触，远离污染源。

(2) 料斗。在热解炉入口上设置料斗，是医疗废物的暂存仓，同时起到密封的作用。料斗进口设置有盖板，保证不进料情况下料斗的密封。料斗上方设置了电视监视器，操作人员在中控室室内可清楚地了解料斗中的料位，以便及时加料以保持料斗中必需的料位高度。料斗底部设置有自动灭火装置，通过探测料仓下部温度自动控制电磁阀启动，从而向料斗内喷入灭火介质(液态二氧化碳)进行紧急灭火。焚烧炉设有特殊的自动上料系统，根据不同医疗废物包装箱使用不同的固定装置，物料自动送至焚烧炉的加料仓，物料通过加料装置连续不断地将物料送入焚烧炉内进行无害化焚烧处理，上料、加料系统无泄漏产生。

(3) 双辊加料器。双辊加料机缓慢转动可对料仓内的医疗废物进行初步破碎并连续均匀地进入炉内，同时配合炉体的旋转，使得医疗废物在炉内均匀分布，以保证炉内焚烧工况的稳定。料斗和双辊加料器互相配合，在保证未燃烧医疗垃圾不外溢有害气体的同时，将一定体积的入炉医疗废物保持在料斗通道内以阻隔炉内的烟气从料斗内溢出。

(4) 二燃室。焚烧炉产生的混合可燃烟气进入二燃室有氧燃烧。二燃室是一个气体燃烧室,它的主要功能是保证将焚烧炉生成的高温可燃气体燃尽,其烟气与氧气混合程度是二燃室设计的重中之重,二燃室运行温度在1 100℃左右,烟气停留时间大于 2 s,可以最大程度上减少有害物质特别是二噁英排放的排放。二燃室主体由:烟气进口、二次配风口、燃烧器喷火口、烟气出口、沉灰室、清理门等组成。补充风口(二次鼓风),按比例提供所需的氧气,此处配有柴油(或天然气)燃烧器,在启动阶段以及热解气不足的情况下由燃烧器提供热量达到燃尽的目的。

(5) 助燃空气系统。助燃空气包括焚烧炉的一次助燃空气(一次风)、二燃室烟道侧送入的二次助燃空气(二次风)、辅助燃油所需的空气等。设备包括送风机(一次风机、二次风机)、相应风量调节系统(变频器、控制系统)和各种管道、阀门等。

(6) 辅助燃油系统。辅助燃油系统由油喷嘴、储油罐、油泵、点火装置,相应的自动控制系统及连接管道等组成,具有辅助燃烧和启动燃烧两种功能。

(7) 防爆系统。系统在运行过程中,会出现特殊状况(爆燃、停电、设备故障等)这时系统在运行中,焚烧炉内正在热解,二燃室正在燃烧,系统中的烟气很容易逸出。这种情况下就需要一套有效的防爆措施。设置在焚烧炉至二燃室连接烟道上,具备防爆及紧急放散双重功能。紧急防爆装置用于一般事故和停电事故时的烟气紧急排放,具备事故紧急排放和安全排放功能。

3) 烟气处理系统

(1) 余热锅炉。余热锅炉是与焚烧工艺设备成套供货的特种锅炉。余热锅炉的烟气出口温度 600℃,避开二噁英合成 200～500℃温度区间。余热锅炉出口烟气进入急冷塔。由原一体式半膜式壁半对流管束锅炉改为独立立式膜壁锅炉+独立对流管束水管锅炉。设备调整原因为原一体式半膜式壁半对流管束锅炉由于空间场地问题为卧式,积灰严重,特别是在对流管束部分形成的积灰是在线清灰无法处理的,需要人工进行清理,造成了整套生产线的起停频繁,影响了生产效率。新锅炉为立式相对积灰和清灰效果明显。另外,由于采用了分体式工艺,对于更容易腐蚀的对流管束可以定期进行维修更换,以减小设备成本。

(2) 急冷塔。为中空塔体结构,由塔本体、进口烟道、出口烟道、落灰斗及喷头等组成,设计入口烟气温度(600±20)℃,设计出口烟气温度(200±5)℃(在1 s时间内由600℃降温到200℃)。避免二噁英再次生成。

(3) 除酸喷雾塔。除酸塔按照急冷除酸一体化功能进行设计,由碱液系统供给的NaOH溶液被雾化喷头雾化成200 μm的雾滴,然后受向上的热烟气作用,在塔体上部形成一个碱性雾滴悬浮的高密度区域,与烟气中的酸性物质发生中和反应。塔内反应后的烟气夹带着反应生成物的干燥粉末尘进入下级设备。

(4) 活性炭加料器。一般采用螺旋输送投料机,在螺旋输送机中加料并通过管道内的螺旋片把活性炭送入烟道内,在烟气流动过程中将活性炭分散在烟气中,使其与烟气充分接触,达到吸附二噁英和重金属的目的。

(5) 布袋除尘器。布袋除尘器按《脉冲喷吹类袋式除尘器技术条件》(JB/T 8532—1997)进行制造、验收。布袋除尘是用来去除医疗废物经焚烧后烟气中粉尘物及重金属和二噁英等,它是尾气处理的最后一道防线。布袋除尘器由仓体、布袋、袋笼、反吹系统及自动控制系统等组成。布袋过滤后的烟气排放浓度和布袋除尘器的使用寿命取决布袋的设计参数,其过滤面积不能大也不能小。布袋除尘器不仅仅是去除粉尘,对抑制二噁英也非常重要。在卸灰系统增加螺旋输送器将飞灰直接输送到危险废物暂存间,可以减少飞灰在场内转移时产生的环境污染,并降低对操作人员的危害。

4) 废水处理措施

食堂废水经隔油后进入废水处理系统;办公生活废水经化粪池后进入废水处理系统。

厂区冲洗类废水与食堂废水、生活废水混合后经沉淀+兼氧+消毒+

碳过滤后贮存于回用水池，全部回用于生产，不外排，没有外排口。

4.6.2.4 经验借鉴

1）余热锅炉调整

由原一体式半膜式壁半对流管束锅炉改为独立立式膜壁锅炉＋独立对流管束水管锅炉。设备调整原因为原一体式半膜式壁半对流管束锅炉由于空间场地问题为卧式，积灰严重，特别是在对流管束部分形成的积灰是在线清灰无法处理的，需要人工进行清理，造成了整套生产线的起停频繁，影响了生产效率。新锅炉为立式相对积灰和清灰效果明显，另外由于采用了分体式工艺，对于更容易腐蚀的对流管束可以定期进行维修更换，以减小设备成本。

2）布袋除尘器设备调整

对现有布袋系统进行改造，在卸灰系统增加螺旋输送器将飞灰直接输送到危险废物暂存间。可以减少飞灰在场内转移时产生的环境污染，并将对操作人员的危害降低。

3）增加烟气水洗系统

烟气水洗系统可以更有效去除烟气中的颗粒物、二氧化硫、氮氧化物以及其他一些溶于洗涤液的有害物质，并降低烟气温度，从而达到控制烟气污染物，进一步降低污染物排放值。

4.7 医疗废物焚烧处置烟气污染物控制新技术

由于医疗废物成分的复杂性和不可控制性，以及焚烧过程的多变性，焚烧医疗废物所产生烟气中污染物的种类和含量均有较大的变化范围，其废水排放在加强运行管理的情况下可达到标准的要求。因此，针对医疗废物焚烧处置污染物控制技术主要集中在烟气污染物控制技术。

1）二噁英控制新技术

二噁英是指氯代二苯并对二噁英和氯代二苯并呋喃二类含氯三环芳烃

类化合物的总称，共有210种异构体。烟气中二噁英的主要来源：医疗废物和其他入炉物料本身含有的二噁英；医疗废物本身含有或在燃烧过程产生的氯苯、氯酚、聚氯酚等转化为二噁英；在焚烧过程中碳氢化合物先经聚合和环化生成多环芳烃，再与氯反应生成二噁英。烟气中二噁英的控制与脱除措施主要如下：一是确保烟气在二燃室中在＞850℃的温度停留时间大于二秒，以使二噁英被分解；二是由于被分解的二噁英能在247～597℃时重新合成二噁英，以及氯化氢和单质氯在200～300℃，由于金属的催化作用生成二噁英，因此采用急冷的方法使烟气在200～600℃温度区时间尽量减少；三是利用活性炭吸附脱除。目前，利用低温等离子体处理技术二噁英取得较为理想的效果。经过烟气再热器加热到130℃的烟气进入低温等离子二噁英处理器，一体化二噁英处理集成处理技术是以等离子体超级氧化、断键机理为核心，实现烟气中二噁英脱除。

2）氮氧化物控制新技术

氮氧化物包括NO、NO_2、N_2O和N_2O_3，烟气中的氮氧化物主要是NO，它们主要由医疗废物中的含氮化合物分解转换和燃烧用空气中的氮高温氧化生成。目前，国内一般采用SCR和SNCR两种NO_x处理技术。大规模的医疗废物焚烧处置企业可也采用SCR作为NO_x处理技术。

第 5 章

医疗废物非焚烧优化处理技术

近年来,医疗废物非焚烧处理技术得到了长足的发展。本章针对目前应用较为广泛的医疗废物高温蒸汽处理污染控制技术、化学消毒处理污染控制技术、微波消毒处理污染控制技术及高温干热处理技术进行详细介绍,也介绍了新近出现的环氧乙烷处理技术、热熔消毒固化成型处理技术,以及移动式处理技术及小型分散型处理技术,并对各医疗废物非焚烧处理技术污染控制措施进行综合分析,提出相应的优化措施,还介绍和分析了典型医疗废物非焚烧处理技术及应用实践案例。

5.1 医疗废物高温蒸汽处理污染控制技术

5.1.1 技术概述

医疗废物的危害主要表现为感染致病性。将医疗废物暴露于一定温度的水蒸气氛围中并停留一定的时间,利用高温蒸汽杀灭医疗废物中病原微生物,使其消除潜在的传染性危害的处理方法。该技术适用于处理《医疗废物分类目录》中的感染性废物、损伤性废物及病理切片后废弃的人体组织、病理蜡块等不可辨识的病理性废物,不适用于处理药物性废物、化学性废物。

5.1.2　处理工艺

高温蒸汽处理工艺典型流程如图 5－1 所示。流程为：蒸汽处理设备预热→装载医疗废物→处理设备内腔抽真空→通入蒸汽处理→废气排出和干燥废物→卸载医疗废物→机械处理(破碎或压缩)。

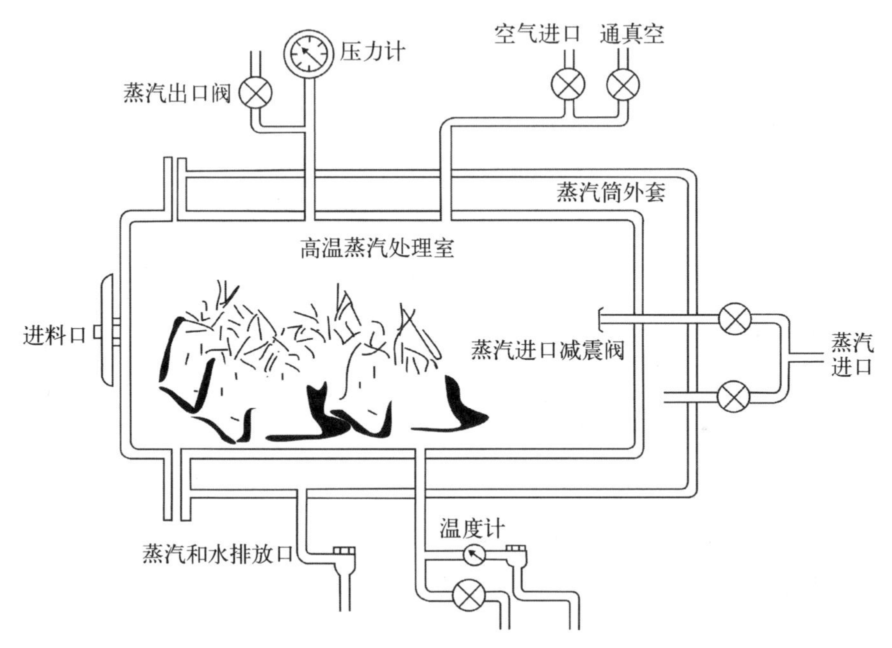

图 5－1　高温蒸汽处理工艺典型流程图

医疗废物高温蒸汽集中处理工艺应至少设置一种工艺环节增强蒸汽的热穿透性和热均布性,包括但不限于：① 蒸汽处理前对消毒仓进行抽真空操作;② 蒸汽处理前将医疗废物破碎至较小粒径;③ 蒸汽处理过程中搅拌医疗废物。主要工艺单元包括接收贮存单元、蒸汽供给单元、进料单元、高温蒸汽处理单元、破碎单元、压缩单元、消毒处理残渣处置、清洗消毒单元、废气处理单元、废水处理单元、固体废物处理处置、噪声控制等。

利用高温蒸汽杀灭医疗废物中的致病微生物,是医疗废物高温蒸汽处理过程的主要环节。出于对医疗废物管理的考虑,避免医疗废物被非法利用和回收，一般要求必须进行毁形处理，同时毁形后的医疗废物在感官上也有一定的改观。为减少高温蒸汽处理后废物外运的成本，通常还要辅以压缩措施。高温蒸汽处理系统的核心设备是高温蒸汽处理设备，也包括预真空处理设备、机械破碎处理设备等。主要工艺流程类型有：① 蒸汽处理前对消毒仓进行抽真空操作；② 蒸汽处理前将医疗废物破碎至较小粒径；③ 蒸汽处理前对消毒仓进行抽真空操作＋蒸汽处理同时搅拌或破碎医疗废物。

此外，针对废气和废液的处理主要包括两方面：一是对医疗废物在加热、加湿之前部分未处理的抽出气体和渗漏液体进行消毒处理；二是对有可能随着加热、加湿过程析出的挥发性有机物和重金属类物质进行处理。

5.1.3 污染物排放

医疗废物高温蒸汽处理常采用有先蒸汽处理后破碎、蒸汽处理与破碎同时进行两种工艺形式。对于先蒸汽处理后破碎工艺，处理装置包括进料、预排气、蒸汽供给、消毒、排气泄压、干燥、破碎等工艺单元；对于蒸汽处理与破碎同时进行的工艺，处理装置包括进料、蒸汽供给、搅拌破碎＋消毒、排气泄压、干燥等工艺单元。

医疗废物高温蒸汽集中处理过程产生的废气主要来源于高温蒸汽处理及处理前后的抽真空、贮存、进卸料、破碎等环节。抽真空环节产生的废气中主要污染物为 VOCs、颗粒物等，为有组织排放；贮存、进料、卸料、破碎等环节产生的废气中主要污染物为 VOCs 及恶臭气体，为无组织排放。集中处理过程产生的废水，主要来源于高温蒸汽处理、运输车辆和周转箱清洗消毒、卸料区和贮存区等生产区清洗消毒、高温蒸汽处理和破碎设备清洗消毒等环节，以及生产区和废水处理区初期雨水、事故废水。主要污染物指标为 pH、五日生化需氧量（BOD_5）、化学需氧量（COD_{Cr}）、悬浮物（SS）。集中处理过程产生的固体废物主要包括消毒处理残渣、废气处理装置失效的填料、废水处理产生的污泥等。

典型高温蒸汽处理工艺流程和产污节点如图5－2、图5－3所示。

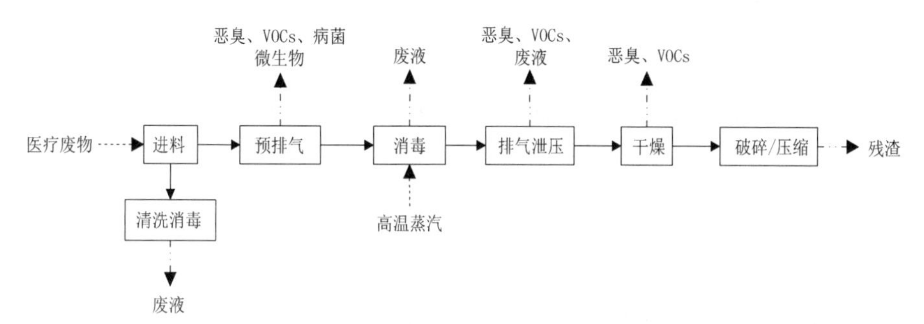

图5－2　医疗废物高温蒸汽技术先蒸汽处理后破碎工艺流程和产污节点

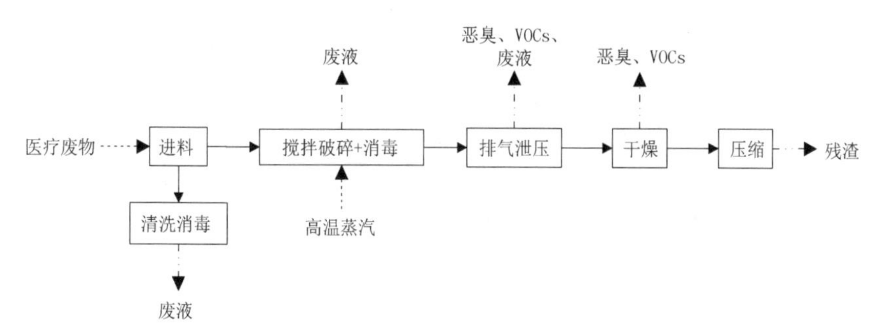

图5－3　医疗废物高温蒸汽技术蒸汽处理与破碎同时进行工艺流程和产污节点

5.1.4　高温蒸汽处理技术分析

为了推进该项医疗废物处置工作的开展，确保处置效果，针对管理环节需要考虑的主要因素如下：

(1) 一定要确保处理设施的各项工艺参数达到相应的标准要求。就高温蒸汽处理设施而言，其常规工艺参数为温度、压力、处理时间等，一般要求蒸汽处理过程应在消毒温度≥134℃、压力≥0.22 MPa(表压)的条件下进行，相应消毒时间应≥45 min。

(2) 一定要加强源头医疗废物的分类管理，杜绝放射性废物、化学性废物和药物性废物混入处置,以确保医疗废物得到安全处置。

(3) 应定期对医疗废物的处置效果进行检测,确保芽孢的杀灭对数值满足相应标准要求。针对嗜热性脂肪肝菌芽孢的杀灭对数值应不小于4。

(4) 应加强其他污染控制,如恶臭、VOCs和颗粒物等,应采取必要的尾气净化措施,以减少其对环境的污染。

5.2 医疗废物化学处理污染控制技术

5.2.1 技术概述

医疗废物化学消毒处理技术是利用化学消毒剂杀灭医疗废物中病原微生物,使其消除潜在的感染性危害的处理方法。该技术适用于处理《医疗废物分类目录》中的感染性废物、损伤性废物以及部分病理性废物;不适用于处理药物性废物、化学性废物。化学消毒处理技术在消毒和灭菌方面有着较长的历史和较广泛的应用。对于集中式医疗废物化学消毒处理设施,优先选用干化学消毒剂、环氧乙烷作为化学消毒剂。干化学消毒技术是利用氧化钙、中和剂等复合干式化学消毒剂杀灭医疗废物中病原微生物,是使其消除潜在感染性危害的处理方法;环氧乙烷消毒技术是基于环氧乙烷能与生物的蛋白质反应,使DNA和RNA发生非特异性烷基化作用,在常温下杀灭医疗废物中病原微生物,是使其消除潜在的感染性危害的处理方法。干化学消毒技术自20世纪80年代中期以来,在美国等国已有商业化设施。环氧乙烷消毒技术是近几年在中国出现的新技术。

5.2.2 处理工艺

干化学消毒处理和环氧乙烷消毒处理的典型工艺流程分别见图5-4、

图 5-5。干化学消毒处理采用破碎和化学消毒同时进行的工艺；环氧乙烷消毒处理采用先消毒后破碎的工艺。

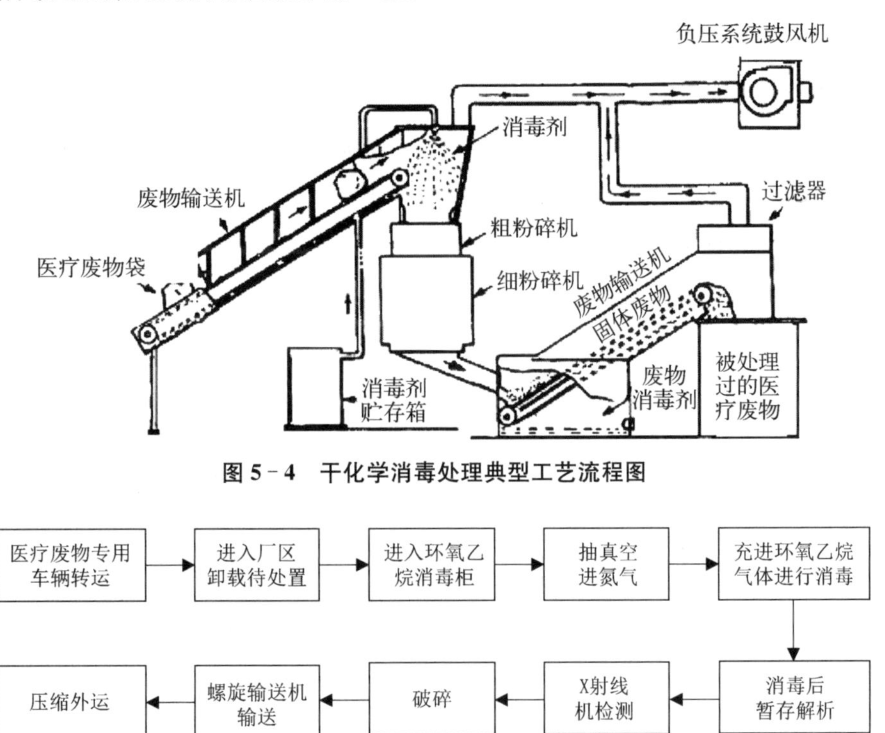

图 5-4　干化学消毒处理典型工艺流程图

图 5-5　环氧乙烷消毒处理典型工艺流程图

干化学消毒剂对微生物灭活的效率，与接触时间、温度、化学消毒剂浓度、pH 值（酸碱性环境）、杀灭的微生物的数量和类型等有关。化学消毒剂灭活效果必须保证化学消毒剂与医疗废物消毒表面有足够的反应接触时间。当杀灭细菌芽孢时，反应的接触时间和温度都应有所增加，一般需要一个或几个小时。通常情况下，消毒的效果会随着温度的提高而增加。因此，为保证消毒效果，必须保证充分的接触反应时间和反应温度。

对干化学消毒处理技术而言，工艺设备和操作比较简单，一次性投资少，运行费用低，废物的减容率高。场地选择方便，可以移动处理；运行简单方便，对环境污染很小等优点。但对破碎系统要求较高；对操作过程（自动化水平)要求很高。

对于环氧乙烷消毒处理技术而言,主要消毒剂环氧乙烷以液态形式罐装备用。在环氧乙烷消毒柜体预真空度、系统温度、相对湿度达到指定要求后,系统充入一定浓度的环氧乙烷气体,消毒时间维持 4 h,达到医疗废物的消毒目的,是我国环氧乙烷在医疗废物处理领域的首次应用。

5.2.3 污染物排放

医疗废物化学消毒处置系统设备一般包括接收贮存单元、进料单元、破碎单元、消毒剂供给单元、化学消毒处理单元、出料单元、消毒处理残渣处置、清洗消毒单元、废气处理单元、废水处理单元、固体废物处置、噪声控制等。

处理过程产生的废气主要来源于化学消毒处理及处理前后的抽真空、贮存、进卸料、破碎等环节。污染物主要为恶臭、VOCs、颗粒物等。以环氧乙烷作为消毒剂的消毒处理过程还会释放环氧乙烷气体。处理过程产生的废水主要来源于化学消毒处理、运输车辆和周转箱清洗消毒、卸料场地和贮存场所等作业区清洗消毒、化学消毒处理和破碎设备清洗消毒等环节,以及生产区和废水处理区初期雨水、事故废水。主要污染物指标为 pH 值、五日生化需氧量(BOD_5)、化学需氧量(COD_{Cr})和悬浮物(SS)。处理过程产生的固体废物主要为消毒处理残渣、废气处理装置失效的填料、废水处理产生的污泥等。干化学消毒处理和环氧乙烷消毒处理工艺流程及产污节点分别见图 5-6、图 5-7。

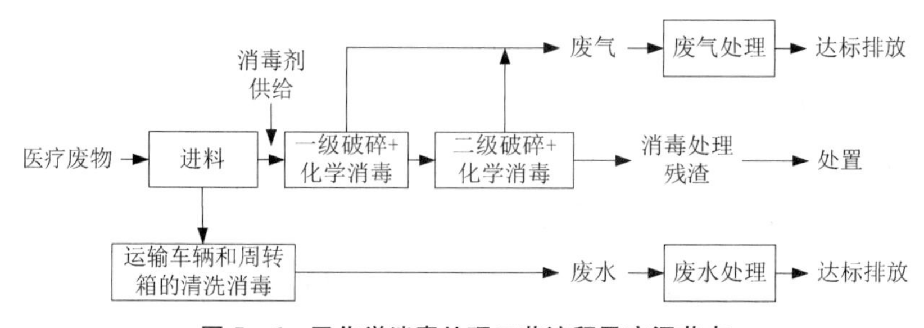

图 5-6 干化学消毒处理工艺流程及产污节点

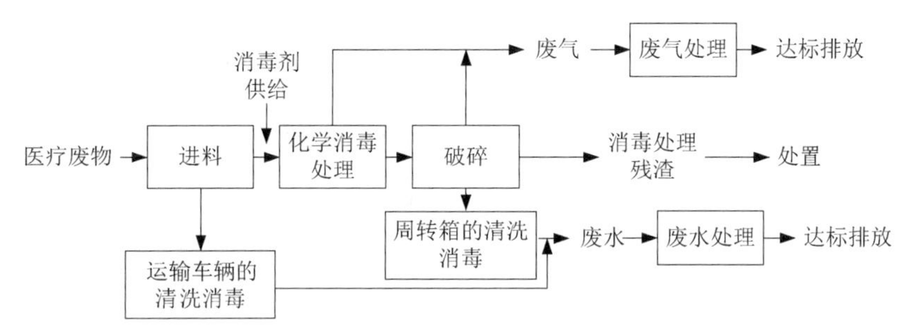

图 5-7　环氧乙烷消毒处理工艺流程及产污节点

5.2.4　化学消毒处理技术分析

(1) 对干化学消毒处理技术而言,关键是必须采用高效的化学消毒剂,并应确保所选药剂的浓度以及进行检测的细菌、病毒、真菌含量保持正常水平,以达到要求的消毒效果。所采用的干化学消毒剂中氧化钙的含量应为 90%以上,氧化钙粒径不应大于 200 目;干化学消毒剂投加量应大于 0.075~0.12 kg 干化学消毒剂/kg 医疗废物,喷水比例为 0.006~0.013 kg/kg 医疗废物,确保消毒温度≥90℃以上,反应控制的强碱性环境 pH 在 11.0~12.5 范围内;干化学消毒剂与破碎后的医疗废物总计接触反应时间>120 min。

(2) 对干化学消毒处理技术而言,环氧乙烷纯度应大于 99.9%,环氧乙烷浓度应为≥900 mg/L,消毒温度应控制在(54±2)℃范围内,消毒时间应≥4 h,相对湿度应控制在 60%~80%范围内,初始压力为−80 kPa 的真空环境。消毒后的医疗废物应暂存解析 15~30 min,暂存解析应在负压状态下运行,环氧乙烷解析室废气经统一收集处理后达标排放。

(3) 化学消毒处理工艺应采用枯草杆菌黑色变种芽孢(*B. subtilis ATCC 9372*)作为生物指示剂,其杀灭对数值应≥4.00。

(4) 应加强其他污染控制,如恶臭、颗粒物和 VOCs 等,应采取必要的尾气净化措施,以减少其对环境的污染。

5.3 医疗废物微波消毒处理污染控制技术

5.3.1 技术概述

医疗废物微波消毒处理技术是利用微波作用杀灭医疗废物中病原微生物,是使其消除潜在的感染性危害的处理方法。微波处理系统是在控制的条件下浸湿并将废物破碎之后,放置于一个槽中,用微波对废物消毒,废物体积减小60%~90%,处理过的废物与其他废物没有区别。杆菌微生物芽孢试验显示,采用该种方法处理医疗废物能够实现无害化。该技术适用于处理《医疗废物分类目录》中的感染性废物、损伤性废物以及病理切片后废弃的人体组织、病理蜡块等不可辨识的病理性废物,不适用于处理药物性废物、化学性废物。该技术应用过程中可能因微波泄漏等存在着潜在的职业风险,在运行和投资费用方面可能比高温蒸汽和化学处理法要高一些,但比焚烧法要低。

5.3.2 微波处理工艺和消毒机理

医疗废物微波消毒集中处理工程的工艺可选择微波消毒处理工艺或微波与高温蒸汽组合消毒处理工艺。医疗废物微波消毒处理典型工艺流程如图5-8所示。

5.3.3 污染物排放

医疗废物微波消毒处理技术一般由接收贮存系统、进料单元、破碎单元、消毒处理单元、出料单元、消毒处理残渣处置、清洗消毒单元、废气处理单元、废水处理单元、固体废物处理处置、噪声控制等部分组成。

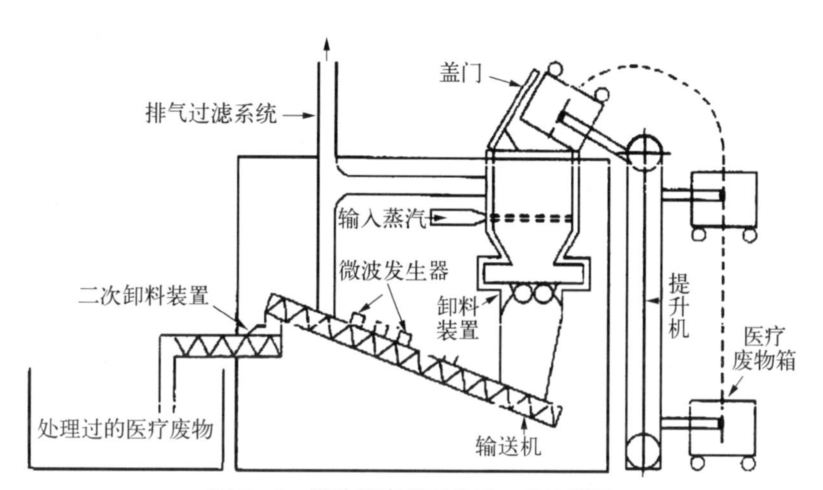

图 5-8 微波消毒处理典型工艺流程图

医疗废物微波消毒处理过程产生的废气主要来源于微波消毒处理过程，污染物主要为颗粒物、VOCs等。集中处理过程产生的废水主要来源于医疗废物运输车辆和周转箱清洗消毒、卸车场地和贮存场所等生产区清洗消毒、微波消毒处理和破碎设备清洗消毒等环节，以及生产区和废水处理区初期雨水、事故废水。主要污染物指标为pH值、五日生化需氧量(BOD_5)、化学需氧量(COD_{Cr})和悬浮物(SS)。集中处理过程中产生的固体废物主要为消毒处理残渣以及废水、废气处理过程产生的固体废物。

典型微波消毒处理工艺流程及产污节点如图5-9、图5-10所示。

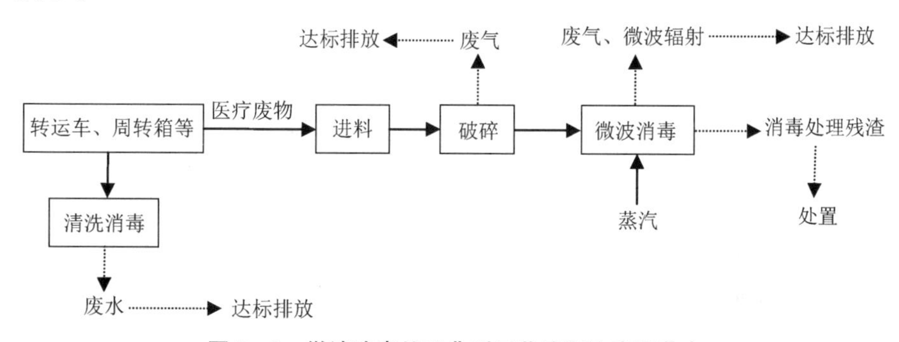

图 5-9 微波消毒处理典型工艺流程和产污节点

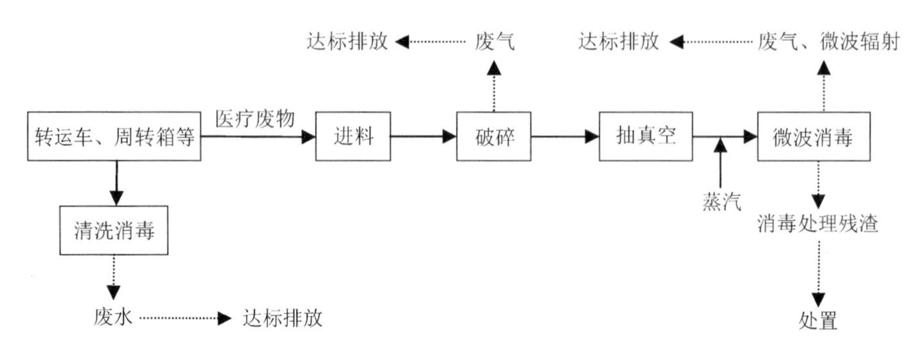

图 5-10 微波与高温蒸汽组合消毒处理典型工艺流程和产污节点

5.3.4 微波消毒处理技术分析

(1) 采用微波消毒处理工艺时,微波频率应采用(915±25)MHz 或(2 450±50)MHz。消毒温度应≥95℃,消毒时间≥45 min。

(2) 采用微波与高温蒸汽组合消毒处理工艺时,微波频率应采用(2 450±50)MHz,压力≥0.33 MPa,温度≥135℃时,消毒时间≥5 min。

(3) 微波消毒工艺可选择枯草杆菌黑色变种(*B. subtilis ATCC 9372*)芽孢作为指示菌种,微波与高温蒸汽组合消毒处理工艺可选择嗜热脂肪杆菌(*Bacillus ATCC 7953*)芽孢和枯草杆菌黑色变种(*B. subtilis ATCC 9372*)芽孢作为指示菌种,其杀灭对数值应≥4.00。

(4) 应加强其他污染控制,如恶臭、VOCs 和颗粒物等,应采取必要的尾气净化措施,以减少其对环境的污染。

因涉及微波技术应用问题,该设备采用特殊的消毒室设计,可有效防止微波泄漏和医疗废物中金属碎片引起的放电现象。进料、破碎、输送等关键处理环节均采用负压安全工艺,不会给环境和操作带来二次污染。但是,应引起重点关注的是该技术不能处理医疗废物中的化学性废物、药物性废物以及放射性废物。因此,如能针对该技术不能处理的废物具有特定的鉴别和报警装置就更加科学了。此项工作已随着科学技术的进步而获得实际应用。

5.4　医疗废物高温干热处理技术

5.4.1　技术原理

医疗废物高温干热处理技术是利用高温干热空气杀灭医疗废物中病原微生物,使其消除潜在的感染性危害的处理方法。将医疗废物经过高强度碾磨后,暴露在负压高温环境下并停留一定的时间,利用精准的传导程序使热量高效传导至待处理的医疗废物中,使其所带致病微生物发生蛋白质变性和凝固,进而导致医疗废物中的致病微生物死亡,使医疗废物无害化,达到安全处置的目的。该技术适用于处理《医疗废物分类目录》中的感染性废物、损伤性废物以及病理切片后废弃的人体组织、病理蜡块等不可辨识的病理性废物,不适用于处理药物性废物、化学性废物。

5.4.2　处理工艺

高温干热工艺流程分为医疗废物处理系统、抽气+气体净化系统、加热系统及自控系统。医疗废物处理流程包括装料、碾磨、消毒、出料等过程。医疗废物高温干热处理典型工艺流程如图5-11所示。

5.4.3　污染物排放

医疗废物高温干热处理技术一般包括进料、抽真空、碾磨、干热灭菌、静电净化等工艺单元。医疗废物高温干热工艺在抽真空时会产生恶臭、VOCs、病菌微生物、噪声等。具体排污节点如图5-12所示。

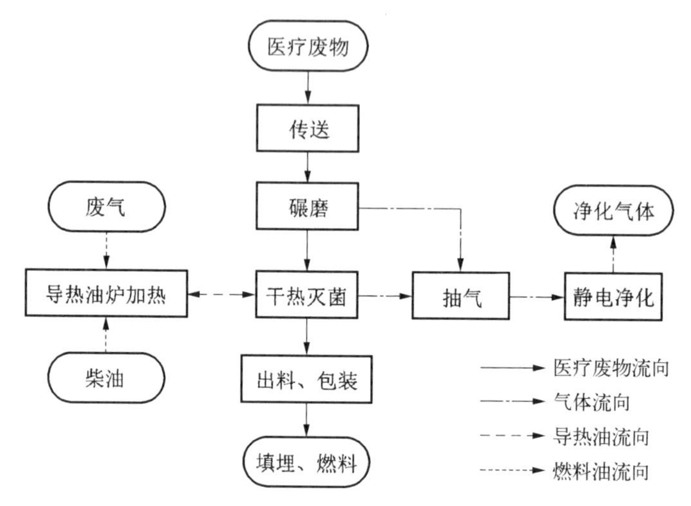

图 5-11　医疗废物高温干热处理典型工艺流程图

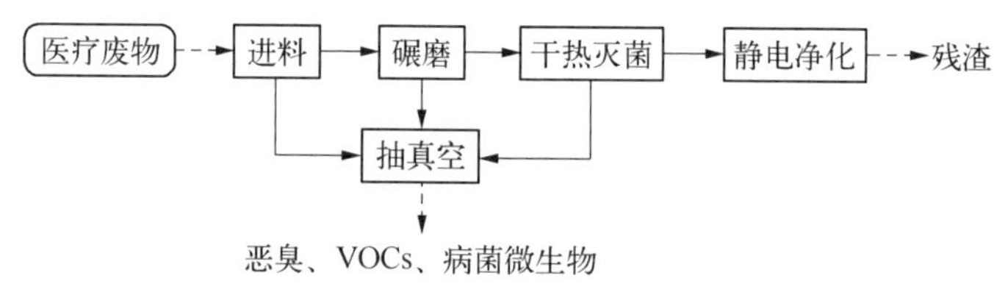

图 5-12　医疗废物高温干热处理工艺流程和排污节点图

5.4.4　高温干热处理技术分析

高温干热处理要求医疗废物在一定的温度下接触充足的时间以达到一定的微生物灭活效率。为了提高微生物灭活效率，就需要提高热量向物料内部传递的效率，为了保证灭菌高效和安全，高温干热设施运行应满足如下要求：

(1) 消毒器内压强为 300 Pa，接近真空。

(2) 消毒器内温度为 180～200℃，处理时间不应少于 20 min，机械搅拌装置以不低于 30 r/min 的速度进行搅拌。

(3) 高温干热处理工艺应采用枯草杆菌黑色变种芽孢(*B. subtilis*

ATCC *9372*)作为生物指示剂,其杀灭对数值应≥4.00。

(4) 应加强其他污染控制,如恶臭、VOCs 和颗粒物等,应采取必要的尾气净化措施,以减少其对环境的污染。

5.5　医疗废物非焚烧处理技术优化

5.5.1　医疗废物非焚烧处理污染控制措施综合分析

高温蒸汽、微波消毒和化学消毒作为目前国际上应用最为广泛的处理技术,其处理过程的污染控制应该考虑以下问题: 处理对象的适用范围问题,医疗废物的处理效果问题,处理过程中产生的废气、废水的污染控制问题以及环境安全管理问题等。非焚烧处理过程产生的污染物排放情况见表 5-1。

表 5-1　非焚烧处理技术污染物排放情况

序号	污染物风险类型	高温蒸汽	化学消毒	微波消毒	高温干热	控制措施
1	大气	会产生恶臭和 VOCs 等大气污染物	会产生恶臭、VOCs 和粉尘等大气污染物	会产生恶臭、VOCs 和粉尘等大气污染物	会产生恶臭、VOCs 和粉尘等大气污染物	设置具有杀菌、消毒功能,并可有效去除废气中微生物、VOCs 等污染物的尾气净化设施
2	废水	辅助液体原料、医疗废物中残留的液体、盛装容器清洗消毒等	辅助液体原料、医疗废物中残留的液体、盛装容器清洗消毒以及湿式化学消毒药剂等	辅助液体原料、医疗废物中残留的液体、盛装容器清洗消毒等	医疗废物中残留的液体、盛装容器清洗消毒等	应采用多种切实可行的处置技术,达到相应类型污染排放要求

（续表）

序号	污染物风险类型	高温蒸汽	化学消毒	微波消毒	高温干热	控制措施
3	消毒处理残渣	有可能造成处理效果超标的情况发生	有可能造成处理效果超标的情况发生	有可能造成处理效果超标的情况发生	有可能造成处理效果超标的情况发生	应采用恰当的指示菌种对残渣中的微生物含量进行检测
4	噪声	破碎设备、风机等	破碎设备、风机等	破碎设备、风机等	破碎设备、风机等	应采取相应的降噪措施
5	安全性	高压蒸汽烫伤、医疗废物感染	有可能存在化学消毒药剂泄露、医疗废物感染	微波辐射问题、医疗废物感染	干热设备灼伤、医疗废物感染	应采取相应的安全防护设施

为了推进对不同类型的非焚烧处理技术的污染防治以及安全防护，应从以下几个方面考虑其运行安全问题。

1）控制工况参数

不同的处置技术都有一定的工况参数，总体包括温度、压力、消毒时间等。另外，不同的工艺还包括不同的控制要求。

2）污染物排放控制

就非焚烧处理技术而言，其污染控制的核心内容实际上有以下三个方面：

（1）消毒处理残渣的感染性问题，即消毒效果检测问题。就消毒效果检测而言，目前国内还没有专门针对非焚烧技术处置医疗废物的处理效果检测标准和方法。然而，处理后残渣中含有的微生物量是进行消毒效果检测的根本渠道。因此，应采用适当的指示菌种对残渣中的微生物含量进行检测，以便确定最终的消毒效果。指示菌的选择必须确保医疗废物安全处置，即处理效果应该是使最难处理的微生物菌种得到杀灭。基于枯草杆菌黑色变种芽孢和嗜热脂肪杆菌芽孢分别对化学物质和热的抗性。国际上通常选择这两个菌种作为指示菌种，国内也采用这两个菌种进行消毒处理效果指示菌。其中，化学消毒处理因主要适宜化学抗性。建议采用对化学抗性最强的枯草杆菌黑色变种芽孢作为指示菌，以热为主的高温蒸汽处理效果检测采用抗热性最强的嗜热脂肪杆菌芽孢作为指示菌。而微波处理技术则可以采用枯草杆菌黑色变种芽孢或嗜热脂肪杆菌芽孢作为指示菌。高温干热处理技术可以采用枯草杆菌黑色变种芽孢。

在医疗废物非焚烧处理的杀灭标准方面，STAATT 第一次会议中对微生物的杀灭水平做了如下定义：

第一级：对繁殖体细菌、真菌和亲脂性病毒的灭菌率达到 6 lg 或更高。

第二级：对繁殖体细菌、真菌、亲脂性/亲水性病毒、寄生虫和分枝杆菌的灭菌率达到 6 lg 或更高。

第三级*：对繁殖体细菌、真菌、亲脂性/亲水性病毒、寄生虫和分枝杆菌的灭菌率达到 6 lg 以上。对嗜热脂肪杆菌芽孢或枯草杆菌黑色变种芽孢的杀灭率达到 4 lg 以上。

第四级：对繁殖体细菌、真菌、亲脂性/亲水性病毒、寄生虫、分枝杆菌和嗜热脂肪杆菌芽孢的杀灭率达到 6 lg 以上。

*第三级是 STAATT 推荐的最低标准。

6 lg 杀灭率是指 10^6 杀灭率，相当于微生物百万分之一的可能存活率，或经过处理后 99.999 9%的微生物杀灭率，即杀灭对数值为 6。

4 lg 杀灭率是指 10^4 杀灭率，相当于微生物万分之一的可能存活率，或经过处理后 99.99%的微生物杀灭率，即杀灭对数值为 4。

虽然我国还没有颁布强制性的国家标准，但是采用第三级标准也是非焚烧处理技术应用方面的基本出发点。考虑到我国目前的检测能力和水平，可以不考虑对繁殖体细菌、真菌、亲脂性/亲水性病毒、寄生虫和分枝杆菌的灭菌率要求，而仅考虑对嗜热脂肪杆菌芽孢或枯草杆菌黑色变种芽孢的杀灭率达到 4 lg 以上。

(2) 处置过程中的大气污染物控制问题。废气主要产生于非焚烧处理过程产生的恶臭、VOCs、颗粒物等污染物。在大气污染控制方面，所有采用非焚烧技术处置医疗废物的工艺流程，均应设置废气净化装置，该装置应能有效去除废气中的 VOCs、粉尘等污染物，并根据实际需求设置除臭装置。

净化处理技术可选择活性炭吸附、生物过滤、UV 光氧催化、低温等离子体等技术，并根据废气特征和排放要求单独或组合设置。应定期检查废气净化设施的运行状态，及时调整运行工况。检查内容包括进出气阀开闭状态，压力仪表的显示及波动状态，废气流量、流速、温度、压力等。

采用低温等离子体处理技术，应及时调整电压、电流、频率等工况参数，并做好反应器的维护、保养及维修；采用活性炭吸附技术应对烟气温度和含尘量进行严格控制，定期检查吸附剂有无饱和，并及时更换吸附材料。采用颗粒状活性炭时，吸附层的风速宜取 0.20～0.60 m/s；采用活性炭纤维毡时，吸附层的风速宜取 0.20～0.60 m/s；采用生物过滤技术，应依据实际气体性质筛选、驯化微生物，实时监测微生物代谢活动的各种信息；采用 UV 光氧催化技术，应及时调整光源、催化剂、温湿度和停留时间等工况参数，并做好反应器的维护、保养及维修；采用喷淋技术应准确配制并添加相应的淋洗液，并及时调整工作压力、保压时间、喷淋时间、喷淋量等工况参数。

(3) 处理过程的安全防护问题。几种不同的非焚烧处理技术在安全防护方面体现出不同的特点，其中高温蒸汽处理主要是压力蒸汽可能对操作人员的影响，微波处理主要是要防止医疗废物处置过程中微波辐射对操作人员的影响，化学消毒处理主要是要防止化学消毒药剂对操作人员的影响，高温干热主要是防止热接触而对操作人员带来的灼伤风险。相关的防护措施包括职业病防护设备、防护用品并辅以相应的管理措施而实现。

5.5.2 医疗废物非焚烧处理技术优化

5.5.2.1 非焚烧处理技术优化总体要求

医疗废物非焚烧技术适用于日处理规模为 10 t 以下的处理厂，可处理感染性、损伤性和部分病理性医疗废物，主要污染物为 VOCs 和恶臭，不产生二噁英类污染物。非焚烧处理设施投资成本低，适合医疗废物收集量少、分类较好、经济欠发达的地区。具体技术经济适用性分析见表 5-2。

表 5-2　医疗废物非焚烧处理技术经济适用性分析

处置技术	处置费用		技术经济适用性
	运行费用/(元/t)	投资费用(设备和安装)/(万元/t)	
高温蒸汽处理	1 800～2 300	60～80	可有效消毒,并无酸性气体、重金属、二噁英等有毒有害物质产生,且造价较低、运行维护简单;适用于处置规模 10 t/d 以下感染性和损伤性医疗废物的处置
化学处理	1 500～2 000	45～55	投资少,运行费用低,操作简单,对环境污染小;适用于规模 10 t/d 以下感染性和损伤性医疗废物的处置
微波处理	1 200～1 500	50～60	杀菌谱广、无残留物、除臭效果好、清洁卫生;适用于规模 10 t/d 以下感染性和损伤性医疗废物的处置
高温干热	1 000～1 200	60～70	投资少,运行费用低,操作简单,对环境污染小;适用于规模 10 t/d 以下感染性和损伤性医疗废物的处置

非焚烧处理技术优化的核心环节应包括工况参数控制和污染物排放控制。因此,其优化问题也要严格围绕这两方面内容展开。下面结合三种典型的非焚烧处理技术对其处置技术优化问题进行论述。

5.5.2.2　高温蒸汽处理技术

高温蒸汽处理要求医疗废物在一定的温度下接触充足的时间以达到一定的微生物灭活效率。医疗废物高温蒸汽处理污染防治最佳可行工艺流程如图 5-13 所示。

为了确保高温蒸汽处理的安全性,应确保工艺参数实现如下要求:

(1) 蒸汽处理过程应在消毒温度≥134℃、压力≥0.22 MPa(表压)的条件下进行,相应消毒时间应≥45 min。

(2) 进入消毒仓的蒸汽压宜在 0.3～0.6 MPa 范围内。

(3) 高温蒸汽处理设备应具有干燥功能,物料干燥后含水量不应大于总重的 20%。

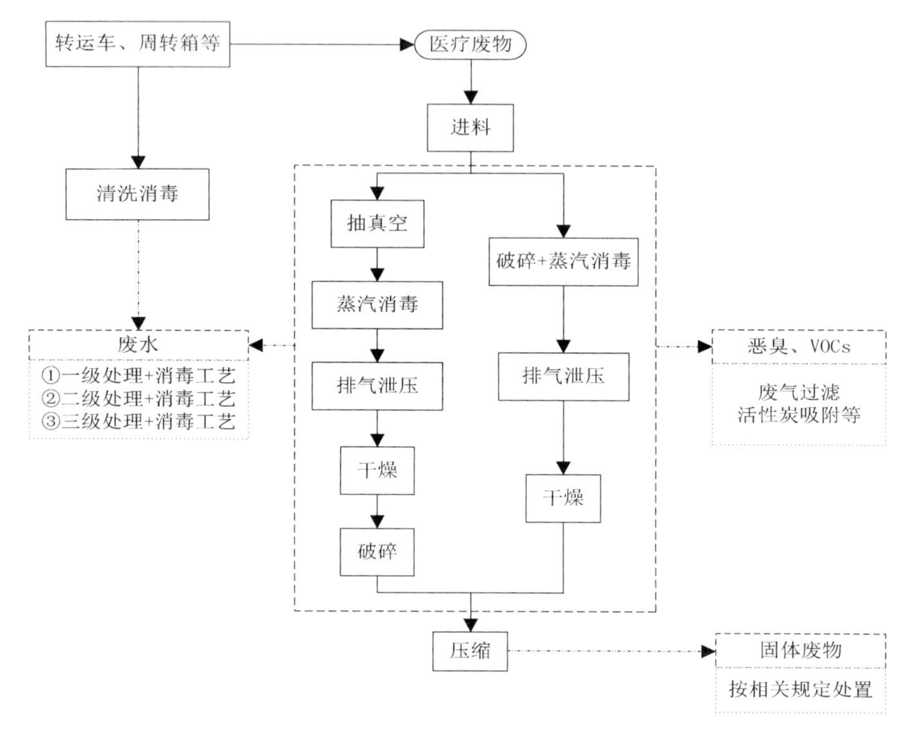

图 5-13 医疗废物高温蒸汽处理污染防治最佳可行工艺流程

(4) 蒸汽应为饱和蒸汽,其所含的非可凝性气体不应超过 5%(体积分数)。

(5) 尾气净化处理技术可选择活性炭吸附、废气生物净化装置等技术,并根据废气特征及排放要求单独或组合设置。

(6) 破碎设备应能够同时破碎硬质物料和软质物料,物料破碎后粒径一般不应大于 5 cm。若一级破碎不能满足要求,应设置二级破碎。

5.5.2.3 干化学消毒处理技术优化

干化学法处理医疗废物通常要与机械破碎处理结合使用,化学消毒剂对微生物灭活的效率与接触时间、温度、化学消毒剂浓度、pH 值(酸碱性环境)、杀灭的微生物的数量和类型等有关。化学消毒剂灭活效果必须保证化学消毒剂与医疗废物消毒表面有足够的反应接触时间。美国环保局规定对繁殖体细菌、真菌和分枝杆菌杀灭的测试程序应要求在 20℃反应温度下接触时间为 10 min。当杀灭细菌芽孢时，反应的接触时间和温度都应有所增加，一般需要一个或几个小时，通常情况下消毒的效果会随着温度的提高而增加。因此，为了保证消毒处理效果，必须保证充分的接触反应时间和反应温度。

以石灰为主的干化学消毒处理技术是美国最新的对环境最为友好的医疗废物处置技术，没有湿法消毒通常伴随产生的废液排放问题。

干化学消毒处理最佳可行技术流程如图 5－14 所示。

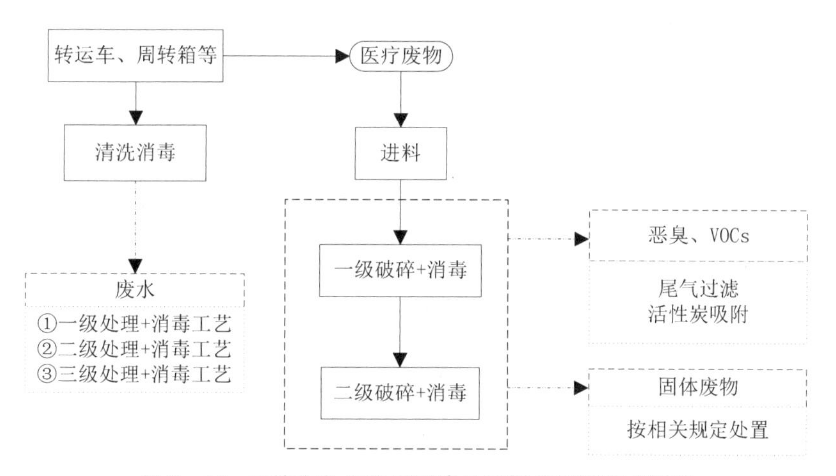

图 5－14　医疗废物干化学消毒处理最佳可行技术流程

干化学消毒处理最佳可行工艺参数主要在于消毒剂上，目前国内产业化应用的消毒剂主要为石灰粉，工艺参数见表 5－3。

表 5－3　干化学处理工艺消毒剂参数

消毒剂	浓度/纯度	接触时间	药剂投加量/千克医疗废物	pH 值
石灰粉	＞90％	＞120 min	＞0.075 kg	11.0～12.5

干化学消毒处理技术应用的关键是必须保证药剂有效浓度和相应的接触反应时间，以及药剂的投加量，确保相应的参数要求，禁止采用超过有效期的化学消毒剂。另外，也要禁止使用对人体有害的其他种类的消毒剂实施医疗废物处置。

5.5.2.4　环氧乙烷消毒处理技术优化

医疗废物环氧乙烷消毒处理工艺主要环节如下：医疗废物以原形态包

装推进环氧乙烷消毒柜内，在真空环境中注入有效浓度 893 mg/L 的环氧乙烷，预真空度−80 kPa，系统温度(54±2)℃，相对湿度 50%±10%，柜体内消毒时间约 4 h。医疗废物经消毒后暂存解析，然后逐箱放入传送带，经过 X 射线机、往复提升机、自动输送系统、自动进料系统、二级破碎机、无轴螺旋输送机，最后进入压缩车压缩系统。压缩车填装满后，将消毒破碎后的医疗废物送入生活垃圾处置厂进行最终处置。

环氧乙烷消毒处理工艺流程如图 5-15 所示。

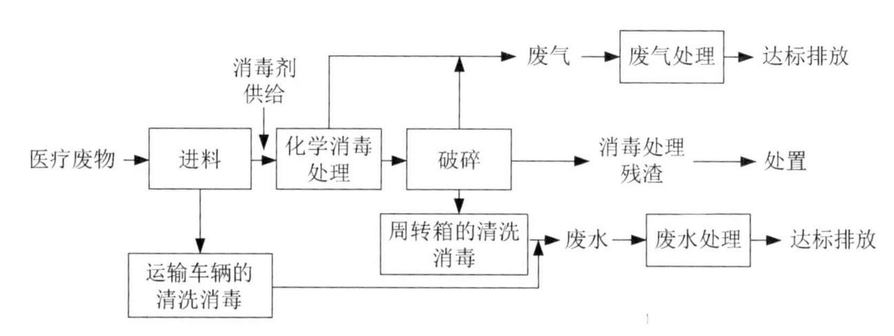

图 5-15 环氧乙烷消毒处理工艺流程

为了确保环氧乙烷消毒处理的安全性，应确保工艺参数实现如下要求：

(1) 环氧乙烷纯度应大于 99.9%，环氧乙烷浓度应为≥900 mg/L，消毒温度应控制在 54℃±2℃范围内，消毒时间应≥4 h，相对湿度应控制在 60%～80%范围内，初始压力为−80 kPa 的真空环境。

(2) 消毒后的医疗废物应暂存解析 15～30 min，暂存解析应在负压状态下运行，环氧乙烷解析室废气经统一收集处理后达标排放。

(3) 环氧乙烷供给单元、消毒单元、破碎单元、环氧乙烷贮存场所应设置环氧乙烷气体浓度报警装置。

(4) 消毒剂添加喷口应均匀设置于消毒仓顶部，并配置内循环及保温装置，保证消毒仓内环氧乙烷浓度、温度均衡。

(5) 消毒仓和破碎空间应通入氮气，置换其中的氧气，防止爆燃事件发生。

(6) 消毒仓应设置防爆门或者泄压口，以缩小爆燃事故冲击范围。

5.5.2.5　微波消毒处理技术优化

1) 医疗废物微波消毒处理最佳可行技术流程

医疗废物微波消毒处理最佳可行工艺流程如图 5－16 所示。

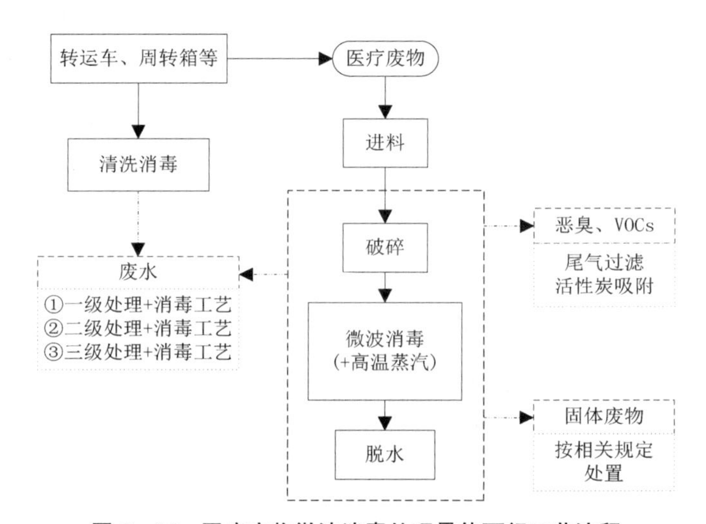

图 5－16　医疗废物微波消毒处理最佳可行工艺流程

2) 微波消毒处理最佳可行工艺参数

(1) 采用微波消毒处理工艺时，微波频率应采用(915±25)MHz 或(2 450±50)MHz。消毒温度应≥95℃，消毒时间≥45 min。

(2) 采用微波与高温蒸汽组合消毒处理工艺时，微波频率应采用(2 450±50)MHz，压力≥0.33 MPa，温度≥135℃时，消毒时间≥5 min。

5.5.2.6　高温干热处理技术优化

1) 医疗废物高温干热处理技术工艺流程

(1) 将装有医疗废物的一次性纸箱或包装袋放置升降机上。医疗废物升至顶端，自动顶开设备进料口仓门，之后仓门自动密闭。

(2) 医疗废物落入碾磨器进行碾磨，经过碾磨使医疗废物缩减 80%，实现毁形的目的，碾磨 300 kg 需 7～10 min。

(3) 抽气装置对消毒器进行抽气，消毒器内压强为 300 Pa，接近真空。抽气＋气体净化流程包括抽气及气体净化过程。抽气设备共有三个泵：两个液体环绕式真空泵和一个电动水泵。此真空组套具有制冷功能，主要保证抽气机组能够正常工作的需要，额定功率 20 kW。

(4) 来自导热油的热量可使消毒器内温度升至 180～200℃。经过加热使医疗废物完全脱水。通过一定时间(欧美一些国家灭菌 20 min)的灭菌，特别是对医疗废物的粉碎，使之更大程度穿透废物进行灭菌，保证灭菌效果。

消毒结束后，消毒器抽气阀门自动关闭，卸料仓门开启，卸料至传送带，收集后可送填埋场填埋。

2) 高温干热处理最佳工艺参数

医疗废物干热处理过程要求在杀菌室内处理温度不小于 180℃、压力不高于 1 000 Pa(表压)的条件下进行，相应处理时间不应少于 20 min。

3) 医疗废物高温干热处理最佳可行技术流程

医疗废物高温干热处理最佳可行技术流程如图 5-17 所示。

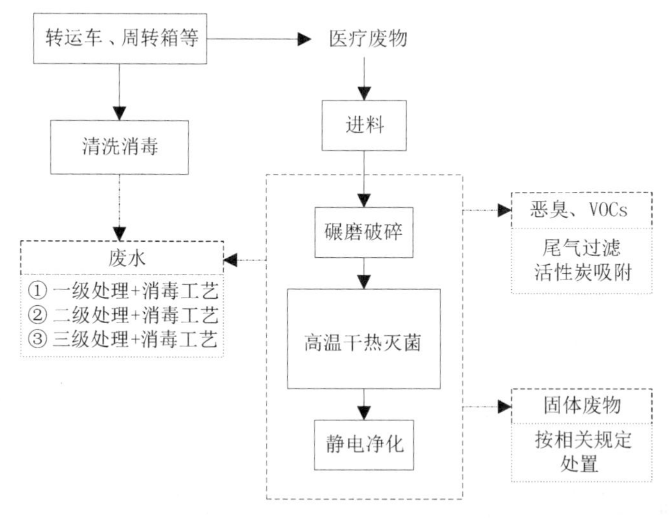

图 5-17 医疗废物高温干热处理最佳可行技术流程

5.5.3 医疗废物非焚烧处理技术优化措施

针对医疗废物而言，可采用高温蒸汽处理技术、干化学消毒处理技术、环氧乙烷消毒处理技术、微波消毒处理技术、高温干热等技术。但非焚烧处理技术一般只能处理《医疗废物分类目录》和《国家危险废物名录》中的感染性废物、损伤性废物以及病理切片后废弃的人体组织、病理蜡块等不可辨识的病理性废物，不适用于处理药物性废物、化学性废物。对于最终处理后的医疗废物还要达到相应的标准要求，并还需较大容量的填埋场来容纳处理后的废物。结合国外发达国家医疗废物管理实践，并结合中国国情，针对医疗废物非焚烧处理技术的应用提出如下措施。

1）进一步健全医疗废物非焚烧处理技术应用的管理体系建设

目前，尽管颁布了医疗废物化学消毒、微波和高温蒸汽三项非焚烧处理技术工程建设技术规范，但是缺乏相应的支撑体系来推动非焚烧处理技术的广泛应用。因此，应根据需要建立和完善医疗废物非焚烧处理技术的技术验证评价体系、处理效果监测体系、监督管理体系以及技术培训体系，推进该领域全过程管理体系的建立。

2）进一步加强非焚烧处理技术研发工作，推进非焚烧处理技术国产化

加强国际交流与合作，了解和学习欧美等发达国家和地区非焚烧处理技术的管理模式、处理设施建设状况和先进的管理及设施建设经验，为非焚烧处理技术在中国的研发及应用提供借鉴。在充分吸收和借鉴国外发达国家在非焚烧处理技术、设备及先进运行管理经验的基础上，进一步结合我国资源及技术现状，推进非焚烧处理技术和设备的研发和推广，实现非焚烧处理设备国产化和本土化。

3）积极推进医疗废物分类收集与医疗废物非焚烧处理过程的有效衔接

医疗废物非焚烧处理技术的应用所存在的最大问题是其适用范围，因此，非焚烧处理技术的应用必须建立在一个有效的废物分类的基础上进行，而目前的医疗机构的医疗废物分类和管理系统从医疗废物的分类，到医疗废物的收集、交接、院内转运与暂存，及与医疗废物集中处理中心的交接等环节是一个复杂的系统工程，需要有严格的管理制度、

专人从事该项工作。但是现有的医疗机构由于人员或经费的缺乏，没有配备专人从事医疗废物的收集、转运和暂存，使医疗废物管理环节中出现漏洞，尤其对非焚烧处理技术，其对废物的分类比较严格，只有这样才能消除医疗废物的环境风险，这是非焚烧处理技术应用的一个必须解决的问题。

4）加大力度研究和推进医疗废物处理效果检测以及主要污染物的监测和监督管理工作

在医疗废物处理效果检测方法方面，目前国内还没有专门针对医疗废物非焚烧处理技术应用所涉及的检测方法相对应的标准和方法，应继续研究和制定相应的标准和方法推进该工作的开展。另一方面，医疗废物非焚烧处理过程中还会产生恶臭和 VOCs 等二次污染，而针对这些污染物，国家也缺乏相应的标准和切实可行的检测方法，因此，无法确保对这些污染物进行有效的监督和管理，成为对人体健康和环境危害的另一来源。监督管理是非焚烧处理技术应用的前提和基础，应进一步加强监督管理能力，确保该类技术应用的环境安全角度出发，全面提高执法水平，确保非焚烧处理设施规范化运行和管理。

5）积极推进医疗废物的协同处置，促进非焚烧技术和焚烧技术优势互补

焚烧技术和非焚烧技术都具有一定的适用范围，而又具有各自所不容替代的优点。就焚烧技术而言，其最大的特点的适用范围广，对各类医疗废物都具有适用性，但是其处理设施建设成本和处理成本高，而且还会产生二噁英和重金属等污染物。就非焚烧处理技术而言，其处理设施建设成本和运行成本都要低得多，而且不产生二噁英和重金属等污染物，较为清洁，无国际公约要求。因此，可以在同一处置点建设两套处置设施、一套焚烧设施和一套非焚烧处理设施，实现两者的优势互补。这一点对于处置能力不足的焚烧处置设施技术改造尤其具有现实意义。另外，也可在城市与城市之间推进技术优势互补管理，推进城市之间的医疗废物管理和处置工作的协调发展，建立市际间的协作，推进省级危险废物处理中心的作用，进而推进

医疗废物的协同处置。

6) 进一步加强人员的培训体系建设，提高相关管理人员的管理水平

就医疗废物非焚烧处理技术而言，因其所涉及的种类较多、工艺差别很大，应全面推进医疗废物非焚烧处理技术领域的培训工作，从培训体系、培训教材和培训要求出发，分别针对设施运行管理人员、操作人员以及环境监督管理人员进行相关管理和技术培训，以便为提高非焚烧处理技术管理和设施运行水平提供技术支持。

7) 加大力度推进医疗废物非焚烧处理技术在偏远地区的应用，解决我国偏远地区医疗废物管理问题

根据《全国危险废物和医疗废物处置设施建设规划》，其规划范围基本未包含郊县等偏远地区。因此，可以推进在郊县地区采用非分焚烧处置技术，以促进我国偏远地区的医疗废物管理和处置工作。这一点对于我国中西部的医疗废物管理和处置工作也具有借鉴意义。

5.6　医疗废物非焚烧处理技术管理实践案例

5.6.1　医疗废物高温蒸汽处理技术

5.6.1.1　案例单位概况

河北某公司，依托国外先进的“高温蒸汽灭菌工艺”和自主研发的“物联网管控系统”，借助两个走下去的创新管理模式，建立覆盖城乡全域的医疗废物收运、处置管理体系，整个流程全程监管、不留死角、可追根溯源。

目前，该公司建有两条日处理能力为 10 t 的高温蒸汽灭菌生产线，医疗废物转运车 10 辆，拥有一支专业的医疗废物收集、转运、处置团队，负责廊坊全域医疗机构的医疗废物收运和环保处置工作，日处理

量 9～12 t。

该公司定员 45 人，其中管理人员 8 人，技术人员 3 名，操作人员 34 人，有 3 名环境工程专业和相关专业中级以上职称，并具有 3 年以上固体废物污染治理经历。

高温蒸汽处理技术案例研究现场如图 5－18 所示。

卸料区

冷库贮存间

上料过程

破碎区

破碎后的医疗废物装载外运

清洗区

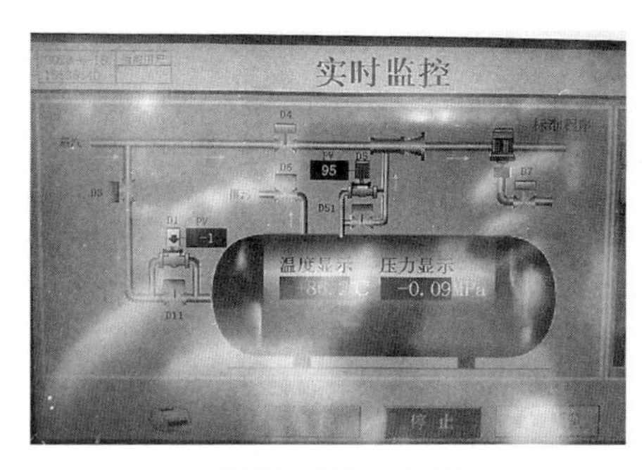

高温蒸汽灭菌实时监控

废水处理系统

图 5－18　高温蒸汽处理技术案例研究现场设备情况

5.6.1.2　处理设备

1）主体设备

主要设备由高温蒸汽处理锅、燃气蒸汽锅炉、破碎机、周转箱自动清洗线、灭菌小车、循环水池冷却塔、冷凝器等组成。设备规格型号、主要技术参数见表 5－4。

表 5－4　主体设备技术参数

名　称	规 格 型 号	设计能力/(t/年)	数量	技 术 参 数
高温蒸汽处理锅	MWC－1000×6	3 650	1	工作温度 120～140℃；工作压力 0～220 kPa；蒸汽温度 160～170℃；蒸汽压力 0.4～0.8 MPa；消毒时间 30～45 min；微生物灭活率 99.999 9%
燃气蒸汽锅炉	WNS2－1.25－Y(Q)	—	1	蒸汽量 2 t/h；额定工作压力 1.25 MPa；额定蒸汽温度 193℃
破碎机	GS－330X900	8 760	1	主机功率 30 kW
周转箱自动清洗线	GX1000－8.5B	—	1	
灭菌小车	—	—	18	容积 1 m^3
循环水池冷却塔	DBNL－50T	—	1	
冷凝器	LNQ670	—	1	

2）二次污染控制设备

二次污染控制设备主要包括 MBR 污水处理装置、离心风机、活性炭吸附器等，主要技术参数见表 5-5。

表 5-5　二次污染控制设备技术参数

名　称	规格型号	设计能力/(t/年)	数量	技术参数
MBR 污水处理装置	HJ/M-0.5	3 300	1	处置能力 0.5 t/h；单片膜面积 0.8 m^2
离心风机	4-72 6C	—	1	流量 16 187 m^3/h；转速 2 240 r/min
活性炭吸附器	QL-HXT	—	1	

5.6.1.3　运行管理

蒸汽处理过程中对医疗废物进行搅拌，搅拌强度实现医疗废物外包装袋的有效破损；蒸汽处理过程应在消毒温度≥134℃、压力≥0.22 MPa(表压)的条件下进行，相应消毒时间≥45 min；高温蒸汽处理后根据工艺状况对物料进行泄压、冷却处理，有效降低出料温度。在这样的工艺参数控制下，能够保证医疗废物的消毒处理效果。

消毒效果方面，采用嗜热性脂肪杆菌芽孢(*Bacillus ATCC 7953*)作为生物指示剂，确保其杀灭对数值≥4.00，总体必须满足《消毒与灭菌效果的评价方法与标准》(GB 15981—1995)与《医院卫生消毒标准》(GB 15982—2012)的要求，消毒效果通过 B-D 实验、检测试剂、检测卡进行验证，频次为每天一批次，第三方自行监测为每年一次。

污染防治设施配置及处理管理方面，适时检测、监督 TVOC、恶臭、颗粒物等废气污染物处理效果，检测、监督废水处理及噪声排放要求，出现问题及时解决。设施监测计划为外检为每年一次、内检为每3年一次；安全阀每年一次；压力表每半年一次，须经当地特种设备检测机构进行检测。灭菌锅出现故障时，应立即关闭电、蒸汽开关，打开安全阀及排气阀，及时报告相关负责人，待灭菌锅修复正常后，必须经过真空度与灭菌度测试后才能重新启用，而灭菌未完成的医疗废物须重新进行高温灭菌处理。

高温蒸汽处理设施运行过程管理方面的要求有：① 进入消毒仓的蒸汽压宜在 0.3～0.6 MPa 范围内；② 蒸汽应为饱和蒸汽，其所含的非可凝性气体不应超过 5%(体积分数)；③ 蒸汽供应量应能满足处理工程满负荷运行的需要；④ 年供蒸汽天数不宜低于 350 d，且连续中断供应时间不宜超过 48 h；⑤ 蒸汽由自备锅炉提供的，锅炉的设计、制作、安装、调试、使用及检验应符合相关标准要求。蒸汽供应系统设置压力调节装置，减少蒸汽压力扰动对高温蒸汽处理设备的影响。

5.6.1.4　管理实践经验借鉴

高温蒸汽处理技术操作简单，但处理周期相对较长，间歇工作，投资及运行费用均较低。

本项目医疗废物处置过程主要包括收运、卸料、临时贮存，车辆、周转箱清洗消毒，高温蒸汽灭菌、破碎、检验等工序。

1) 收运

本项目共有 10 辆医疗废物转运车，转运车采用全封闭冷藏微负压设计。箱体内设有紫外线消毒和自动喷淋装置可定时对转运的医疗废物进行消毒。

为确保医疗废物转运全过程监管，10 辆转运车全部加装北斗定位与视频监控系统，实时数据直接传至河北省交通运输厅管理平台。通过车辆动态监控系统可随时掌握车辆运行状态确保驾驶员不超速不疲劳驾驶。每辆车分别配一名司机和押运员，司机和押运员必须持有危险品运输从业资格证方能上岗作业。

通过随车电子秤去固定的医疗点进行收运，收运时医疗机构已将医疗废物进行分类打包并装入专用周转箱内，交接双方确认医疗废物的类别、重量、预留周转箱的数量并按规定分别填写五联单和二联单。

2) 卸料

医疗废物由运输车运送至厂区卸料区，将医疗废物卸入灭菌车内，暂未处理的医疗废物盛放周转箱暂放于冷库内，待前一批医疗废物处理完毕后，由冷库运至灭菌小车处，卸入灭菌车进行下一批医疗废物的处置。

3）车辆周转箱清洗消毒

医疗废物转运车及周转箱完成卸料后，均进行清洗和消毒，方可出厂使用。

4）上料

医疗废物由工作人员倒入灭菌车内，高温蒸汽处理锅仓口至仓内配备灭菌车行驶轨道，医疗废物倒入灭菌车后由仓口推入仓内，关闭处理锅仓口，等待灭菌处理。

5）高温蒸汽灭菌

（1）预真空。将灭菌车由推入仓内并关闭仓门后，通过蒸汽引射器将高温蒸汽处理锅内的压力抽至－0.09 MPa，抽出的空气与锅炉来的高温蒸汽混合灭菌后排入冷凝器内快速冷凝。冷凝后的废气经过滤器和活性炭过滤后排放，蒸汽冷凝后形成的冷凝废水排入厂内污水处理站。

（2）高温蒸汽灭菌。预真空后开启进气阀，蒸汽进入灭菌仓对医疗废物进行加热，使灭菌仓内的温度升至134℃，压力升至0.22 MPa，当灭菌仓温度达到设定值后转入灭菌阶段，在此阶段灭菌仓内进气阀受仓内压力和温度共同控制下，确保仓内温度保持在134℃，压力保持在0.22 MPa，灭菌仓内的医疗废物进行高温蒸汽杀菌处理，灭菌时间持续45 min。

（3）后真空。高温蒸汽处理过程完毕后，对仓内进行后真空处理，抽出灭菌仓的水蒸气，对医疗废物进行干燥并降低医疗废物的温度，减轻医疗废物的异味。冷凝后的废气经高效过滤器＋活性炭过滤后排放，蒸汽冷凝后形成的冷凝水排放至厂区污水处理站进行处理。

6）出料、检测

打开处理仓门，将灭菌车沿轨道推出灭菌仓，对灭菌医疗废物进行灭菌效果检测，检验达标后进入破碎工序，不合格的物料返回高温蒸汽处理锅再次进行灭菌处理。

7）破碎

破碎单元由提升机、破碎机和螺旋输送机组成。破碎机在医疗废物灭菌处理后,将废物中的棉花、纱布、塑料或玻璃瓶、针头、手术刀等进行破碎切割形成小于 50 mm×50 mm 的颗粒。破碎后的物料随出料口进入螺旋输送机,送到输送车。

8) 转运

由于本项目距离垃圾填埋场较近,故不考虑设置压缩单元。破碎的医疗废物直接运送至破碎后的废弃物转运至中电环保发电有限公司进行焚烧发电。

9) 废水处理

本工程废水为医疗废物高温蒸汽处理产生的废水包括工艺废水和生活污水。经高温水消毒后的工艺废水、生活污水及部分雨水经格栅滤网去除大部分漂浮物及大颗粒杂物后,自流进入综合污水调节池中。在此进行均质均量,废水中 COD 与 BOD 相对较低,易于生化处理。经均质均量后的废水由潜污泵提升进入 A 剂池,经均质均量后的废水由潜污泵提升进入 A 剂和 O 剂生物接触氧化池中进行微生物处理。

废水生化处理主要包含水解酸化池、生化池、MBR 池、污泥池等组成。水解酸化池中,设置微曝气搅拌,使水体在厌氧及兼氧的状态下,控制 DO 在 0.3～0.5 mg/L。水中的部分大分子有机物分解成小分子有机物。经此处理后的混合水体进入接触氧化池。接触氧化池是一种以生物膜法为主,兼有活性污泥法的生物处理装置。通过曝气鼓风机提供氧源,溶解氧控制,DO 在 2.5～3 mg/L。在该装置中的有机物被微生物所吸附、降解,使水质得到净化。好氧池采用聚乙烯组合型填料。该填料比表面积大,不易使生物膜结成球团,本身又具有气泡细,氧利用率高,布气均匀的特点。

氧化处理后的混合液流入 MBR 池。MBR 池采用活性污泥法进一步降解水体中的有机分子,使水体中的污染物在活性污泥的作用下得到再次的分解,然后通过 MBR 膜使水体得到最终的净化。

MBR 池出水进入清水消毒池,在此投加消毒杀菌药液,进一步去除水体中的病菌类,中水出水水质达到城市杂用水水质标准。

危废物产生情况：废水生化处理主要包含水解酸化池、生化池、MBR池、污泥池等组成。在生化处理过程中，产生剩余污泥。

5.6.2 医疗废物微波处理技术

5.6.2.1 案例单位概况

技术案例选择在江西某公司，主要处理感染性和损伤性医疗废物，处理规模5 t/d。公司定员16人，其中管理人员2人、技术人员5人，一般人员6人。技术人员中环境科学专业人员3人，化工专业1人，工程管理专业1人。

微波处理技术案例研究现场如图5-19所示。

卸料区

冷库贮存间

上料过程

破碎区

破碎后的医疗废物装载外运

清洗区

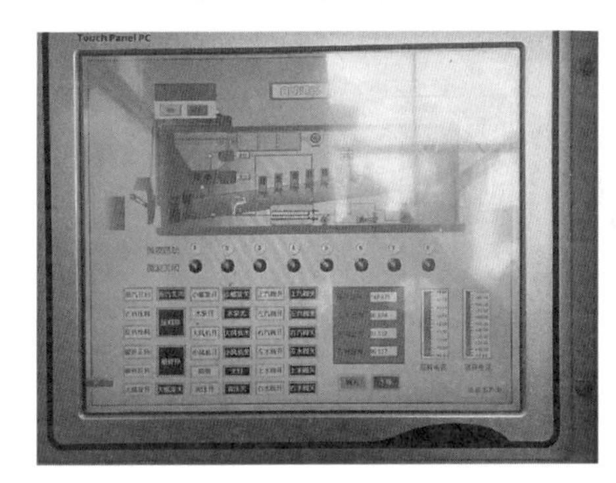

高温蒸汽灭菌实时监控

废水处理系统

图 5 - 19　微波处理技术案例研究现场设备情况

5.6.2.2　处理设备

1）主体设备

主体设备为医疗废物微波消毒设备，可实现自动运行，包括上料系统、破碎系统、微波消毒系统、出料系统、蒸汽供给系统、废气处理系统和自动控制系统。

主要设备参数如下：规格型号：MDU - 5B；设计能力：5 t/d；数量：1 台。

微波消毒设备技术参数如下：

尺寸：7 615 mm×2 840 mm×3 551 mm；医疗废弃物处理量/能力：5 t/d；功率：115 kW；消毒温度：95～100℃；微波总功率：12 kW；杀菌对数值(ATCC9372 生物指示剂)：≥4。

2）二次污染控制设备

(1) 污水处理设备。

设备名称：GA－MBR 一体化反应器。

规格型号：定制。

设计能力：处理污水 1 t/h。

数量：1 套。

(2) 废气处理设备。

① 设备名称：方形旋流塔预处理设备。

规格型号：AH－XL－10000。

设计能力：处理风量 10 000 m^3/h。

技术参数：尺寸：1 350 mm×1 100 mm×3 300 mm；功率 3.7 kW；循环水量：0.5 t；吸收液：3‰小苏打溶液。

② 设备名称：UV 光氧催化净化设备。

规格型号：AH－UV－10000。

设计能力：处理风量 10 000 m^3/h。

技术参数：尺寸：1 400 mm×1 100 mm×1 250 mm；功率：3.6 kW；UV 波段：DUV。

5.6.2.3　运行管理

在微波消毒处理设施运行过程，及时检查医疗废物接收情况、检查医疗废物卸载情况、检查医疗废物贮存情况、检查医疗废物清洗消毒情况，确保进料单元、破碎单元、出料单元、处置过程、废气处理单元、废水/废液处理单元、固体废物处理处置单元、过程控制单元稳定运行。

微波消毒处理过程运行的工艺参数：采用微波消毒处理工艺时，微波频率应采用(915±25)MHz 或(2 450±50)MHz。消毒温度应≥95℃，消毒时间≥45 min；采用微波与高温蒸汽组合消毒处理工艺时，微波频率应采用(2 450±50)MHz，压力≥0.33 MPa，温度≥135℃时，消毒时间≥5 min。微波处理设备周围设置屏蔽阻挡微波扩散，并应设置具有自动报警功能的即时监测装置，防止微波泄漏对操作人员造成人身伤害。

消毒效果方面，采用枯草杆菌黑色变种芽孢作为生物指示剂，确保其杀灭对数值≥4.00，总体要求必须满足《消毒与灭菌效果的评价与标准》(GB 15981—1995)与《医院卫生消毒标准》(GB 15982—2012)的要求。监测频率为 2 次/年。

污染防治设施配置及处理管理方面，微波消毒系统废气主要成分为恶臭气体（臭气浓度、氨、硫化氢）和挥发性有机气体(VOCs)。进料口设置有密闭集尘罩，使得破碎在密闭环境下进行，同时使微波消毒系统内部形成微负压状态，防止恶臭气体逸出。设备进料时开启风机，经风机将破碎及微波消毒的恶臭废气抽出，抽出的废气经二级过滤膜过滤和活性炭吸附净化后引至 25 m 高排气筒排放。废水由一体化生物膜反应器(MBR 系统)+消毒处理达标后部分回用于生产，其余(约 2.95 m^3/d)外排。

5.6.2.4　管理实践经验借鉴

医疗废物微波消毒处理技术设备投资最小，自动化程度高，劳动强度小，运行操作简单，处理周期短、高效，微波作用较为节能。

1) 污染区的管理

医疗废物暂存区、上料区为污染区。为降低职业感染的危险，该单位制定了切实可行的组织管理及防护管理措施相结合的综合治理方案。每年对工作人员定期体检，进行预防接种，提高工作人员的机体免疫力和抗病能力。

要求工作人员每日采用含氯消毒液使用高压水枪冲洗，保证适宜的温湿度。启用车间的负压装置保证工作区域通风换气。保证新风首先通过人员工作场所。使用含氯消毒剂浸泡器械时，做到盖好盖子，防止消毒剂挥发刺激性气体的挥发。

2) 电磁辐射防护的管理

微波消毒车间设有微波泄漏在线检测系统，一超过设定值将停机报警，微波消毒设备的夹心彩钢板制作的仓体为辐射管制区，设备运行期间不可打开仓门，或进入设备仓体内部。定期做电磁辐射的检测，确保电磁辐射的功率密度满足国家电磁辐射相关防护法规的要求。

要求工作人员每天用75%酒精擦拭消毒操作台。启用车间的负压装置保证工作区域通风换气。启用空调系统保持车间温湿度。

5.6.3　医疗废物干化学消毒处理技术

5.6.3.1　案例单位概况

山东某医疗废物处置中心，处理规模：17 320 t/年，设计能力20 t/d，装置数量2套。医疗废物来自潍坊市的感染性废物、损伤性废物及部分病理性废物。公司全员43人，其中专业技术人员5人。

干化学消毒处理技术案例研究现场如图5-20所示。

卸料区

暂存区

破碎系统

处理后的残渣多级自动输送装置

破碎后的医疗废物装载外运

清洗区

废气处理设施过程控制系统

废水处理系统

图 5－20　干化学消毒处理技术案例研究现场设备情况

5.6.3.2　处理设备

固定式处置设备拥有医疗废物贮存系统、进料系统、破碎消毒系统、出料系统、残渣收集系统、清洗系统、污水处理系统等。对医疗废物进行无害化处理，工艺指标完全符合《医疗废物化学消毒集中处理工程技术规范》要求，整个处理过程中不产生废水和废气。

1) 关键参数

(1) 型号：UEGDC－1000(固定式)；UEYDC－600(移动式)。

(2) 处理量：800～1 000 kg/h；400～600 kg/h。

(3) 电源：动力系统 AC380 V/50 Hz，控制系统 AC220 V/50 Hz。

(4) 装机功率：150 kW；120 kW。

(5) 外形尺寸：15 m×8 m×4 m；8 m×2.3 m×2.4 m。

(6) 重量：22 t；16.5 t。

2) 废气治理措施

废气处理采用集气罩收集＋高效空气过滤器(附设活性炭、二级过滤膜)＋18 m 高排气筒工艺处理碱性化学消毒废气。

废气经高效空气过滤器(HEPA 系统)和一级过滤膜过滤净化(过滤尺寸≤0.2 μm,耐温不低于 140℃,过滤效率 99.999%以上),99.999%的含菌颗粒物被两级过滤装置吸附,过滤膜上敷设活性炭,通过活性炭吸附恶臭物质,最后经 18 m 高排气筒排放。废气排放可满足《医疗废物化学消毒集中处理工程技术规范》(HJ/T 228—2006)要求,经一、二级过滤膜过滤,医疗废物破碎消毒过程中产生的废气得到净化,经二级过滤网后,NH_3、H_2S 颗粒物的去除效率可达 99.999%,能够满足相关污染物排放标准的要求。

过滤膜技术参数如下:

(1) 一级过滤膜。590 mm×284 mm×20 mm,>5 μm,初效板式过滤器过滤等级为 G4 级,纸板式选用高强度防水纸框,过滤棉采用优质活性炭过滤棉,板式过滤器单面衬镀锌金属网,过滤器外形尺寸偏差≤2 mm。

(2) 高效过滤器。12 英寸×24 英寸×12 英寸(1 英寸＝25.4 mm),>0.3 μm,高效过滤器等级为 99.999 级,过滤材质采用超细抗水玻璃纤维滤纸,高效过滤器外框采用镀锌钢板材质,隔板为铝隔板,过滤器密封胶采用聚氨酯密封胶,过滤器外形尺寸偏差≤1 mm。

3) 废水治理措施

污水处理站的废水处理采用"格栅＋调节＋水解酸化＋接触氧化＋超滤系统"处理工艺。

污水经生化处理后,除部分细菌随污泥沉淀下来外,大部分大肠杆菌、粪便链球菌等致病菌仍然存在污水中,必须进行消毒处理。进一步采用二氧化氯法进行消毒。消毒池采用平流式隔板接触反应装置,以提高接触时间,取得较好的消毒效果。

5.6.3.3 运行管理

医疗废物运输车辆及周转箱/桶的清洗消毒均采用喷洒消毒方式,采用有效氯浓度为 1 000 mg/L 含氯消毒液,静置作用时间>30 min。医疗废物转运车、周转箱每运转一次都要进行消毒、清洗。卸料设施、操作场所、贮存间地面及 2 m 高墙面均要定期消毒，亦采用浓度为 1 000 mg/L 的二氧化氯消毒溶液。

干化学消毒过程如下：一级破碎单元内配置有低速、高扭矩的破碎装置，每分钟转速为 20 转，反应环境为微负压环境。破碎性能良好，对软的物料(如输液管、塑料袋、棉签和纱布等)和硬的物料(如手术刀、针头等)均有很好的适应性。破碎后的尺寸在 8 cm 以下，然后进入二级破碎系统。二级破碎系统为高转速低扭矩粉碎，每分钟转速为 400 转左右，反应环境为微负压环境。处理后排出的残渣通常是 3～5 cm 长，处理后的医疗废物最终体积将减少 75%左右，而且无法辨认。在整个处理过程中 pH 值被连续监测，确保处理后的医疗废物在离开出口时，pH 值确保在 11.0～12.5 之间，pH 值监控头连接在出料输送器终端，并与内建电脑连接。

污染防治设施配置及处理管理方面，采用枯草杆菌黑色变种芽孢作为生物指示剂，确保其杀灭对数值≥4.00，达到消毒效果要求；适时检测、监督 TVOC、恶臭、颗粒物等废气污染物处理效果，检测、监督废水处理及噪声排放要求，出现问题及时解决。

干化学消毒处理过程的工艺参数要求：① 干化学消毒剂投加量应大于 0.075～0.12 kg 干化学消毒剂/kg 医疗废物，喷水比例为 0.006～0.013 kg/kg 医疗废物，确保消毒温度≥90℃以上，反应控制的强碱性环境 pH 值在 11.0～12.5 范围内；② 干化学消毒剂与破碎后的医疗废物总计接触反应时间>120 min；③ 朊病毒污染的医疗废物的消毒应适当增加消毒剂投加量，并适当延长消毒时间。

干化学消毒处理设施运行过程管理方面，干化学消毒剂必须保障消毒效果要求，确保在消毒过程中实现感染性病菌杀灭或失活；干化学消毒剂的供给必须保证其有效浓度及投加量，不得采用超过有效期的化学消毒剂；干化学消毒剂中氧化钙的含量应为 90%以上，氧化钙粒径宜为 200 目。

5.6.3.4　管理实践经验借鉴

干化学消毒处理技术作业时间短、节能、运行费低、主设备自动化程度高、劳动定员少。

对化学消毒法而言，关键是必须采用高效的化学消毒剂，并要确保所选药剂的浓度以及进行检测的细菌、病毒、真菌含量保持正常水平，以达到要求的消毒效果。化学消毒法适用于处理《医疗废物分类名录》(卫生部和国家环保总局发布〔2003〕第287号)中的感染性废物、损伤性废物和病理性废物，不适用于处理药物性和化学性医疗废物，不宜处理病理性废物中的人体器官和传染性的动物尸体等。一定要保证处理后的医疗废物不具有危险废物特性，即pH值应小于12.5，否则将成为危险废物。因此，应严格控制好工艺过程，严格做好处理效果检测工作，确保处置后产生的残渣在安全无风险的情况下同生活垃圾共同处置。对于该技术而言，除了上述问题需要注意外，重中之重的问题是如何确保医疗废物化学消毒处理后的实际效果。另外，化学消毒处理技术应用过程中也会产生恶臭、TVOC和粉尘等大气污染物。

5.6.4 医疗废物环氧乙烷消毒处理技术

5.6.4.1 案例单位概况

杭州某公司，处理规模为40 000 t/年。医疗废物来自区域内感染性废物、损伤性废物及部分病理性废物。公司配置收集人员100人、处置人员60人、后勤保障人员20人、管理和客服人员20人。其中专业技术人员20人。

环氧乙烷处理技术案例如图5-21所示。

卸料区

暂存区

消毒后传送带送至破碎工艺

破碎区

破碎后的医疗废物装载外运

清洗区

废气处理设施

废水处理系统

图 5-21　环氧乙烷消毒处理技术案例设备情况

5.6.4.2　处理设备

1) 主体设备

主要设备由环氧乙烷消毒柜、往复提升机、自动进料系统、双联破碎机、无轴螺旋输送机、双通道自动清洗机、制氮机组等部分组成。设备规格型号、主要技术参数见表5-6。

表5-6 主体设备技术参数

编号	设备名称	规格型号	设计能力	数量	技术参数
1	环氧乙烷消毒柜	42 m^3	20 t/d	8	压力：−80～+30 kPa 温度：20～80℃ 湿度：20%～100%RH EO浓度：300～1 100 mg/L
2	往复提升机		1 200 箱/h	4	功率：4 kW 提升速率：1 200 箱/h
3	自动进料系统		1 200 箱/h	4	
4	双联破碎机	DDWK-1	5～20 t/h	4	功率：75 kW×2 系统压力：16～20 MPa 转速：16～25 r/min 刀组：25组+30组
5	无轴螺旋输送机	650 mm	10～20 t/h	8	功率：4 kW 输送能力：10～20 t/h
6	双通道自动清洗机		1 200 箱/h	2	功率：37 kW 功能：清洗、漂洗、消毒、吹干
7	制氮机组		500 m^3/h	1	功率：200 kW 氮气产量：500 m^3/h 氮气纯度：99%

2）二次污染控制设备

二次污染控制设备主要包括废气酸洗喷淋处理系统、污水MBR膜生化消毒处理系统，主要技术参数见表5-7。

表5-7 二次污染控制设备技术参数

编号	设备名称	设计能力	数量	技术参数
1	废气酸洗喷淋处理系统	8 000 m^3/h	1	排气筒高度：8 m 系统功率：10 kW
2	污水MBR膜生化消毒处理系统	50 t/d	1	处理工艺：混凝沉淀+生化+MBR膜+二氧化氯消毒

5.6.4.3 运行管理

为验证环氧乙烷消毒处理医疗废物的效果,该公司委托权威机构进行了环境技术验证评价。根据技术特点、评价目标,测试参数分为环境效果参数、运行工艺参数和维护管理参数。具体测试参数见表5-8。

表5-8 测试参数

参数类别	测试对象		具体参数
环境效果参数	消毒效果(生物检测)		枯草杆菌黑色变种芽孢杀灭对数值
	污染物排放	大气污染物	环氧乙烷、VOCs、Hg、颗粒物、恶臭;工作区域空气细菌总数
		水污染物	pH、COD_{Cr}、BOD_5、SS、Hg、总余氯、氨氮、挥发酚、粪大肠菌群数
		固体废物	医疗废物处理后固废废物排放量
	噪声		连续等效A声级
工艺运行参数	处理系统		环氧乙烷浓度
			预真空度
			系统温度
			相对湿度
			消毒时间
	处理规模		处理能力
维护管理参数	能量消耗		水量、电量
	原材料消耗		环氧乙烷用量、氮气用量、二氧化氯用量、液酶用量

经统计,本次验证测试收集的样品数量及测定的有效数据数量参见下表,共收集462个样品数,共获得782个有效数据。样品的采集和测定均按照有关国家标准(GB)和环境保护标准(HJ)中规定的方法进行。验证测试样品数量及有效数据数量统计见表5-9。

表 5-9 验证测试样品数量及有效数据数量统计

测 试 对 象		样品数量/个	有效数据数量/个
消毒效果(生物检测)		408	408
大气污染物	废气排放口	21	189
	无组织排放	14	140
	空气细菌总数	12	12
水污染物		7	21
噪声		—	12
总 计		462	782

5.6.4.4 验证评价结果

该技术属于化学消毒处理技术,用于处理医疗废物中的感染性、病理性及损伤性废物。医疗废物以原形态包装进入环氧乙烷密封消毒柜,消毒工艺条件为:环氧乙烷有效浓度 893 mg/L、预真空度−80 kPa、系统温度(54±2)℃、相对湿度 50%±10%、消毒时间约 4 h。经环氧乙烷消毒后的医疗废物进行二级破碎,以无害化和不可复用的形式,运至指定的生活垃圾焚烧厂或卫生填埋场处置。经评价该技术可达到以下效果:

对枯草杆菌黑色变种芽孢杀灭对数值稳定达≥4.0。

该技术产生的废气经处理后,废气排放口环氧乙烷排放浓度低于《工作场所有害因素职业接触限值(化学因素)》(GBZ 2.1—2007)的相关要求;VOCs 浓度低于《医疗废物污染控制标准》中的相关标准限值要求,无组织排放 VOCs 浓度限值参考执行《大气污染物综合排放标准》(GB 16297—1996)中 VOCs 标准限值,低于标准限值要求;Hg、颗粒物低于《大气污染物综合排放标准》的相关标准限值要求;恶臭气体低于《恶臭污染物综合排放标准》(GB 14554—1993)的相关标准限值要求;工作区域细菌总数为 2.1~19.3 CFU/皿。

该技术系统工艺参数稳定达到:环氧乙烷有效浓度 893 mg/L、预真空度−80 kPa、系统温度(54±2)℃、相对湿度 50%±10%、消毒柜体内消毒时间约 4 h。

该技术处理 1 t 医疗废物，废水排放量为 0.18 t，产生 0.974 t 处理后的无害化医疗废物。

该技术处理单位重量医疗废物水消耗量为 0.18 t/t，耗电量为 40.24(kW·h)/t，环氧乙烷消耗量为 8.82 kg/t，氮气消耗量为 47.77 m^3/t，液酶消耗量为 0.5 L/t，二氧化氯消耗量为 0.13 kg/t。经核算，处理成本为 1 t 医疗废物 312.31 元。

本次验证评价工作的全过程严格按照《环境保护技术验证评价通则》《环境保护技术验证测试规范》和《验证评价方案》进行，各环节均有相应文件记录存档。

5.6.4.5　管理实践经验借鉴

1) 生产环境控制 5S 制度标准

为了给员工创造一个良好的工作环境，杭州大地维康医疗环保有限公司加强对生产作业环境的管理，提高生产的效率，防止安全事故的发生，制定生产现场 5S 标准。

(1) 各类工种人员的具体职责如下：

① 破碎管理人员。督促操作人员按照 5S 分类和定位标准，将医疗废物放置在指定区域，并叠放整齐稳固；督促操作人员按照 5S 清扫和制度化标准定期清扫主要生产现场和辅助生产现场；督促操作人员按照 5S 清扫和制度化标准对重点生产现场(破碎车间、破碎线)做到及时清扫和扫尾清扫工作；执行 5S 规范化标准，定期对操作人员执行情况进行检查纠正。

② 消毒控制人员。督促收集部卸货人员按照 5S 分类和定位标准，将医疗废物放置在指定区域内，并叠放整齐稳固；督促操作人员按照 5S 清扫和制度化标准定期清扫卸货堆放区、环氧乙烷消毒炉、消毒后暂存室；执行 5S 清扫和制度化标准定期清扫消毒控制室；执行 5S 规范化标准，定期对操作人员执行情况进行检查纠正。

③ 清洗管理人员。督促操作人员按照 5S 分类和定位标准，将不同类别包装容器整齐堆放于指定地点；督促操作人员按照 5S 清扫和制度化标准，对重点生产现场(清洗线、清洗车间等)做到及时清扫和扫尾清扫工作；

执行5S规范化标准,定期对操作人员执行情况进行检查纠正。

④ 操作人员。执行5S分类和定位标准,将物品(医疗废物或包装容器)放置在指定区域,并叠放整齐稳固;执行5S清扫和制度化标准定期清扫主要生产现场和辅助生产现场;执行5S清扫和制度化标准,对重点生产现场做到及时清扫和扫尾清扫工作。

(2) 生产现场环境5S标准包括分类、定位、清扫、制度化、标准化五个方面。

① 分类。将生产现场分为重点生产现场、主要生产现场和辅助生产现场。

② 定位。重点生产现场、主要生产现场、辅助生产现场都有明确的定位。

③ 清扫。重点生产现场、主要生产现场、辅助生产现场制定明确的清扫工作。

④ 制度化。

a. 重点生产现场。实行及时清扫和扫尾清扫两种方式。

b. 主要生产现场。实行定期清扫的方式。其中仓库每日清扫一次,杂物堆放间每班次清扫一次。过道和压缩车停放场地每班次清扫两次。

c. 辅助生产现场。实行定期清扫的方式。每日清扫一次。

⑤ 标准化。

a. 重点生产现场。重点生产现场的标准化采用三级核查方式:第一级由各部门责任管理人员(破碎管理人员、消毒控制人员、清洗管理人员)进行自查自纠。每班次不得少于2次,完成当班生产任务后必检。第二级由生产部主管负责人进行定期检查,每日一次。第三级由生产部经理进行不定期抽查。

b. 主要生产现场和辅助生产现场。主要生产现场和辅助生产现场的标准化采用两级核查方式。第一级由各部门责任管理人员(破碎管理人员、消毒控制人员、清洗管理人员)进行自查自纠。完成当班生产任务后检查一次;第二级由生产部经理进行不定期抽查。

2) 医疗废物处理处置技术管理实践建议

医疗废物集中处理处置企业无论采用哪种处置方式进行医疗废物的收集、处置工作,以下内容都需要重点关注:

(1) 医疗废物最为显著的特性是感染性,而且感染性废物占了医疗废物中相当大的比重。所以在各个环节上减少二次环节的感染至关重要。主要有以下几个环节:

① 医疗废物的包装须规范。良好的包装可以有效降低操作人员二次感染的可能性。在此次疫情期间就表现得尤为明显。

② 减少医疗废物中间倒运的环节。这个无论从医院内部收集体系、医疗废物集中处置企业处置过程来说,都是可以有效降低医疗废物二次感染的措施。

③ 减少在收集、处置过程中操作人员的直接接触。可以考虑利用现有的自动化技术进行适应性改造,减少人工接触,这样可以提高收集、处置过程的安全。

(2) 医疗废物分类可以进一步细化。因为医疗废物的非焚烧处置技术都有不同的适应类型,有时一个类别中的医疗废物也不一定是全适应。而且医疗废物集中处理处置企业一般没有进场分析这项,对于医疗废物的感染性风险防范的要求,也限制了企业对未处置过的医疗废物进行分析。所以,进一步细化医疗废物的分类,可以降低处置过程中因为类别的不适应而带来的风险,也方便医疗机构遵照执行。

(3) 利用现有的物联网信息技术,对医疗废物收集、处置全过程进行信息化管理。这样可以提高医疗废物产生、收集、处置企业的管理水平,也可以方便主管部门的监管,整体提高医疗废物管理水平。

5.6.5　医疗废物高温干热处理技术

5.6.5.1　案例单位概况

技术案例选择在辽宁某医疗废物处理中心,处理能力 5 t/d。医疗废物处理中心有员工 16 人。

高温干热处理技术案例研究现场如图 5 - 22 所示。

卸料区

存放间

上料过程

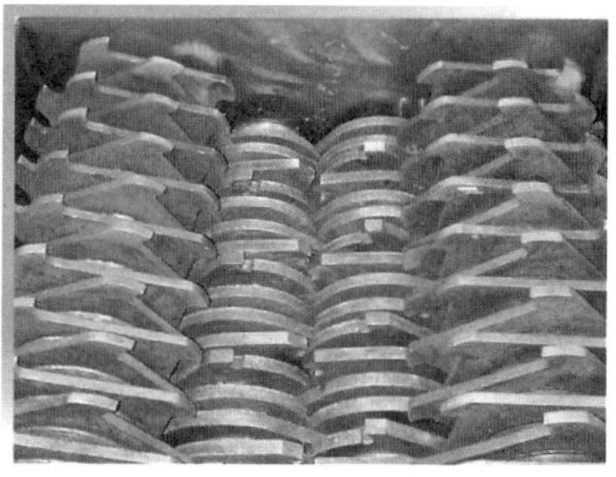

破碎设备

出料过程

清洗区

其他净化系统

消毒设备

图 5－22　高温干热处理技术案例研究现场设备情况

5.6.5.2　处理设备

主体设备情况如下。

设计能力：4～5 t/d。技术参数：消毒温度 170～200℃、消毒时间为 20 min、消毒罐内部压力稳定在 4 200～4 600 Pa、减容率达到 80%、减量率达到 30%。总体系统由抽气系统、气体净化系统和加热系统三部分组成。

抽气设备的功能是将医疗废物处理过程中产生的废气抽出输送至尾气净化系统中，抽气设备共有三个泵：两个液体环绕式真空泵，一个电动水泵。此真空组套具有制冷功能，主要保证抽气机组能够正常工作的需要，额定功率 20 kW。

气体净化系统作用包括三部分：

(1) 灭菌。由抽气设备抽出的气体先经过一个装有消毒液的过滤装置，在装置中对气体进行初步灭菌，之后气体进入静电净化器，在静电净化器中进行进一步灭菌，最后气体经过活性炭纤维过滤实现彻底灭菌。

(2) 吸附颗粒。由于静电净化器中持续释放高压静电，使灰尘和颗粒都带上正电荷随即被负电极板全部吸附。静电净化器收集到的灰尘与处理后的医疗废物共同作为生活垃圾填埋。

(3) 吸附化学气体。设备顶端设置高效滤网,能瞬间吸附化学异味及不同种类有害气体。

加热系统以柴油为燃料,以导热油为介质。功率：60 000 kcal/ h。配备容量为 100 L 的膨胀水箱(内为导热油)。锅炉废气经排气筒排放。

主要系统及主要单元如图 5 - 23 所示。

系统概貌

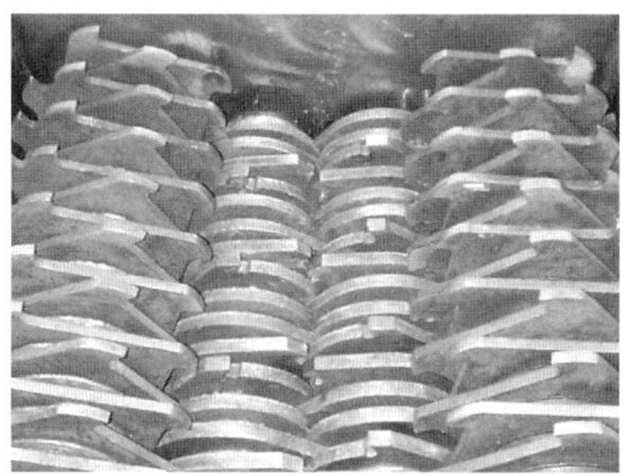

破碎系统

进料系统

出料系统

消毒系统

抽气＋气体净化系统

尾气净化设备

加热系统

图 5-23　高温干热处理主要系统及主要单元

5.6.5.3　案例单位运行管理

为验证高温高热处理设施的性能，该公司委托权威机构进行了环境技术验证评价。根据《环境保护技术验证测试规范》的要求，测试参数分三类：环境效果参数、运行工艺参数、维护管理参数。在本次评价中，根据高温干热处理技术的特点和评价目标选择合适的参数，测试参数情况见表 5-10。

表 5-10　测试参数情况

参数类别	对　　象	具体参数
环境效果参数	消毒效果	枯草杆菌黑色变种芽孢杀灭对数值
	大气污染物	臭气、VOCs、颗粒物、汞及其化合物(以 Hg 计)、氯化氢、氯气、检测尾气净化系统排放出口附近和车间敏感位置处理设备出料口处空气中的细菌总数
工艺运行参数	医疗废物高温干热处理系统	消毒时间
		消毒温度
		搅拌器转速
	处理规模	单位时间处理能力
维护管理参数	处理单位重量医疗废物的综合能耗(以标准煤计)	电耗
		柴油消耗量

验证测试过程中，采集的样品有大气样、消毒效果检测样，共计 158 个。以上样品的采集和测定均按照有关国家标准(GB)、环境保护标准(HJ)

和消毒技术规范中规定的方法进行。

经验证,得出如下结论:

(1) 枯草杆菌黑色变种芽孢杀灭对数值>5,达到枯草杆菌黑色变种芽孢杀灭对数值≥4 的消毒效果要求。

(2) 废气排放达到《大气污染物综合排放标准》及《恶臭污染物综合排放标准》中排放限值要求。大气污染物测试结果见表 5-11。

表 5-11 大气污染物测试结果

测试项目	测试结果	排放限值	单 位	达标率/%
VOCs	2.2~6.1	20	mg/m^3	100
臭气	<10(排气管道内采样)	10(厂界一级标准值)	无量纲	100
颗粒物	18~22	120	mg/m^3	100
汞及其化合物(以 Hg 计)	未检出	0.012	mg/m^3	100
氯化氢	<0.9	100	mg/m^3	100
氯气	<0.2	65	mg/m^3	100

注:按照固定污染源有组织排放采样分析,氯气检出限 0.2 mg/m^3,氯化氢检出限 0.9 mg/m^3。

(3) 处理对象为感染性医疗废物、损伤性医疗废物,一部分病理性医疗废物(不可辨识)。

(4) 设施运行参数正常,消毒温度稳定在 170~210℃,消毒时间为 20 min,搅拌速度为 21 r/min,消毒罐内部压力为 4 200~4 600 Pa。

(5) 系统的处理能力为 0.3 t/h。如按每天工作 18 h 计算,处理能力为 5.4 t/d;如按每天工作 24 h 计算,处理能力为 7.4 t/d。

(6) 系统耗电量为 27.31 kWh/t(医疗废物),消耗柴油量为 16.89 kg/t(医疗废物),综合能耗为 27.94 kg(标准煤)/t(医疗废物);消毒过程无水耗(不含清洗医疗废物转运箱用水)。

高温干热处理过程最终运行工艺参数确定为:1) 消毒器内压强为 300 Pa,接近真空;2) 消毒器内温度为 180~200℃,处理时间不应少于

20 min,机械搅拌装置以不低于 30 r/min 的速度进行搅拌;3) 干热处理设备运行时应防止人为干扰,避免医疗废物消毒处理未完毕前人为停止运转。

在高温干热处理设施运行过程,及时检查医疗废物接收情况、检查医疗废物贮存情况、检查医疗废物清洗消毒情况,确保进料单元、破碎单元、出料单元、处置过程、废气处理单元、废水/废液处理单元、固体废物处理处置单元、过程控制单元稳定运行。

5.6.5.4 管理实践经验借鉴

高温干热处理设备技术由进料破碎系统、灭菌系统、废气净化系统、加热系统及自控系统组成,属于一体机全封闭处理设备系统。在 200 Pa 预真空状态下工作,系统的消毒温度稳定在 170～200℃,消毒时间为 20 min,消毒罐内部压力稳定在 4 200～4 600 Pa,载菌体平均杀灭对数值>6.00。处置过程无须用水,产生的恶臭和 VOCs 量极少,减容率达到 80%,减量率达到 30%,设备消毒温度低于 220℃,不产生二噁英等 POPs 有害物质。医疗垃圾在翻动中灭菌,在进料破碎、灭菌到出料在同一系统内完成,无二次污染产生源、不产生二噁英、臭气浓度小、无废水、不产生酸性气体等废气、全自动控制、运行操作简单和效果稳定。

5.7 医疗废物非焚烧处理技术

5.7.1 医疗废物热熔消毒固化成型处理技术

5.7.1.1 技术概况

医疗废物热熔消毒固化成型处理技术是一种复合型医疗废物处理方法,将医疗废物先后通过化学消毒、热力消毒、物理固化三段式处理工序,医疗废物靠化学消毒剂和机械研磨自身产生的热量实现高温消毒后挤压成型,成型后固体可实现无害化处理。

技术主体工艺流程如图 5-24 所示。

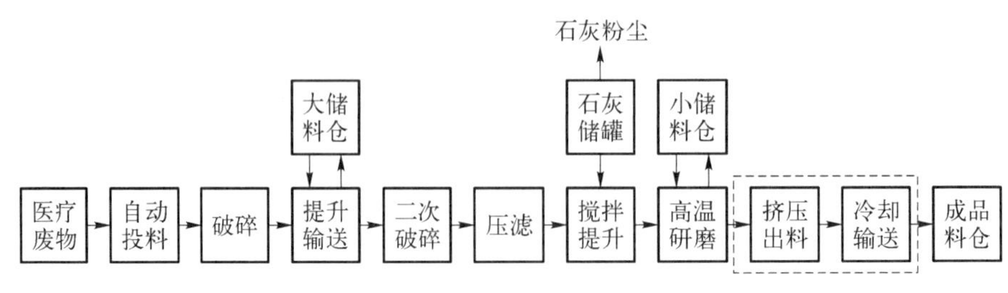

图 5-24 技术主体工艺流程图

1) 化学消毒

医疗废物经碾磨破碎后,先进行化学消毒工序,将石灰粉与医疗废物中水分混合,医疗废物在碱性环境下实现消毒、抑菌。经破碎的医疗废物与石灰粉在此工序实现充分接触,最终产物也维持碱性特性,避免细菌、病毒的再生。

2) 热力消毒

医疗废物受到机械研磨产生的内热可达 160～180℃,细胞内液体蒸发,细胞壁破裂,蛋白变性,从而达到杀菌目的。由于热量来自废物机械研磨,热量均匀且稳定。

3) 物理固化

当医疗废物达到 160～180℃时,会处于半熔融状态,这时高压铸模成型后可实现二次利用。成型后固体表面呈现相对致密光滑的状态,体积小、密度高。

5.7.1.2 技术创新分析

1) 创新点一:国际首创的复合式医疗废物处理技术

该技术集合了化学消毒技术、热力消毒技术、物理固化技术,是一种复合式医疗废物处理技术。各单一技术先后应用于处理过程的几个阶段,经技术相叠加后,提高了医疗废物的消毒效果,弥补了单一处理技术存在的缺陷,处理规模、处理时间、处理效果等诸多方面均有了很大的提升。

2) 创新点二:以内源热量代替外源供热的方式

该技术用医疗废物自摩擦产生的内源热量来代替外援供热的方式,使处理中的医疗废物可以保证在消毒容器内达到均匀高温,解决外源供热中存在的热传导中热力衰减的问题。同时由于消毒容器内温度相对均匀，可以相应的加大消毒容器的尺寸，提高医疗废物的单位处置量。由于是摩擦产生内源热量，所以该技术的整体能耗要明显小于使用外源热力的高温蒸汽消毒处理技术。

3）创新点三：处理后固态物质具有防腐性和较高的稳定性

通常情况下，医疗废物采用其他非焚烧法处置法消毒后，由于处理后的医疗废物会容易二次滋生细菌，因此不可长期保存，应立即送往生活垃圾处置厂做填埋或焚烧处置。而采用该技术处理过的医疗废物，彻底改变了原有形态，并且由于石灰粉碱性环境和高致密度的共同作用，使处理后形成的固态物质避免了细菌、病毒的二次滋生，同时污染物浸出率极低，便于长期贮存。经该技术处理后的固态物质具有较高热值，可作为生活垃圾焚烧厂和水泥厂的替代燃料，后续政策允许还可以开发为多种用途，如交通隔离墩、葡萄盘桩、工业底座、建筑材料等。

5.7.1.3　技术验证评价分析

1）测试场所

验证评价测试场地选择在杭州某公司进行，是杭州市集收集、运输、处置和应急防疫为一体的医疗废物集中处置中心建设运营单位，是全国最早开展医疗废物集中处置的单位。2016 年公司对原有工艺技术进行改造升级，新增了医疗废物热熔消毒固化成型处理技术作为备用辅助生产线。目前日处理能力为 100 t，年运行累计 60 d，年处理能力 6 000 t。

2）测试条件

测试前完成了对测试场所相关工艺调试，经验证评价机构和验证测试机构共同考察确认，技术工艺线及配套环保设施均正常运行，医疗废物及所需原辅材料均准备完毕，石灰粉除尘设备已清空，水电等能源计量仪器已记录底数，实验室已配备枯草杆菌黑色变种芽孢、嗜热脂肪杆菌芽孢、VOCs、Hg、颗粒物、恶臭、pH、COD_{Cr}、BOD_5、SS、总余氯、氨氮、挥发酚、粪大肠菌群数的检测条件。测试按照《环境保护技术验证测试规范通则》和《验证评价方案》如期进行。

3）测试参数

根据技术特点、评价目标，测试参数分为环境效果参数、运行工艺参数和维护管理参数。具体测试参数见表 5-12。

表 5-12 测试参数

参数类别	测试对象		具体参数
环境效果参数	消毒效果(生物检测)		枯草杆菌黑色变种芽孢杀灭对数值；嗜热脂肪杆菌芽孢杀灭对数值
	污染物排放	大气污染物	VOCs、Hg、颗粒物、恶臭；处理设备出料口处空气细菌总数
		水污染物	pH、COD_{Cr}、BOD_5、SS、Hg、总余氯、氨氮、挥发酚、粪大肠菌群数
		固体废物	医疗废物处理后固体废物排放量、废活性炭排放量、氧化钙粉尘量
	噪声		连续等效 A 声级
工艺运行参数	处理系统		消毒时间
			消毒温度
	处理规模		处理能力
维护管理参数	能量消耗		水量、电量
	原材料消耗		液压油用量、石灰粉用量、二氧化氯用量、活性炭粉用量及更换时间

验证测试共收集 108 个样品数，共获得 358 个有效数据。样品的采集和测定均按照有关国家标准(GB)和环境保护标准(HJ)中规定的方法进行。验证测试样品数量及有效数据数量统计见表 5-13。

表 5-13 验证测试样品数量及有效数据数量统计

测试对象		样品数量/个	有效数据数量/个
消毒效果(生物检测)		60	60
大气污染物	废气排放口	21	147
	无组织排放	14	112
	空气细菌总数	6	6

(续表)

测 试 对 象	样品数量/个	有效数据数量/个
水污染物	7	21
噪声	—	12
总 计	108	358

4) 验证评价结果

(1) 经医疗废物热熔消毒固化成型处理技术处理后的医疗废物,对枯草杆菌黑色变种芽孢和嗜热脂肪杆菌芽孢的平均杀灭对数值均>4,符合《医疗废物化学消毒集中处理工程技术规范》中规定的消毒效果要求。

(2) 废气排放口 VOCs 排放浓度能够稳定达到《医疗废物污染控制标准》(参考执行,编制中,未发布)的相关要求,无组织排放 VOCs 能否稳定达到《大气污染物综合排放标准》中 VOCs 的相关要求(参考执行);废气排放口和无组织排放 Hg、颗粒物浓度能够稳定达到《大气污染物综合排放标准》的相关要求;废气排放口和无组织排放恶臭气体浓度能够稳定达到《恶臭污染物综合排放标准》的相关要求。

(3) 医疗废物处理前,细菌检测结果为 5.8~8.4 CFU/皿,在医疗废物处理后细菌检测结果为 13.5~14.8 CFU/皿,处理后出料口处细菌数量会有所增加。

(4) 处理 1 t 医疗废物约产生 0.74 t 的无害化固态物质。活性炭定期更换,3 个月替换一次,单线(36.5 t/d 产量)年使用量为 1.2 t。处理单位重量医疗废物氧化钙粉尘产生量为 0.077 kg/t。

(5) 系统设备的运行不会对区域声环境产生影响。厂界噪声可以达到项目所在地须执行的《工业企业厂界环境噪声排放标准》(GB 12348—2008)中的Ⅱ类标准限制要求,即昼间 60 dB(A)。

(6) 系统消毒温度稳定在 160~180℃,设备稳定运行时,处理 1 t 医疗废物所需的处理时间约为 80 min。按照 80 min 处理 1 t 医疗废物核算,全天运行 24 h 计,单条生产线处理规模为 36.5 t。

(7) 处理单位重量医疗废物水消耗量为 0.18 t/t，耗电量为 476.85 kW·h/t，石灰粉消耗量为 18.43 kg/t，二氧化氯消耗量为 0.21 kg/t。技术应用中循环水用量为 1 t。技术应用中所需液压油为周期更换，基本每年替换一次，年使用量为 4 000～5 000 L。活性炭定期更换，3 个月替换一次，单线(36.5 t/d 产量)年使用量为 1.2 t。

(8) 该技术处理 1 t 医疗废物成本为 315 元。

5.7.1.4 技术应用及推广

医疗废物热熔消毒固化成型处理技术是我国一家医疗废物处理处置企业自行研发的新技术，知识产权独有，目前已有成功应用案例。

鉴于该技术形成的固态物质具备可再利用的资源性，如交通隔离墩、葡萄盘桩、工业底座、建筑材料等，建议在政策允许的条件下，积极探索多元的资源化利用途径，拓宽技术下游产业链。

5.7.2 医疗废物移动式处理技术

5.7.2.1 技术概况

移动式医疗废物处置设施单台处理规模一般不大于 2 t/d，主要采用高温蒸汽处理技术，较为适宜小规模就地处理，在德国、法国等欧洲国家均有多年应用，也曾在我国雅安地震灾区的医疗废物应急处理中发挥了重要作用。新冠疫情发生后，WHO 在 *Water, Sanitation, Hygiene and Waste Management for the COVID-19 Virus* 中提出，在确保安全收集分类的前提下，推荐对涉疫情医疗废物进行就地(on-site)处置。我国生态环境部紧急调配了 46 台移动设备送往武汉应急处理医疗废物，对黄陂区、江夏区和新洲区等多家新冠肺炎确诊患者集中收治定点医院产生的医疗废物进行就地处理，有效缓解了医疗废物的运输和处置压力。

1) 移动式干化学消毒处理技术

医疗废物通过进料系统输送轨道自动输送至设备自动提升翻转器，检测称重后，由提升翻转器将周转箱内的医疗废物提升翻转进入一级破碎系统进行处理，其内配置有低速、高扭矩的破碎装置，其间进料的净重被自动称量装置称出并存储。在进入一级破碎系统时，袋装医疗废物破碎的同时自动喷水加湿并添加一定比例的干式碱性消毒剂，医疗废物在一级破碎系统内得到破碎、药剂混合和消毒处理，使微生物有机体和病菌得到杀灭。

一级破碎研磨后的医疗废物自动进入二级破碎系统再次进行粉碎研磨变为细小颗粒，实现进一步的体积削减和消毒。经过二级破碎消毒后，排出残渣体积百分比减少 70％以上，残渣通过出料绞龙自动输送到密闭式残渣转运车中，在出料绞龙出口处设置 pH 值监测系统，实时监测 pH 值，当达到要求后才能够输送至密闭式残渣车，才说明处置后的残渣得到了彻底地消毒杀菌，可直接运往一般的生活垃圾卫生填埋场进行填埋或焚烧发电，如果 pH 值未符合要求，设备系统自动保护，停止上料并报警提示工作人员进行故障处理，未符合要求的残渣需要经过再次处理后方可进行下一步处理。

工艺流程图如图 5－25 所示。

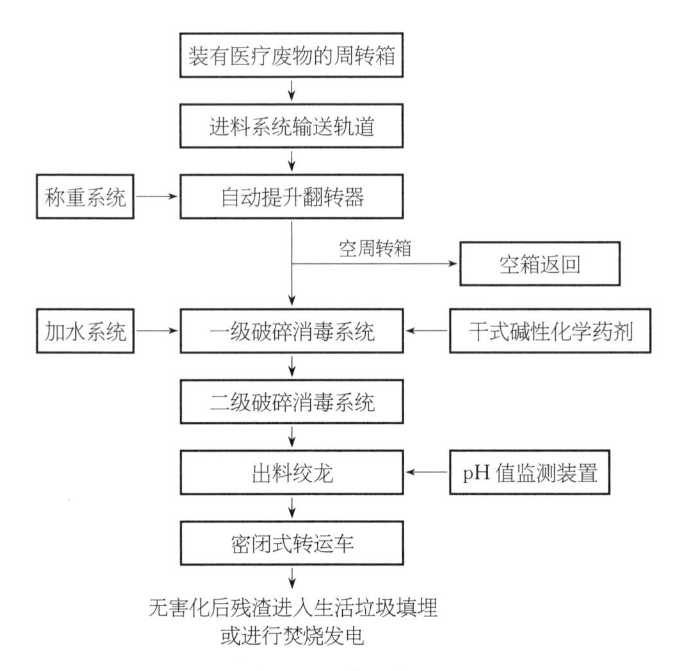

图 5－25　移动式干化学消毒处理工艺流程图

2) 移动式微波消毒处理技术

微波消毒设备对医疗废物进行破碎、消毒和一定程度的烘干。它包括投料装置、破碎单元、微波消毒单元、出料装置、散热装置和废气处理系统等。这套医疗废物处理系统每小时可处理 12 kg、25 kg、50 kg 废物等多种型号系列。它可以让小型机构(如实验室、小诊所和医院)每小时安全地在现场处理多达 250 L 的生物医疗废物(约 25 kg/h)。它的创新理念是利用一个特殊设计的医疗废物涡流翻滚机构使医疗废物均匀的消毒,并转化为生活垃圾,其体积减小 60%以上,重量减少 20%(烘干)。在保证操作人员安全的前提下,降低了其对环境的影响和运营成本。由于采用纯微波技术,不需要蒸汽发生器,所以不会有压力过大的风险,也不会产生液体污水。其超紧凑的尺寸使它的安装只需要 10 m^2 的空间,是易于使用和维护的解决方案,运行成本是市场上最低的,对生物指示剂(ATCC9372)的灭菌对数值高达 6 lg。使用方便,为不需要特定技术资格的即用型系统。

工艺流程大致为:物料经破碎至消毒仓,出料口与进料口处于关闭状态。消毒仓周围分布有若干个微波发生单元,输出微波照射医疗废物升温消毒。减速电机带动仓内叶片使物料不停涡流翻转。待升温至 95～100℃,维持一段时间后,消毒完成。消毒完成后,打开出料口,转动叶片,将消毒后的残渣排出。

3) 移动式高温蒸汽消毒技术

高温蒸汽处理技术是通过将医疗废物装载于消毒仓内并在高温蒸汽环境中暴露一段时间,利用水蒸气释放的潜热,使医疗废物中的致病微生物发生蛋白质变性和凝固,从而实现医疗废物无害化。但高温蒸汽法在运行过程中会产生大量废水,且针对医疗废物的减容率相对较低,在处理过程中易产生有毒的 VOCs,不适用于所有种类的医疗废物。

5.7.2.2 技术适用性及创新性分析

(1) 适用性。医疗废物集中处置备用线、医疗废物应急处置、医院高传染性医疗废物现场处置、特殊医疗废物预处置(用于热解气化等技术方案易堵物料的预处理)、偏远、乡镇地区。尤其适用于应急处置、预处理和偏远地区的处置。

(2) 创新性。全过程处理一体机，进料到出料一键智能操作，可移动、即插即用、消毒液可循环、处置数据可监控。安装方便，即插即用，操作简便，节能环保。

5.7.2.3　技术应用案例介绍

以化学消毒法移动式处理技术为例。深圳某公司引进以色列医疗废物处理技术，研发了智能化移动式医疗废物现场处置设备，提供了应急处置、偏远地区就地处置和部分医疗废物的预处理的有效解决方案，处置能力为 100 kg/h、200 kg/h。设备参数等见表 5-14，主要设备如图 5-26 所示。

表 5-14　主要设备名称、规格型号、设计能力、数量、技术参数

型　号	处理能力/ (200 kg/m^3)	尺寸/cm	能耗/kW	消毒液消耗 /(L/t)
现场型 700	960 L/h，190 kg/h	250×210×225	5/18	9～11

移动设备

处理系统

图 5-26　化学消毒法移动式处理设备图

整个处理系统由进料单元、破碎单元、药剂供给单元、化学消毒处理单元、干燥单元、出料单元、消毒液自动配比单元、控制单元等组成。

(1) 进料单元。240 L 标准桶，自动上料、自动称重、进料。上料时自动打开仓门，进料后自动关闭仓门。

(2) 破碎单元。关闭仓门后,自动开始破碎,使用四轴破碎机,破碎颗粒粒径不大于 5 m,破碎单元处于密闭状态。

(3) 药剂供给单元。消毒液:0.05%～0.1%西洁美消毒液有效成分。采用两级消毒模式:

① 一级消毒。破碎时喷淋消毒液,对破碎机和破碎时产生的粉尘同时进行消毒,同时可以去除粉尘落入化学消毒处理单元。

② 二级消毒。破碎后的医疗废物直接落入化学消毒处理单元,混合搅拌消毒 10～12 min。

(4) 化学消毒处理单元。进料料斗和消毒处理容器均由 304 不锈钢材质做成。破碎后的医疗废物直接落入料斗到消毒处理容器,混合搅拌消毒 10～12 min。消毒液的储液罐和配比箱材质由不锈钢材质做成。根据 pH 值实时监控,自动补充消毒液,确保消毒功效。每个处理周期结束后,少量废液由废液排放管道排出,排出废液量为原料原含水量和挤干后含水量的差异,挤干后水分最低可达到 15%(可调)。

(5) 干燥单元。消毒结束后,物料经过螺旋输送器输送到挤干设备进行干燥。

(6) 出料单元。干燥后的物料自动出料落入料桶。

(7) 消毒液自动配比单元。消毒液配比箱,根据 pH 值实时检测,自动添加调配消毒液。

(8) 控制单元。PLC 控制,一键操作全智能。

5.7.3 医疗废物小型分散式处理技术

5.7.3.1 技术概况

利用小型分散式处置设施对医疗废物进行就地处置曾在欧美国家较为常见。2000 年以来,在《关于持久性有机污染物的斯德哥尔摩公约》等国际公约履约外部压力和环境质量改善内部压力共同作用下,各国和地区纷纷出台了更为严格的焚烧设施大气污染物排放标准。原有的小型焚烧设施基本被非焚烧设施取代，新建设施也主要采用无有毒有害物质排放的非焚烧技术。而我国由于采取医疗废物集中处置模式，"非典"疫情发生后的 10 多年来基本未新建此类设施，仅保留了极少数的原有设施。新冠疫情期间，武汉新建的火神山、雷神山医院建设过程同步配置了共计 24 t/d 的医疗废物焚烧设施。其他定点医院配置了 10.9 t/d 医疗废物处置能力，确保了部分涉疫情医疗废物的安全处置。

小型分散式处理技术是封闭式一体化医疗废物处置系统，包括进料单元、破碎单元、药剂供给单元、化学消毒处理单元、干燥单元、出料单元、自动控制单元、消毒液自动配比单元及其他辅助设备。处置系统一键全智能操作，实现了消毒处理、破碎、干燥设备一体化，避免医疗废物由系统的入口进入出口出料之间存在人工接触的可能性。

工艺流程图如图 5 - 27 所示。

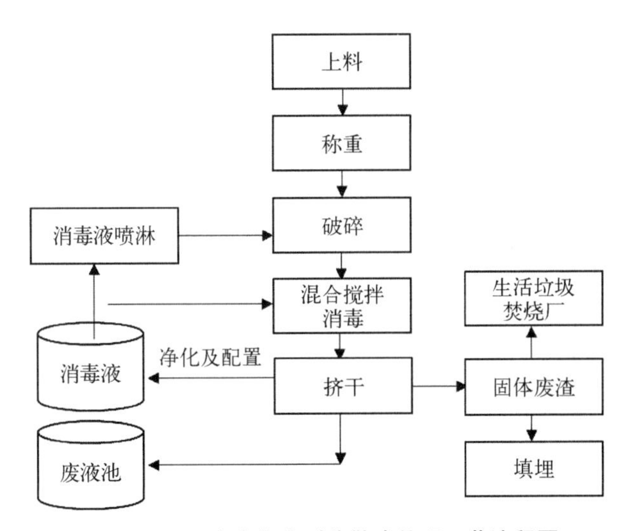

图 5 - 27　医疗废物小型分散式处理工艺流程图

1) 非焚烧处理与破碎一体机

该技术适合于日处理量 2 t 以下的项目，以及医疗机构产生医疗废物的就地处理。其主要特点是：处理过程(从进料、消毒到破碎)完全封闭，无异味排出，对周边环境影响小。处理过程自动化程度高，对操作人员专业度要求较低，我国神农架医疗废物处理示范项目采用了该种技术，印度尼西亚等发展中国家从10多年前就开始大量从欧洲进口该设备，已经成为这些国家医疗废物处理的主流装备。

2）小型非焚烧处理设备（日处理量100 kg以下）＋小型破碎机

该技术是集中高温蒸汽、化学、微波、干热等消毒处理系统的缩小版，其特点是设备造价低，占地小，通常自带消毒发生装置，对操作人员专业度要求低，运行可靠性高。很多发展中国家都在广泛采用该技术。在美国，日处理量100 kg以下的小型高温蒸汽处理设备在其边远地区和小型医疗机构得到广泛应用。

3）小型移动式医疗废物处理设备

该技术主要适用于应急处理以及海岛的医疗废物就地处理。海岛上产生的医疗废物安全转运到岛外的成本较高，且较难实现，就地处置较为可行。希腊拥有超过2 000个海岛，已启动移动式小型化医疗废物非焚烧处理设备进行医疗废物的处置，并将处置后的医疗废物进行卫生填埋。

5.7.3.2 技术适用性及创新性分析

小型分散式处理技术总体可划分为两种模式：一是边远地区采取多点对一点的方式，施行覆盖所有乡镇级和村级医疗机构和私人诊所的医疗废物收集网络，建立医疗废物转运站，将医疗废物逐级集中后，统一运往已有的地市级集中处置设施进行处置；二是在边远地区当地选址建设小型的医疗废物处理设施。

针对医疗废物不同，适用性不同，多用于医院高危险废物现场处置、预处理和偏远地区、乡镇、县级小规模就地处置等。占地小但处置量大，全过程一键操作使用方便，常温常压处置，无异味，安装方便，节能环保。除了考虑具体技术之外，也要考虑医疗废物处置技术的适用性，上述医疗废物非焚烧处理技术可以消除医疗废物的感染性，主要目标是消毒。但是该类技术针对化学性废物、药物性废物和部分病理性医疗废物不能进行处置，需要进行集中收集和贮存后由有资质的单位进行回收及处置。有研究者将英国的国家卫生服务机构作为案例，研究发现“最佳”处理技术依然是混合技术，并使用层次分析法作为研究工具，从成本、碳排放角度提出了深度填埋（安全隔离填埋）可适用于处理一些不带有传染性，但是从气味、外观上引起人体不适的废物（例如尿布、女性卫生用品等）。

5.7.3.3　技术应用案例介绍

浙江某公司从意大利引进基于“摩擦热处理（FHT）”专利技术的 NW 系列现场医疗废物处置系统。“FHT”医疗废物处理技术拥有多项发明专利，并获得世卫组织认可，于 2014 年、2019 年先后两次向全球推广，在意大利、英国、德国、瑞典、瑞士、俄罗斯等全球 50 多个国家获得广泛应用。该技术被 WHO 发布在“医疗废物的安全管理”中，作为固体医疗废物的最佳可行技术之一。

NW 系列工艺的核心是对构成活细胞的蛋白质进行热分解（图 5－28）。在密闭的灭菌容器中，装有刀片的强力转子通过撞击、摩擦，在剪切应力下将医疗废物进行粉碎的工序，并延续一段时间，以使摩擦所生的热量足以在医疗废物堆中达到并保持杀菌或消毒的温度。在持续不断地剧烈搅拌下，通过特殊的传感器（专利号：PCT/EP94/02357）实时、高精度地测量废物的温度。当温度达到 150℃的预定水平时，自动喷洒水到处理过的废物中，将其冷却至 95℃，随后完成自动卸载。

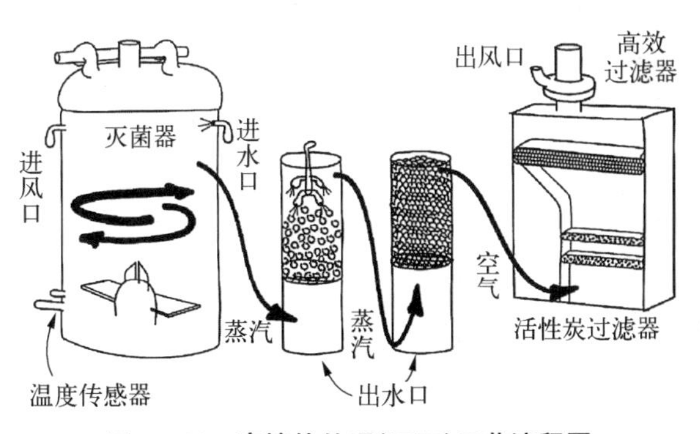

图 5－28　摩擦热处理（FHT）工艺流程图

1）主体设备(表 5－15、图 5－29)

表 5－15　NW 系列设备技术参数

项　目	NW5	NW15	NW50
灭菌方式	摩擦热	摩擦热	摩擦热
处理能力/(kg/h)	15; 240	30; 320	90; 840
灭菌器容积/L	100	175	460
处理后废物形态	均质小颗粒	均质小颗粒	均质小颗粒
处理后废物体积	最初体积的 20%～25%	最初体积的 20%～25%	最初体积的 20%～25%
处理后废物重量	最初重量的 70%～75%	最初重量的 70%～75%	最初重量的 70%～75%
能耗/(kW/h)	最高 20; 平均 13	最高 30; 平均 18	最高 90
水耗(使用水循环系统)/(L/d)	50	约 75; 50	约 50
尺寸/mm	1 600×800× 1 300	1 700×1 000× 1 600	2 500×1 200× 2 100
重量/kg	大约 740	大约 980	大约 2 670

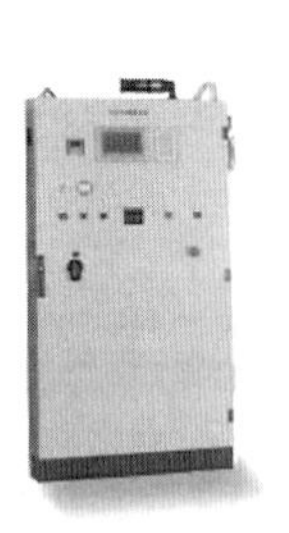

图 5－29　摩擦热处理设备图片

消毒效果要求及效果：消毒效果经过多次测试已经长期使用，满足我国《医疗废物处理处置污染控制标准(征求意见稿)》的要求。

生物指示剂检测灭菌效果达标,废渣样品计算灭杀对数值,测试结果如下表所示,所有灭菌后固体样品均未检出嗜热脂肪杆菌芽孢,杀灭对数值≥4,灭菌效果符合标准要求值;并满足《国家危险废物名录》中感染性废物与损伤性废物的豁免条件,可以进入生活垃圾填埋场填埋处置或进入生活垃圾焚烧厂焚烧处置,处置过程不按危险废物管理。

2) 二次污染控制设备

NW系列医疗废物处置系统的废气处理设备包括两级换热器,以及由两层不同类型的活性颗粒碳和一个HEPA绝对过滤器组成,活性炭吸附剂和绝对过滤器进行定期更换。两级换热器内为均匀的拉西环填料以及喷淋系统,绝对过滤器的主要成分为玻璃纤维。

5.7.4 其他医疗废物非焚烧新技术

近年来,随着相关技术的不断成熟,医疗废物非焚烧新技术还集中表现在多种技术复合一体化处理以及二次污染控制新技术等方面。

1) 复合一体化处理

高温蒸汽与微波消毒的联用技术:如意大利ECONOS公司研发的“微波+高温高压蒸汽”复合强化处理工艺。该技术集成了微波消毒技术与高温蒸汽消毒技术的优点,运行过程中无二噁英排放,实现了医疗废物的安全毁形、减容和无害化,适宜设置在人口密度较大的地区。目前,英国、法国等西方发达国家已成功运用基于微波技术的医疗废物消毒毁形一体化小型设备,实现了医疗废物的就地无害化处置,处理后的残渣可连同普通生活垃圾进行集中处理。随着相关技术的不断成熟,俄罗斯、巴西、罗马尼亚、马来西亚、新加坡、越南等国家也纷纷开始启用复合技术集成一体化处理医疗废物。

该技术在我国也成功地应用于医疗废物的处理。2014年,河南商丘某公司制造出我国首台医疗废物微波消毒设备样机,并获得国家科技成果认证，标志着微波消毒技术作为医疗废物的非焚烧技术正逐步在国内得到推广，进一步推动了我国医疗废物“微波＋高温蒸汽”复合技术处理方式的多元化进程。2020 年 1 月，浙江省嘉兴市首个医疗废物处置项目采用了目前较为成熟先进的“高温蒸汽消毒＋微波消毒”工艺，配备有自动化处理装置，仅需 3 名工人进行操作，日均医疗废物处置能力 30 t，最大可达 45 t。

2) 废气处理

医疗废物的处理无论是高温焚烧法还是采用非焚烧技术，处理过程中都伴随着有毒有害尾气的产生。由于医疗废物材质的特殊性，其中一些气体具有恶臭，另外产生的少量 VOCs 和汞蒸气也是有毒有害的，会造成环境的二次污染。如果不加以处理，将无法达标排放，也不能真正意义上实现医疗废物的合理处置处理。

高温蒸汽处理系统的废气净化工艺主要为了去除恶臭、少量的 VOCs 和汞蒸气。常见的恶臭处理技术包括吸收法、吸附法、热破坏法、生物法、等离子体分解法等，VOCs 大多具有毒性，如被公众熟知的甲醛、苯和多环芳烃等。众多处理方法中，以成本低、能耗小、无二次污染的生物法应用较为广泛。目前，二次污染物废气的处理新技术有以下几类。

以某医疗废物微波消毒处理系统为例，对医疗废物微波消毒过程废气处理措施进行探究，围绕“初效过滤器＋高效过滤器＋活性炭吸附”一次废气处理工艺和“旋流塔＋UV 光催化氧化＋尾气过滤器＋活性炭吸附”二次废气处理工艺，探讨医疗废物微波消毒过程废气处理措施的可行性。

医疗废物微波消毒处理过程中，会产生含有粉尘、NH_3、H_2S、挥发性有机物和病原微生物、恶臭等气体。一次废气处理在微波消毒设备内部，温度不超过 50℃，采用“初效过滤器＋高效过滤器＋活性炭吸附”处理工艺。二次废气处理针对进、出料口以及一次处理后的废气进行集中收集，经过“旋流塔＋UV 光催化氧化＋尾气过滤器＋活性炭吸附”工艺的微波消毒废气处理系统净化后，再通过 15 m 高排气筒排放。该工艺符合《医疗废物微波消毒集中处理工程技术规范》对微波消毒废气处理工艺的要求。

医疗废物微波消毒废气处置措施采用“初效过滤器＋高效过滤器＋活性炭吸附”和“旋流喷淋塔＋UV 光催化氧化＋尾气过滤器＋活性炭吸附”工艺，可有效去除颗粒物、挥发性有机污染物、氨（NMHC）、硫化氢以及微生物，废气可以达标排放，处置措施可行。

3）废水处理

废水也是医疗废物处置处理过程中不可避免的产物，尤其在非焚烧高温蒸汽处理过程中。医疗废物处理过程中产生的废水，多采取生化加物化相结合的处理工艺。工艺残液首先与生活污水混合，经过稀释后进入厌氧池进行厌氧处理。出水先进入污水集水井，在提升泵作用下进入接触氧化池进行生化处理。然后流经沉淀池，沉淀池出水排入调节池和冲洗废水、初期雨水等混合成综合废水，进行深度处理。孝感某处置中心运行实践表明，经生物过滤系统处理的高温蒸汽工艺废气和经过生化物化结合处理后的高温蒸汽工艺废水可达到国家相应排放标准要求，可为国内其他高温蒸汽处理系统的建设提供参考和借鉴。

第6章

疫情期间医疗废物应急处置管理和实践

“十三五”以来,《“十三五”生态环境保护规划》《关于提升危险废物环境监管能力、利用处置能力和环境风险防范能力的指导意见》(环固体〔2019〕92号)均要求建立医疗废物协同与应急处置机制,保障突发疫情、处置设施检修等期间医疗废物的应急处置能力。2020年在新冠疫情的考验下,“临时抱佛脚”式的医疗废物应急处置方式暴露了我国对于突发公共卫生事件产生的医疗废物应急管理及处置能力的缺失。2020年4月30日印发的《医疗废物集中处置设施能力建设实施方案》(发改环资〔2020〕696号)要求推进大城市医疗废物集中处置设施应急备用能力建设。本章对疫情期间医疗废物应急管理和实践做一介绍。

6.1 医疗废物应急处置管理

6.1.1 国外经验

对于突发大规模疫情下医疗废物应急处置管理,部分发达国家及地区已制定有相应的应急预案及配套机制,并呈现出不同特点。

1）美国

美国主要由国家疾病控制与预防中心负责制定突发公共卫生事件相关行动指南，包括医疗废物应急处置指南。在埃博拉疫情期间，疾病控制与预防中心发布了《埃博拉相关废物管理指南》(以下简称“《指南》”)等一系列文件，指导医疗机构对涉疫情医疗废物进行管理及处置；《指南》中将埃博拉病毒污染(或者潜在污染)的废物划分为 A 类危险性感染类废物，并须依照相关法规进行消毒或焚烧。同时，地方政府的法规也在实际执行中发挥了重要作用。

2）英国

英国公共卫生部主要负责突发疫情防控工作，并与环保部门协作开展医疗废物处置管理。2013 年出台的技术指南《环境与可持续健康技术备忘录 07－01：医疗废物的安全管理》中整理了各类医疗废物从产生到处置的流程细节。在埃博拉疫情及新冠疫情中，英国发布的应急处置方案中的流程均参考该指南执行。

3）德国

德国在《医疗机构处置废物的执法协助》中，已对各类感染性医疗废物做了详细的区分，一般不会针对特定疫情发布医疗废物处置指南。疫情发生时，责任机构能迅速在条文中查找到对应的处置工艺及处置要求，并开展感染性医疗废物的收集和处置工作。罗伯特・科赫研究所为德国联邦卫生部下属咨询机构，在新冠疫情中，德国联邦政府根据罗伯特・科赫研究所的建议，宣布相关废弃物按照《医疗机构处置废物的执法协助》中 18 01 03＊类医疗废物的标准进行处置。

4）日本

日本环境省负责建立突发情况下的医疗废物处置应急机制。2009 年的禽流感疫情和 2019 年的埃博拉疫情期间，日本环境省分别编制印发了《应对新型流感的废弃物处理对策指南》和《关于应对埃博拉出血热的废弃物处理的通知》，指导医疗废物应急处置工作。新冠疫情期间，日本环境省发布了《关于应对新型冠状病毒的废弃物处理对策》等文件,并且专门成立了“新型冠状病毒感染症对策本部”负责疫情应对工作。

5) 韩国

韩国针对突发疫情建立了传染病危机预警机制,由缓至急分为“关注”“注意”“警戒”“严重”四个级别。2015 年中东呼吸系统综合征冠状病毒疫情时期,韩国制定了《中东呼吸系统综合征冠状病毒隔离医疗废物的安全管理特别对策》,对医疗废物实行较以往更加严格的管理标准,如要求采用专用容器对医疗废物进行双重密封。新冠疫情期间,韩国于 2020 年 1 月 28 日制定《新型冠状病毒医疗废物管理的特别对策》,并于 2020 年 2 月 23 日将疫情预警提升至最高的“严重”级别,同时制定《新型冠状病毒医疗废物管理的特别对策》(第二版),补充了加强医疗废物安全管理的具体措施等内容。

6) 新加坡

新加坡由国家感染预防和控制委员会负责突发疫情防控工作。2017 年该委员会基于埃博拉疫情的防控经验编写了《新加坡医疗机构感染防控指南》,对全国医疗废物处置工作给予指导。新冠疫情期间,新加坡国家环境局(NEA)颁布了《非医疗商业场所接触 COVID - 19 确诊病例区域环境清洁和消毒暂行指南》,并提出了相关针对性建议。

在历次重大传染病疫情期间,为切断病原体传播途径,部分国家和国际组织对医疗废物管理覆盖范围做了进一步明确。法国规定疫情期间医疗废物应包含三类来源: ① 医疗机构产生的废物;② 分散的防疫和医疗部门产生的医疗废物;③ 居家自我治疗患者产生的医疗废物。英国则规定,疫情期间医疗废物管理的对象为: ① 产生于确诊或疑似患者(不论致病因子是否已知),以及可能含有病原体的废物;② 产生于未确诊但怀疑有感染、存在潜在感染风险的患者。欧盟规定埃博拉疫情期间的医疗废物管理对象为: ① 在护理疑似或确诊埃博拉患者时,使用后废弃的利器、敷料和其他用品;② 对疑似或确诊埃博拉患者的样本进行临床实验室检测的废弃用品;③ 对疑似或确诊的埃博拉病毒污染空间(例如病房,飞机、救护车和其他车辆,机场和其他交通设施,住宅等)保洁产生的废物;④ 在疑似或确认的埃博拉病毒污染环境工作后,拆除和丢弃的一次性个人防护装备。

6.1.2　国内经验

6.1.2.1　管理文件

目前我国在国家层面尚未将突发公共卫生事件涉及的医疗废物应急处置纳入环境应急制度设计,疫情期间医疗废物的应急处置主要通过临时发文的方式进行指导。非典型肺炎(以下简称“非典”)疫情、汶川地震、甲型H1N1 疫情及新冠疫情以来,国家相关部门出台了一系列医疗废物应急处置管理文件(表 6-1),用于指导医疗废物的应急处置。尤其新冠疫情发生后,医疗废物的应急处置管理得到高度重视。2020 年 4 月 29 日审议通过的修订后的《中华人民共和国固体废物污染环境防治法》新增了突发疫情状况下的医疗废物应急处置职责。

表 6-1　国家层面医疗废物应急处置相关管理文件

序号	管理及技术文件	发布时间	发布部门
1	《“SARS”病毒污染的废弃物应急处理处置技术方案》	2003 年 5 月	原环境保护总局
2	《“SARS”病毒污染的污水应急处理技术方案》	2003 年 5 月	
3	《地震灾区医疗废物安全处置技术指南(暂行)》	2008 年 6 月	原环境保护部
4	《应对甲型 H1N1 流感疫情医疗废物管理预案》	2009 年 5 月	
5	《关于做好新型冠状病毒感染的肺炎疫情医疗废物环境管理工作的通知》	2020 年 1 月	生态环境部
6	《新型冠状病毒感染的肺炎疫情医疗废物应急处置管理与技术指南(试行)》	2020 年 1 月	

（续表）

序号	管理及技术文件	发布时间	发布部门
7	《新型冠状病毒污染的医疗污水应急处理技术方案(试行)》	2020年2月	生态环境部
8	《生活垃圾焚烧设施应急处置肺炎疫情医疗废物工作相关问题及解答》	2020年2月	
9	《关于做好新型冠状病毒感染的肺炎疫情期间医疗机构医疗废物管理工作的通知》	2020年1月	国家卫生健康委员会

同时,我国部分省份也在新冠疫情期间密集出台了多部具有可操作性的医疗废物应急处置指导文件(表6-2)。浙江省在文件中明确各地应重点加强应急处置能力管理,密切关注辖区医疗废物处置形势,发现医疗废物处置单位处置负荷率超过60%时,应开展应急处置准备工作。

表6-2　新冠疫情期间地方政府出台的医疗废物应急处置相关管理文件

序号	管理及技术文件	发布时间	发布部门
1	《关于切实做好新型冠状病毒感染的肺炎疫情应对—加强医疗废物环境管理工作的紧急通知》	2020年1月	湖北省生态环境厅
2	《新型冠状病毒感染的肺炎疫情医疗废物应急处置污染防治技术指南(试行)》	2020年1月	四川省生态环境厅
3	《关于确定全省新型冠状病毒感染的肺炎疫情医疗废物应急处置备用设施的紧急通知》	2020年1月	
4	《关于做好新型冠状病毒感染肺炎疫情医疗废物环境管控的通知》	2020年1月	湖南省生态环境厅
5	《关于切实加强新型冠状病毒的肺炎疫情医疗废物废水及特殊垃圾管理的通知》	2020年1月	湖南省生态环境厅、湖南省卫生健康委员会、湖南省住房和城乡建设厅
6	《关于做好新型冠状病毒感染的肺炎疫情医疗废物环境管理工作的通知》	2020年1月	河南省生态环境厅
7	《关于做好新型冠状病毒感染的肺炎疫情期间医疗废物应急处置工作的通知》	2020年2月	广东省生态环境厅

（续表）

序号	管理及技术文件	发布时间	发布部门
8	《河北省新型冠状病毒感染的肺炎疫情医疗废物应急环境管理工作手册(试行)》	2020 年 2 月	河北省生态环境厅
9	《医疗机构指导手册》	2020 年 2 月	
10	《医疗机构执法指南》	2020 年 2 月	
11	《医疗废物处置单位指导手册》	2020 年 2 月	
12	《医疗废物处置单位执法指南》	2020 年 2 月	
13	《应对新型冠状病毒感染的肺炎疫情环境应急监测指南》	2020 年 2 月	
14	《进一步做好新型冠状病毒感染的肺炎疫情医疗废物应急处置工作的通知》	2020 年 2 月	浙江省生态环境厅
15	《关于进一步做好新型冠状病毒感染的肺炎疫情防控期间医疗废物和废弃口罩处理工作的指导意见》	2020 年 2 月	吉林省生态环境厅、吉林省住房和城乡建设厅

6.1.2.2　管理要求

《中华人民共和国固体废物污染环境防治法》第九十一条规定，重大传染病疫情等突发事件发生时，县级以上人民政府应当统筹协调医疗废物等危险废物收集、贮存、运输、处置等工作。我国已出台的相关标准文件，对疫情期间医疗废物收集、贮存、运输、处置等环节的规范管理提出了具体要求。

1) 收集

关于疫情期间医疗废物的分类管理，《医疗废物管理条例》《医疗废物分类目录》等文件已有相关要求如下：① 医疗卫生机构收治的传染病患者或者疑似传染病患者产生的生活垃圾，按照医疗废物进行管理和处置；② 医疗废物中病原体的培养基、标本和菌种、毒种保存液等高危险废物，在交医疗废物集中处置单位处置前应当就地消毒。新冠疫情期间印发的《关于做好新型冠状病毒感染的肺炎疫情期间医疗机构医疗废物管理工作的通知》(国卫办医函〔2020〕81 号)对医疗废物的分类及收集做了如下细化：① 收治新型冠状病毒感染的肺炎患者及疑似患者发热门诊和病区(房)的潜在污染区和污染区产生的医疗废物,属于涉疫情医疗废物,在离开污染区前须对包装袋表面采用 1 000 mg/L 的含氯消毒液喷洒消毒(注意喷洒均匀)或在其外面加套一层医疗废物包装袋;② 清洁区产生的医疗废物按照常规的医疗废物进行收集。

《新型冠状病毒感染的肺炎疫情医疗废物应急处置管理与技术指南(试行)》根据医疗废物的危害程度对疫情期间分类收集后医疗废物的去向进行了指导,推荐将肺炎疫情防治过程中产生的感染性医疗废物与其他医疗废物实行分类分流管理,医疗废物集中处置设施、移动式医疗废物处置设施优先保障涉疫情医疗废物的处置。

2) 贮存

《医疗废物管理条例》要求,常态下医疗废物集中处置单位至少每 2 d 到医疗卫生机构收集、运送一次医疗废物,即医疗废物在医疗机构暂时贮存的时间限制为 48 h。《"SARS"病毒污染的废弃物应急处理处置技术方案》要求,SARS 病毒污染废物的贮存不得超过 24 h,应该在产生的当日进行处理。《新型冠状病毒感染的肺炎疫情医疗废物应急处置管理与技术指南(试行)》要求,医疗机构医疗废物的贮存场所应按照卫生健康主管部门要求的方法和频次消毒,暂存时间不超过 24 h,运抵处置场所的医疗废物尽可能做到随到随处置,在处置单位的暂时贮存时间不超过 12 h。由此可见,疫情期间医疗废物在医疗机构的暂时贮存时限较常态下有所缩短。

3) 运输

疫情期间的医疗废物处置仍应遵循就近处置的原则,《新型冠状病毒感染的肺炎疫情医疗废物应急处置管理与技术指南(试行)》要求,应急处置医疗废物应优先使用本行政区内的医疗废物集中处置设施,当区域内现有处置能力无法满足应急处置需要时,可转运至临近地区医疗废物集中处置设施处置。疫情期间感染性医疗废物的运输可使用专用医疗废物运输车辆,或使用参照医疗废物运输车辆要求进行临时改装的车辆,同时鼓励安排固定专用车辆单独运输肺炎疫情防治过程产生的感染性医疗废物，不与其他医疗废物混装、混运。同时，《国家危险废物名录（2021 版）》对重大传染病疫情期间产生的医疗废物的运输环节实施豁免管理，按事发地县级以上人民政府确定的处置方案进行运输的情况下，可不按危险废物运输。

4）处置

根据《“SARS”病毒污染的废弃物应急处理处置技术方案》，如果当地没有专用焚烧设备，建议按照顺序采用下列设备暂行替代处理 SARS 病毒污染废物：简易医疗废物焚烧炉、危险废物焚烧炉、垃圾焚烧炉或工业废物焚烧炉、水泥窑、火化场焚尸炉、供暖供热用燃煤锅炉。根据《应对甲型 H1N1 流感疫情医疗废物管理预案》，医疗废物处置能力不足的地区，可选择送至邻近地区医疗废物集中处置设施进行处置，或在本地利用备选设施处置，可备选的医疗废物处置设施包括移动式医疗废物处置设施、危险废物焚烧设施、生活垃圾焚烧炉、工业窑炉等。根据《新型冠状病毒感染的肺炎疫情医疗废物应急处置管理与技术指南（试行）》，将可移动式医疗废物处置设施、危险废物焚烧设施、生活垃圾焚烧设施、工业炉窑等纳入肺炎疫情医疗废物应急处置资源清单。

从相关管理文件的要求来看，医疗废物应急处置技术从“非典”疫情期间不同形式的简易焚烧，逐步发展为新冠疫情期间多种形式的协同作用。同时，《国家危险废物名录（2021 版）》对重大传染病疫情期间产生的医疗废物的处置环节实施豁免管理，按事发地县级以上人民政府确定的处置方案进行处置的情况下，可不按危险废物处置。

6.2　医疗废物应急处置实践

我国的医疗废物集中处置体系因“非典”疫情而建，在新冠疫情期间为医疗废物应急处置构建了坚实防线，覆盖全国范围的集中处置能力为医疗废物风险防控做出了决定性贡献。同时,在医疗废物应急处置实践方面,从“非典”疫情期间的简易焚烧发展到新冠疫情期间多种形式的统筹应用,医疗废物应急处置技术取得了显著进展。然而,由于新冠疫情之前医疗废物集中处置体系并未经历大规模疫情冲击,所以我国现行相关指导文件中,医疗废物集中处置设施规模的设定主要依据服务区域常态下的医疗废物产生情况,未对突发疫情状况下医疗废物处置的应急能力储备、应急物资储备等进行系统设计。新冠疫情将我国现阶段医疗废物应急处置存在的问题得以集中凸显。

6.2.1 “非典”疫情

2003 年的“非典”疫情暴发前,我国只有沈阳、太原、广州等少数城市实现了医疗废物的集中处置。大部分城市医疗废物处置方式为分散处置,在设有小型焚烧炉的大医院对医疗废物进行“就地处置”,或委托环卫部门对医疗废物进行收集处置。大约 90%的医疗废物随生活垃圾一同填埋处置。这一方法不仅引发了多起污染事故,而且给我国许多地区的水源和土壤环境带来了长期潜在的危害;剩余 10%的医疗废物虽采用焚烧方式处理,但绝大部分由于工艺设备落后、治理设施缺乏,焚烧产生的有毒有害物质给生态环境和人体健康造成了一定风险隐患。

“非典”暴发之后,及时处理涉及疫情的医疗废物得到了各级政府的高度重视。2003 年 5 月,北京市政府在通州区紧急建成了当地最大的医疗废物焚烧厂,加上辖区内原有的两个小型医疗垃圾焚烧设施,以及紧急购买安装的小型医疗垃圾焚烧炉,医疗废物垃圾处理能力显著提升,但一定时期内仍存在处理能力的缺口。暂时无法处理的“非典”疫情医疗垃圾,采取收集后套用多层塑料袋密封的方式暂时贮存。“非典”疫情期间,无论是集中处置设施还是小型焚烧设施,都是较为简易的焚烧设施,基本无工艺控制措施、无尾气处理设施,导致了一定程度的大气污染问题。

6.2.2　新冠肺炎疫情

6.2.2.1　医疗废物产生情况

由于大量具有感染性的生活垃圾的加入，以及防护服、护目镜、口罩等防护用品的快速消耗，疫情期间医疗废物产生量较平时有所增加(图6-1)。疫情最为严重的武汉市高峰时期医疗废物的日产生量达到247.3 t，为常态下的5～6倍；孝感、黄冈等周边地市的产生量也迅速增至疫情发生前的4～5倍。同时，医疗废物组成成分的变化导致其密度也与常态下存在差别。通常情况下，我国医疗废物密度为100～120 kg/m^3；新冠疫情期间，武汉市医疗废物的密度为67～85 kg/m^3。

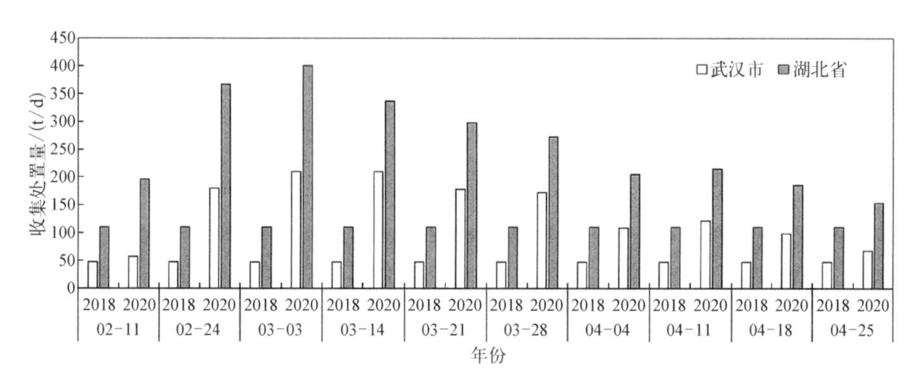

图6-1　武汉市和湖北省疫情前后医疗废物产生及处置情况

6.2.2.2　医疗废物处置情况

新冠疫情发生后，由于我国医疗废物应急处置能力较为薄弱，武汉、孝感、黄冈等地一度出现较大缺口。

在医疗废物集中处置设施方面，医疗废物集中处置设施应急处置能力储备并不充足。我国现役医疗废物处置设施大多于2010年前建成投产。相比于医疗废物产生量的快速增加，医疗废物处置能力的提升则相对较为滞后。2018年我国医疗废物处置设施的整体负荷率高达76.0%，其中4省份设施负荷率超过100%(图6-2)，13省份负荷率超过80%，超过1/3的城市负荷率在90%以上。此外,部分集中处置设施运行状况不佳,面临更新换代,可能无法达到核准经营规模。

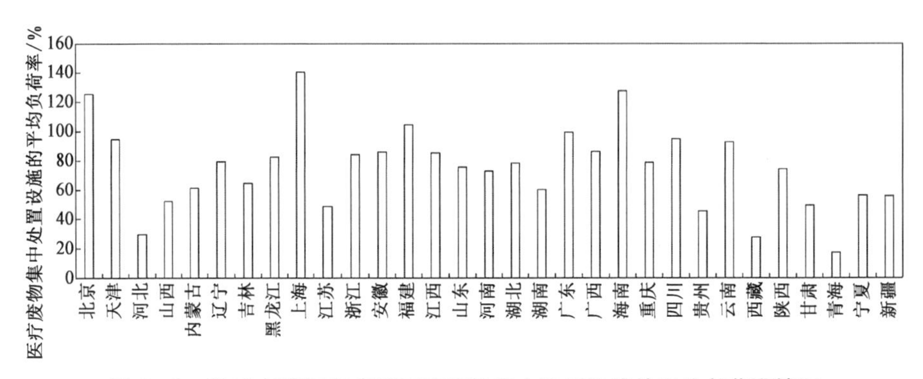

图6-2　2018年我国各省级医疗废物集中处置设施的平均负荷率情况

在医疗废物应急处置设施方面,可直接调配的医疗废物应急处置能力极为有限。新冠疫情发生前全国有24座可协同处置医疗废物的危险废物处置设施。这些设施可通过调节废物投加比例对所在区域的医疗废物应急处置能力进行补充;同时,短期可调配的48台移动式医疗废物处置设施可提供122 t/d的应急处置能力。其他危险废物焚烧、生活垃圾焚烧、水泥窑等处置设施基本不具备医疗废物处置的专用卸料区、上料设备、清洗消毒设备等配套条件,不可直接用于医疗废物协同处置。

新冠疫情发生后的2个多月时间内,全国医疗废物处置能力从疫情前的4 902.8 t/d快速增至2020年4月10日的6 074.0 t/d,增长率达23.9%;其中湖北省的处置能力从疫情前的180 t/d增至667.4 t/d,武汉市的处置能力从疫情前的50 t/d增至265.6 t/d。全国医疗废物应急处置能力已能够匹配处置需求,医疗废物基本实现“日产日清”。需要明确的是,新冠疫情期间新增的医疗废物处置能力多为临时性能力。以武汉市为例,根据公开信息统计,在新冠疫情发生后至2020年4月10日这段时期新增的215.6 t/d处置能力中,绝大部分来自新增应急处置设施,难以满足常态下的技术要求(表6-3)。

表 6－3　新冠疫情期间武汉医疗废物处置能力构成

序号	处置设施类型	处置能力/(t/d)
1	原有集中处置设施	50
2	新建集中处置设施	30
3	危险废物焚烧设施协同处置	15
4	生活垃圾焚烧设施协同处置	100
5	火神山、雷神山及其他医院自备设施,移动式处理设施	70.6
合　计		265.6

6.2.2.3　地方经验

1) 湖北省

新冠疫情期间,为确保医疗废物处置及时、有序、高效、无害,湖北省明确了“属地就近、及时优先、集中安全、保障能力”的总体原则,以及“一个专班、一倍能力、一个方案、一个暂存库”的具体要求: 成立工作专班,点对点逐一核实应急处置能力落实情况;按照本地现有处置能力“1∶1”扩大一倍的原则,确定医疗废物应急处置单位或落实移动式处置设施;当地生态环境、卫生健康等部门迅速组织编制本地区医疗废物集中处置应急能力准备方案;确定符合疫情防范要求的合适场所作为临时贮存库,保障应急贮存能力。截至 2020 年 3 月 21 日,湖北省各市州均建设了医疗废物应急贮存库,应急贮存能力达到 1 552.6 t。

2) 河南省

新冠疫情暴发之后,河南省提前谋划,统一调度全省医疗废物应急处置能力,划分 4 个梯队应对战“疫”: 第一梯队为各地已批准投产的医疗废物处置设施,处置能力为 307 t/d;第二梯队为各地已建成的备用医疗废物处置设备,以及部分危险废物集中处置设施,应急处置能力为 184 t/d;第三梯队为移动式医疗废物处置设施、生活垃圾焚烧发电厂、生物质发电厂等,应急处置能力为 73 t/d;第四梯队为水泥窑协同处置企业,医疗废物应急处置能力为 370 t/d。除在极端情况下启用第四梯队设施外,一至三梯队共计可达到 564 t/d 的医疗废物处置能力,完全可以满足省内医疗废物及时、高效、安全处置的需要。

河南省科学指导全省医疗废物处置工作，生态环境厅组织人员奋战16 d，编写出版的《疫情期间医疗废物应急处置知识读本》，成为医疗废物产生和处置单位、行业监管人员在“疫”线战场上的灭敌法宝和操作指南。目前，《疫情期间医疗废物应急处置知识读本》已翻译成8种语言15个版本，并向多个国家转让了版权，作为“中国方案”输出海外199个国家，助力海外疫情防控工作。河南省卫生健康委员会发布《河南省医疗机构医疗废物综合管理100问》，为一线实操人员防控医疗废物风险提供了权威、准确、科学的技术指南。

3) 重庆市

新冠疫情暴发后，重庆市生态环境局及时出台《应对新型冠状病毒感染的肺炎疫情医疗废物管理预案》，要求各区县生态环境部门和15家医疗废物处置单位制定相应的工作预案，完善疫情期间的医疗废物管理、应急处置等机制，明确医疗废物处置单位对疫情医疗废物收集、贮存、运输、处置活动的具体要求，以及区县生态环境部门的监管责任，形成“1个市＋41个区县政府＋15个处置单位”三级应急处置管理体系。

重庆市医疗废物集中处置设施均采用高温蒸汽处理工艺。新冠疫情期间，重庆市启用了包括重庆中明港桥环保有限责任公司以及重庆市禾润中天环保科技有限公司所属的长寿危险废物处置场和璧山危险废物处置场在内的3个危险废物焚烧设施，作为全市疫情医疗废物的应急处置设施。应急设施承担了原有集中处置设施难以有效处理的医疗废物，主要包括诊治肺炎疫情患者过程产生的废弃病服、床单及棉被等大件医疗废物，以及其他需要应急处置的医疗废物。

6.3 医疗废物应急处置设施类型

2020年年初的新冠疫情期间，我国展开了医疗废物应急处置的大规模探索，在医疗废物集中处置设施、危险废物焚烧设施、生活垃圾焚烧设施、水泥窑设施、移动式医疗废物处置设施、医疗机构自备处置设施等不同类型处置设施共同作用下，实现了全部医疗废物的安全处置。利用其他固体废物处置设施进行协同处置是实现医疗废物应急处置能力快速提升的主要形式。

6.3.1　医疗废物集中处置设施

利用集中处置设施进行医疗废物应急处置是响应最快且风险最低的方式。通过启用备用生产线、备用设施，或延长设施的运行时间等形式，可快速实现医疗废物应急处置能力供给。同时，邻近城市的集中处置设施可互为应急能力补充。然而，新冠疫情发生之前，我国诸多大城市仅有一座医疗废物处置设施且处于满负荷或超负荷状态，并未配置备用生产线或备用设施。以武汉为例，新冠疫情发生之前，其唯一的医疗废物焚烧设施，处置能力为 50 t/d，负荷率达到 90%以上，几乎无力满足突发疫情产生的医疗废物处置需求。在这种形势下，部分城市充分挖掘集中处置设施的处置能力，通过新建或启用生产线、延长设施运行时间的方式来提高医疗废物应急处置能力。如武汉于 2020 年 2 月快速新建了一座 30 t/d 的医疗废物应急处理中心，极大缓解了疫情期间的医疗废物处置压力。亦有部分应急处置能力不足的城市医疗废物送至邻近城市的集中处置设施进行处置。如新冠疫情暴发之初，在武汉市医疗废物处置能力极度短缺的情况下，武汉市的部分医疗废物跨市运送至襄阳市处置。

案例：2020 年 2 月初，武汉市各大医院的医疗废物开始出现积压的情况，形势异常危急。2 月 7 日，武汉市政府与中国节能环保集团有限公司共同果断决定，用 15 d 时间在武汉快速建设一家处理能力为 30 t/d 的医疗废物应急处理中心。通常情况下，30 t/d 医疗废物处置设施的建设周期约为 10 个月，而武汉千子山医疗废物应急处置中心的建设团队在 10 h 内完成建设方案,3 d 内完成工程设计图,8 d 内完成主设备吊装和管线铺设(图 6-3)。2 月 22 日下午,三条 10 t/d 的高温蒸汽处理线正式投产运行,提前 31 h,全面完成原计划 15 d 完成的建设任务,并投入运行。

图 6-3 武汉千子山医疗废物应急处置中心

6.3.2 危险废物焚烧协同处置设施

利用危险废物焚烧设施协同处置医疗废物在国内外已有多年实践经验。由于危险废物焚烧设施运行管理要求与医疗废物焚烧设施有一定相似之处,适宜作为医疗废物协同处置的优先备选设施。新冠疫情期间,国内有关单位为危险废物处置设施均紧急配置了医疗废物应急处置能力,在一定程度上缓解了医疗废物应急处置压力。

案例: 新冠疫情期间,在武汉市生态环境局的协调下,武汉北湖云峰环保科技有限公司对现有危险废物处理设施进行医疗废物处置转型和工艺技改,在数天时间内完成了 12 t/d 的医疗废物处置能力的配置(图 6-4)。从第一桶医疗废物进厂到 2 月 18 日,26 d时间,处置武汉市医疗废物近 200 t。

图 6 - 4　危险废物处置设施协同处置医疗废物现场

6.3.3　生活垃圾焚烧协同处置设施

《巴塞尔公约生物医疗和卫生保健废物环境无害化管理技术准则》指出,感染性废物消毒处理后,可按与生活垃圾处理相同的方法处置。新冠疫情之前,机械炉排式垃圾焚烧炉用于处置感染性医疗废物的方法已在国内外开展了成功应用实践。挪威奥斯陆市克拉梅特斯鲁(Klemetsrud)生活垃圾焚烧厂利用机械炉排式焚烧炉处置感染性医疗废物,医疗废物掺烧比不超过生活垃圾的 5%。日本 2009 年 H1N1 新型流感病毒疫情期间发布《新流感废物管理措施指南》指出,如果担心感染性废物数量超过处置能力时,可与市政当局等讨论市政垃圾焚烧设施接收的可能性。我国上海市自 2014 年起利用生活垃圾焚烧设施应急处置医疗废物。新冠疫情期间,汕尾、东营、莆田、珠海、仙桃五地自 2020 年 1 月底、2 月初开始采用生活垃圾焚烧设施处置医疗废物(图 6 - 5)。2 月中旬,武汉市动态开放两座炉排式垃圾焚烧设施用于医疗废物协同处置,提供了颇具规模的医疗废物处置能力,实现连续 70 d 协同处置医疗废物约 7 000 t。

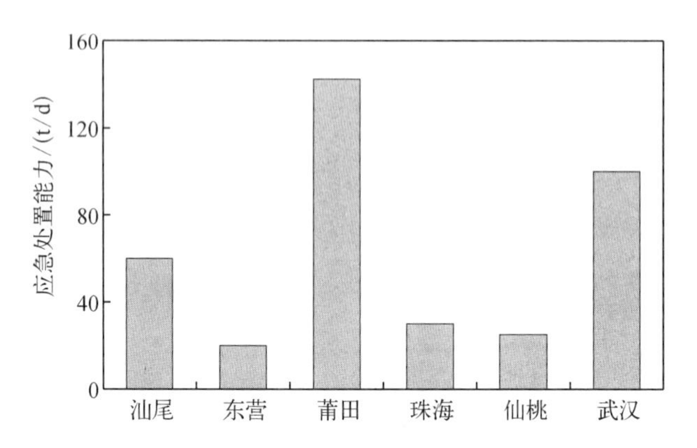

图 6-5 2020 年 1—2 月我国部分城市生活垃圾焚烧设施医疗废物应急处置能力对比

生活垃圾焚烧过程的处理温度要求与医疗废物焚烧相近,从炉内处理环节看,两者具有协同的可能。但是,两者在炉前处理的程序和方法上显著不同,使得处理过程对病原体扩散的控制能力有显著差异。国内外实践经验表明,通过"分流—消毒—强化包装—改进投加工艺—负压—卫生防护"等六重屏障,可以有效防范生活垃圾焚烧设施应急处置医疗废物过程的感染性风险:① 分流:医疗废物集中处置设施优先处置疫情医疗废物及其他感染性废物,尽量不将感染性医疗废物送往生活垃圾焚烧设施处置。② 消毒:对送往生活垃圾焚烧设施应急处置的感染性医疗废物,在包装、转运、处置的相关环节加强消毒处理,降低感染性风险。③ 强化包装:通过强化包装(如双重塑料袋包装后再用一次性纸箱包装、胶带缠封)可以降低抓料过程的破损概率。④ 改进投加工艺:通过设立单独卸料口(如可通过检修电梯直接翻斗进料)、改用弯钩和网兜配套抓料(不用抓斗)、视频监控指导精细化投料、缩短在垃圾料坑停留时间等操作降低医疗废物包装破损可能性。⑤ 负压:对垃圾料坑严格实行"微负压"环境。⑥ 卫生防护:加强操作工人的卫生防护措施和培训,有条件时可以选调有医疗废物处置经验的专业人员参与处置。

案例:为应对医疗废物焚烧设施检修停运、突发公共卫生事件等应急状态,2013 年,上海发布《生活垃圾焚烧大气污染物排放标准》(DB 31/

768)，规定了应急情况下生活垃圾焚烧设施协同处置医疗废物的入炉要求。2014 年年初，在上海市生态环境局、市卫生健康委、市绿化市容局的支持下，上海某公司完成《上海市医疗废物应急处置保障预案》，并在老港一般工业固废填埋场预处理车间完成医疗废物周转箱装卸区、清洗消毒区、堆放区以及污水收集等配套设施建设，在老港再生能源利用中心完成医疗废物卸货区、上料电梯、医疗废物进料装置以及卫生防疫控制等配套设施建设。应急处置设施经专家验收通过后，上海市利用生活垃圾焚烧设施第一次医疗废物应急处置工作于 2014 年 2 月启动。2014 年至 2019 年，上海市生活垃圾焚烧设施医疗废物应急处置量分别为 0.085 万 t、0.193 万 t、0.463 万 t、0.756 万 t、0.931 万 t、1.449 万 t。应急处置过程按照《上海市医疗废物卫生管理规范》和《医疗废物管理有关物品消毒方法》进行卫生防疫控制，医疗废物与生活垃圾混合焚烧每小时比例控制在 5%以内。

6.3.4　水泥窑协同处置设施

2014 年，WHO 发布的修订版《医疗废物无害化管理手册》指出，医疗废物的应急处置在保证安全转运的情况下可利用高温工业窑炉进行焚烧处置。新冠疫情之前，国内外鲜有水泥窑等工业窑炉协同处置医疗废物的经验。新冠疫情期间，国内多家水泥企业进行了水泥窑协同处置医疗废物初次尝试，截至 2020 年 2 月 24 日共处置 143.7 t 医疗废物。

医疗废物具有高热值、高含氯量的特点，水泥窑协同处置医疗废物应注意两个技术要点：一是做好改造衔接，医疗垃圾的包装尺寸与一般危险废物不同，水泥企业在技改时应确保上料系统及入料口的设置与医疗垃圾盛装容器衔接顺畅，降低感染性风险；二是做好与水泥生产的匹配，由于医疗垃圾氯含量较高(3%～5%)且热值高，需要合理确定投加量、分解炉停留时间等工艺参数，确保水泥生产运行稳定。

案例： 2020 年 2 月 2 日，宜昌市疫情防控指挥部发出指令，打赢疫情防控阻击战,加强医疗废物应急处置能力,将某水泥生产企业作为全市特殊有害垃圾和医疗废物应急处置备用单位。2 月 8 日,华新水泥一条具备 5 t/d 处置能力的生产线成功投烧。2 月 10 日,华新水泥启动了第二条生产线的协同处置改造工作,并于 2 月 14 日完成试烧,实现应急协同处置医疗废物能力达到了 10 t/d。

6.3.5 移动式医疗废物处置设施

在针对新冠疫情的相关个人及公共卫生防护以及医疗废物管理指导文件 *Water, Sanitation, Hygiene and Waste Management for the COVID-19 Virus, Interim Guidance* 中,WHO 提出在确保安全收集分类的前提下,推荐对涉疫情医疗废物进行就地(on-site)处置。移动式医疗废物处置设施较为适宜小规模就地处理,在德国、法国等欧洲国家均有多年应用,也曾在我国雅安地震灾区的医疗废物应急处理中发挥了重要作用。新冠疫情发生后,生态环境部紧急调配了 46 台移动设备送往武汉应急处理医疗废物,对黄陂区、江夏区和新洲区等多家新冠肺炎确诊患者集中收治定点医院产生的医疗废物进行就地处理,有效缓解了医疗废物的运输和处置压力。

移动式医疗废物处置设施单台处理规模一般较小,大多小于 2 t/d,通常采用高温蒸汽、微波消毒等非焚烧处理技术。移动式医疗废物处置设施的主要优势有:适应性强,对运行现场条件要求不高,可快速形成应急处置能力;运行稳定,应急状态下可 24 h 不间断运行;操作简单,1～2 人经简单培训后即可操控。

案例: 湖北省荆州市医疗废物处置中心原有两条处理能力为 8 t/d 的高温蒸汽生产线,总计处理能力为 16 t/d。新冠疫情暴发后,荆州市的医疗废物产生量成倍增长。荆州市医疗废物处置中心采购了一台 1.5 t/d 规模的移动式高温蒸汽处理设备用于应急处置。移动式医疗废物高温蒸汽处置设施示意图如图 6-6 所示。

图 6-6　移动式医疗废物高温蒸汽处置设施示意图

6.3.6　医疗机构自备处置设施

利用医疗机构自备处置设施对医疗废物进行就地处置曾在欧美国家较为常见。2000 年以来，在《关于持久性有机污染物的斯德哥尔摩公约》等国际公约履约外部压力和环境质量改善内部压力共同作用下，各国和地区纷纷出台了更为严格的焚烧设施大气污染物排放标准。原有的小型焚烧设施基本被非焚烧设施取代，新建设施也主要采用无有毒有害物质排放的非焚烧技术。而我国由于采取医疗废物集中处置模式，"非典"疫情发生后的 10 多年来基本未新建此类设施，仅保留了极少数的原有设施。新冠疫情期间，武汉新建的火神山、雷神山医院建设过程同步配置了共计 24 t/d 的医疗废物焚烧设施，其他定点医院配置了 10.9 t/d 医疗废物处置能力，确保了部分涉疫情医疗废物的安全处置。

案例：武汉火神山医院是新型冠状病毒肺炎定点收治医院。火神山医院建设过程配套建设了两台医疗废物焚烧炉，设计日处理能力分别为 4 t/d、5 t/d，用于临时处置院内产生的医疗废物。两台应急焚烧炉于 2020 年 2 月 10 正式运行。运行期间，火神山医院的医疗废物基本实现"日产日清"。武汉千子山医疗废物应急处置中心建成后，火神山医院的医疗废物统一运至千子山中心处置。火神山医院医疗废物处置设施于 2020 年 3 月 6 日停止运行。

6.4 医疗废物应急处置体系构建路径

6.4.1 医疗废物应急处置体系短板分析

1) 医疗废物应急处置缺乏顶层设计

目前国家层面均未将突发公共卫生事件涉及的医疗废物应急处置纳入环境应急制度设计，疫情期间医疗废物的应急处置主要通过临时发文的方式进行指导。2014 年印发的《国家突发环境事件应急预案》规定了突发环境事件的应急操作流程，然而未见针对医疗废物应急处置的相关描述，相关条款也不适用于医疗废物的应急处置。现行《医疗废物管理条例》等医疗废物法规亦未明确医疗废物环境应急管理及处置的相关要求。生态环境部发布的《"十三五"生态环境保护规划》《危险废物"三个能力"建设》等文件中对建立医疗废物协同与应急处置机制的要求也较为笼统，缺乏可操作性。

2) 医疗废物应急处置能力严重不足

相当一部分特大、超大城市仅有一座医疗废物集中处置设施，常规状态已是满负荷或超负荷运行，并且危险废物焚烧、生活垃圾焚烧、水泥窑等协同处置设施基本不具备直接开展应急处置的配套条件，集中处置设施的应急能力储备和可直接调配的应急处置能力均不乐观，直接导致新冠疫情期间武汉等地的医疗废物处置能力一度严重匮乏。较之应急状态下的处置能力，医疗废物运输能力的短缺更为突出，部分地区处置能力尚能满足需求，却无足够的车辆和人员对医疗废物进行及时收集，临时改造的转运车辆大多不能满足技术要求。此外，医疗废物收集袋、转运桶等存在较大缺口，防护用品、消杀用品也非常匮乏，导致疫情期间医疗废物的及时、安全处置面临诸多难题。

3) 医疗废物应急处置技术力量短缺

疫情期间，一方面医疗废物组成成分、感染特性等发生较大变化，医疗废物集中处置设施需要及时在预处理、处理等环节做出技术参数调整；另一方面，医疗废物的应急处置与常态处置的技术要求差异较大，相应的专家团队、专业化运营团队等技术力量支撑尤为重要。疫情期间大量新增的临时性、突击性处置能力的技术储备极为缺乏，二次污染控制及次生环境风险防范更是底气不足。由于涉疫情医疗废物包含大量被感染者产生的生活垃圾，部分集中焚烧设施在疫情初期难以正常运行；大多危险废物焚烧设施和生活垃圾焚烧设施疫情期间紧急改造后用于协同处置，贮存、投加环节存在一定风险；火神山和雷神山医院紧急配套建设的焚烧设施总体污染控制水平不高；水泥窑用于医疗废物协同处置的废物投加比例、投加方式等相关经验基本空白。

4）应急处置监管能力亟待强化

我国医疗废物全过程监管体系尚不完善，远程监控、实时定位、电子转移联单等现代科技手段在医疗废物监管中的应用处于起步阶段。疫情期间，除常规监管任务外，还会新增大量医疗机构废水监测、医疗废物焚烧废气监测、医疗废水处理污泥监管、水源地水质安全监控等应急任务，同时，医疗废物的大量临时性、分散性应急处置，也给环境监管、执法带来较大压力。环境监管能力不足在此次新冠疫情中进一步凸显，人员配置及监管手段均有待进一步加强。

6.4.2　医疗废物应急处置体系构建思路

从国内外历经的数次疫情来看，无论是“非典”疫情暴发的北京市，还是新冠疫情重灾区——我国的武汉市、美国的纽约市，均是人口密集的大城市。大城市医疗服务资源集中，并且人口众多、密度较大、流动频繁，一旦疫情发生，蔓延的规模和速度都较为可观，极易引发医疗废物产生量的快速攀升。因此，大城市是医疗废物应急处置的关键所在，务必加快形成完备的应急处置机制及能力。

根据《关于调整城市规模划分标准的通知》（国发〔2014〕第51号文件），

按城区常住人口数量将城市划分为五类七挡(表 6-4)。2018 年,28 个超大城市、特大城市、Ⅰ型大城市共产生医疗废物 47.7 万 t,占全国医疗废物产生总量的 48.7%。基于 2018 年大城市、特大城市、Ⅰ型大城市人口数据和当年医疗废物产量,对每百万人口医疗废物产生强度进行了对比。结果显示,大城市、特大城市、Ⅰ型大城市每百万人口医疗废物产生强度范围依次为 3～9、4～10、5～10 t/d。如按照医疗废物常态产生量 1 倍的规模配置应急处置能力,大城市每百万人口的医疗废物应急处置能力应不少于 10 t/d。

表 6-4　我国城市规模划分标准

<table>
<tr><th>序　号</th><th>城 市 类 型</th><th>城区常住人口数量</th></tr>
<tr><td>1</td><td>超大城市</td><td>1 000 万以上</td></tr>
<tr><td>2</td><td>特大城市</td><td>500 万～1 000 万</td></tr>
<tr><td rowspan="2">3</td><td rowspan="2">大城市</td><td>Ⅰ型大城市：300 万～500 万</td></tr>
<tr><td>Ⅱ型大城市：100 万～300 万</td></tr>
<tr><td>4</td><td>中等城市</td><td>50 万～100 万</td></tr>
<tr><td rowspan="2">5</td><td rowspan="2">小城市</td><td>Ⅰ型小城市：20 万～50 万</td></tr>
<tr><td>Ⅱ型小城市：20 万以下</td></tr>
</table>

从医疗废物应急处置方式来看,应急处置能力可由医疗废物集中处置设施、危险废物焚烧设施、生活垃圾焚烧设施、水泥窑设施、移动式医疗废物处置设施、医疗机构自备处置设施等统筹构成,梯次启用。其中,生活垃圾焚烧设施作为必不可少的城市基础设施,可与集中处置设施协调配合,形成规模可观、风险可控的应急处置能力。

6.4.3　医疗废物应急处置体系构建主要任务

1) 构建医疗废物应急处置管理体系

衔接突发公共卫生事件应急管理体系,在国家层面开展不同事件等级下医疗废物环境风险评估,明确相应医疗废物应急预案制定主体及内容。

落实《固体废物污染环境防治法》要求，将医疗废物应急管理相关内容纳入环境保护责任清单，明确国家、省级、地市各级政府以及卫生健康、生态环境、环境卫生、交通运输等主管部门责任。加快完善医疗废物法规标准体系，《医疗废物管理条例》修订版本增加了医疗废物应急处置的相关要求，正在制定和修订的医疗废物相关标准对突发疫情状况下的医疗废物集中处置设施的运行参数、污染物排放指标等提出针对性要求，并且确保相关要求的衔接统一。推动长三角、粤港澳大湾区、京津冀等城市群建立突发疫情医疗废物区域联防联治机制。

2）提升医疗废物应急处置能力储备

在集中处置设施方面，可由国家生态环境部门联合相关部门出台医疗废物处置设施建设规划，统筹考虑应急处置能力的储备，提出技术路线、能力配置等方面的原则性要求：每个地级以上城市医疗废物集中处置设施的设计规模应保持充足裕量，特大、超大城市的集中处置设施应采用自动化程度较高的生产线；针对农村及偏远地区医疗废物采取的“小箱进大箱”逐级收集后集中处置、自行建设处置设施、配置移动式处置设施等医疗废物处置模式，相应提出应急处置能力储备要求；各地可根据实际需求，在突发公共卫生事件集中救治定点医院等医院内部，设置小型医疗废物处理设施或移动式处置设施，作为应急状态下的能力补充。在应急处置设施方面，可以区市为单位建立医疗废物应急处置资源清单，列入清单的协同应急处置设施应设置专用卸料区，并配置专用上料设备、清洗消毒设备等。医疗废物处置设施应与后续处置设施及应急处置设施协同布局，发挥最大效用。

3）推行安全经济应急处置技术路线

突发疫情期间医疗废物应急处置技术路线如图 6－7 所示。医疗废物集中处置设施满负荷运行后可启用备用生产线或备用设施，并可同步启用移动式医疗废物处置设施或医院自备处置设施对涉疫情废物进行就地消毒，再进行后续处置。在医疗废物集中处置能力不足的情况下，集中处置设施应优先保障涉疫情医疗废物的处置。应急处置医疗废物应尽可能采用市域内及周边区域的设施，优先考虑区域内工艺相近的危险废物焚烧设施，其次采用生活垃圾焚烧设施(炉排型);若仍不能满足需求,再启用工业窑炉等设施进行协同应急处置。生态环境部应尽快组织开展新冠疫情期间医疗废物应急处置经济、技术、风险全面评估,为后续医疗废物应急处置体系的构建提供适用技术、设备方面的参考,同时针对临时贮存、转运及处置设施的选址、设备配置、处置能力设计等的快速响应技术及应用开发,也应快速跟进。

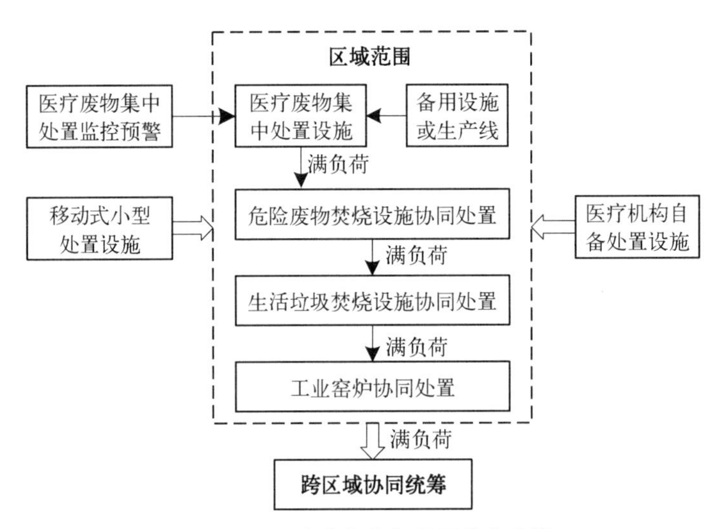

图 6-7　医疗废物应急处置技术路线

4) 完善医疗废物应急处置配套措施

建立应对疫情或者灾情的医疗废物应急处置能力及物资储备体系,将其纳入地方应急保障体系统筹规划、建设。组建由医疗废物处置行业龙头企业、区域危险废物集中处置设施等组成的区域医疗废物应急处置队伍,以及由环境管理专家、处置技术专家、处置设施运营专家等组成的专家队伍。依托国家、省级、市级固体废物管理信息系统,加快推进医疗废物信息监管平台建设,覆盖医疗卫生机构、医疗废物集中处置单位及医疗废物应急处置单位,实现信息互通共享,充分利用物联网、大数据、云计算等现代化手段,建立集中处置设施处置负荷预警机制,指导突发疫情情况下的应急响应调度。

第7章

医疗废物信息化监管

近年来,随着互联网和信息化技术发展迅猛,医疗废物相关处置技术及监管工作也相应有了较大发展与进步。本章介绍了医疗废物信息化监管的必要性和应用关键技术,并给出监管流程分析;基于云服务和大数据顶层设计,逐一说明了医疗废物监管系统的功能设计,以供相关机构参考。最后给出医疗废物信息化监管应用案例及未来发展前景。

7.1 医疗废物信息化监管的必要性

医疗废物(HW01)具有极强的传染性和感染性,对人体健康和环境安全存在极大的威胁。由于医疗行业的特殊性,医疗废物具有较强的空间污染、急性传播和潜伏性污染等特征,如不加强管理,随意丢弃将对环境和人类身体健康产生极大危害。因此,医疗废物的收集处置工作是关系到一个城市环境安全的重要工作,尤其是在现阶段最严环保政策形势下尤为重要。然而目前医疗废物在收集、处置和监管等方面还存在一些问题和困难,也发生了一些流失倒卖案件。如大部分医疗机构和处置单位对医疗废物分类收集、交接环节采用手工登记、人工交接方式,耗时耗力、效率低下,从而导致统计管理不及时,发生流失不容易追溯;监督部门的监管方式大部分也是采用现场上门检查、手工统计，其管理难度大，存在监管漏洞。

近年来，国家各级管理部门对医疗废物管理工作越来越重视，国家卫健委发布了进一步规范医疗废物管理工作的通知和审计部门连续专项审计，还强调生态环境管理部门要加大力度对医疗废物进行监管，严防医疗废物流失。随着我国经济的高速发展和综合国力的快速提升，医疗技术快速成熟，医疗机构也日益增多，伴随而来的是医疗废物产生量越来越多，监管难度越来越大。

为此，国家卫生健康委、生态环境部、发改委等 10 部委于 2020 年 2 月 24 日发布了《医疗机构废弃物综合治理工作方案》，加强医疗机构废弃物综合治理，实现废弃物减量化、资源化、无害化。建立的医疗废物信息化监管平台，覆盖医疗机构、医疗废物集中贮存点和医疗废物集中处置单位，实现了信息互通共享。卫生健康部门能够及时向生态环境部门汇报医疗机构医疗废物的产生、转移或自行处置情况。生态环境部门要及时向卫生健康部门公布医疗废物集中处置单位行政审批情况，面向社会公开医疗废物集中处置单位的名单、处置种类和联系方式等。通过上述方案，构建起医疗废物数据监管闭环体系，实现医疗废物在线追溯和监测留痕的接轨，以及废物全过程、无死角监管。

7.2 医疗废物信息化应用关键技术

医疗废物信息化应用关键技术在于借助大数据发展的契机，以“创新监管手段，充分运用现代物联网技术，提高管理效率”的精神为指引，以“大力发展医疗废物信息化，提升关键环境重点防范水平和应急处理能力”为目标，推动医疗废物从源头分类和减量化管理体制和监管手段的创新。

1) 物联网技术

物联网可以实现物与物、人与物的连接。而实现医疗废物信息化的功能，主要是利用物联网技术，通过物联网设备实现医疗废物源头分类和减量化的精准感知。结合医疗废物的业务场景和用户需求，对整个医疗废物信息采集方案、控制功能、通信模式等展开针对性的设计与开发，量身定制线下业务工作流程和信息系统，使得系统能够按照流程连接各环节的传感器和物联网设施，并实时采集称重、转移、出入库等重要数据信息。通过融入医疗废物监管的业务场景模型，对医疗废物、运输车辆、操作人员等监控目标行为进行追踪、检测、判定、报警。

物联网技术的应用使医疗废物从产生、交接、计量、收集、批量入库、批量出库等环节进行智能化动态监管，减少人工录入的失误，利用电子感应等物联网手段使所有过程变为数据录入系统，从而达到了终端感知层的建设，可有效防止医疗废物遗失和外流，对医疗安全起到很大的保障作用。

2）云计算平台

云计算融合了分布式计算、并行计算、网络存储、负载均衡、虚拟化技术等计算机技术与网络技术，云计算是由大量分布式计算机完成计算任务，而非本地计算机完成，这使得云计算有着超大规模、高可靠性、高可扩展性、按需服务等特征。云平台的应用让各项服务实现统一，让服务之间有了更加紧密的联系，能够大幅度地提升管理效率。医疗废物信息化应用可以借助云计算平台对医疗废物数值建模、溯源建模等消耗计算资源应用系统进行统一资源调度和统一发布管理。同时，该技术既包含多应用智能桌面集成技术，也包含智能管理技术，前者可以隔离物理集合应用，为系统的安全性能做保障，后者则能够有效控制许可长期占用问题，可以有效提高资源的利用率。

3）大数据技术

医疗废物信息化大数据应用主要涵盖医疗废物的产生、分类、收集、贮存、转移、处置等全过程业务数据。这些医疗废物生产数据种类繁多、数据交易频繁，故对数据库存储和数据挖掘分析的性能提出了更高要求。在数据处理和应用层需要将不同类型数据集的关联性分析，聚集多个数据集，形成不同类型数据的融合集成、关联分析。

4) 智能 AI 技术

智能 AI 技术是实现医疗废物智慧决策的基础,通过人工智能技术、机器深度学习技术和专家数据库技术,可更快地提取数据价值,找出其中的价值规律。针对不同数据层级对数据库信息进行建模,开展医疗废物溯源、预警和趋势分析应用,为管理人员提供医疗废物的减量化、无害化和资源化的决策信息。

7.3 医疗废物全过程监管流程分析

根据医疗废弃物收集点分散、数量变化大、收运网络路线复杂等特点,医疗废物全过程监管流程可以划分为三个主要阶段:前端管理、转移过程、末端管理,重点为转移过程阶段。往前追溯的前端管理主要针对医疗机构的生产、转运、暂存管理;往后的末端管理主要针对处置单位的出入库以及处置利用管理。利用物联网技术构建全过程监管要素感知网络,积极推进医疗废物的全过程监管,做好全过程信息化智能监控,确保医疗废物从暂存、转移、运输、处置各个关键环节无死角监控感知。

医疗机构的医疗废物处理产业链一般由三部分组成:医院内部医疗废物的收集和储运;医疗废物由医疗机构到销毁企业或者再利用企业的中转运输;医疗废物销毁或再利用机构的销毁再利用。医疗废物全过程信息化监管是利用物联网、互联网技术对医疗废物收集处置进行全过程监控管理,为医疗机构、集中处置单位、环保和卫生监管机构提供全过程信息化管理系统,实现医疗废物收集处置业务操作规范化、自动化和标准化,可追溯、可在线监管,杜绝医疗废物流失。

医疗废物全过程信息化监管的基础是把盛装医疗废物的包装容器安装电子标签,从而实现医疗废物数字化,实现全过程流转数据信息化,便于数据共享、实时查询、在线监管。

医疗废物全过程信息化监管的关键是把医疗机构内部医疗废物的产生和收集数据与医疗废物集中处置单位的收集、转运、处置数据互联互通，再与环保、卫生监管部门联网。

根据现有行政管理职能划分，医疗机构属于卫生健康部门主管，医疗废物集中处置单位属于生态环境管理部门主管，导致在医疗废物全过程信息化技术建设方面存在困难，需两个部门各自建设，再由两个部门的系统对接数据共享。

目前，各地已建成的医疗废物信息化系统大部分都是医疗机构内部建一套，医疗废物集中处置单位建一套，两套系统各自独立，其数据很难做到一致。根据国家要求实现医疗废物现代化管理，建设医疗废物全过程信息化监管，须由省市级别行政单位开展顶层设计，将卫生健康管理部门主管的医疗机构和生态环境管理部门主管的医疗废物集中处置单位整体设计，统一包装容器电子标签、统一终端设备识别标准、统一数据流程、统一系统平台。以便卫生、环保监管实现一网通用，数据一致，全过程清晰可追溯。医疗废物分类收集及处置技术流程如图 7－1 所示。

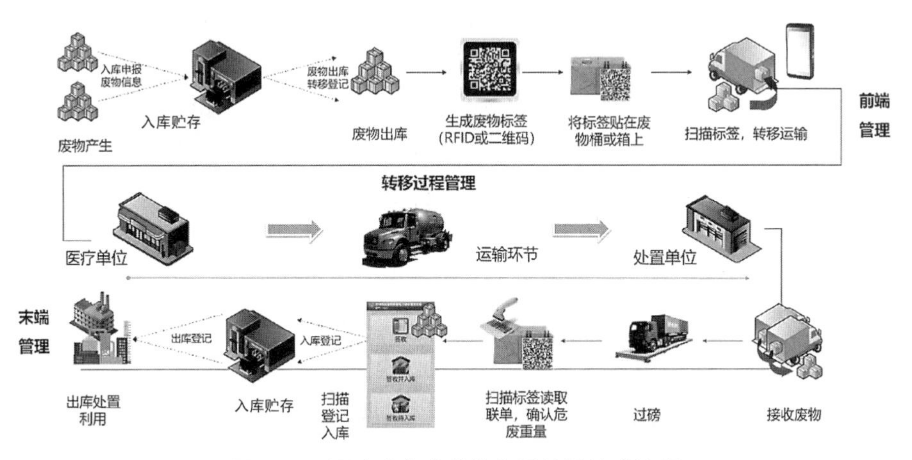

图 7－1　医疗废物分类收集及处置技术流程

7.4 基于云服务和大数据顶层设计

基于云服务架构的医疗废物信息管理系统的应用将医疗废物处置管理从以设备为中心转向以信息为中心，避免监管机构投入大量IT资源和人力资源对信息系统的运营管理，而专注于医疗废物信息化数据分析和决策分析。通过云服务架构的基础设施即服务(IaaS)提供按需分配和可计量的计算资源和存储资源；将软件研发的平台或中间件作为一种服务构建平台即服务(PaaS)能够解决前端物联网设备的供应商纷杂造成的技术规范不一致，数据标准不统一的现象，以及提供各类报表、GIS、工作流、信息安全等服务；以SOA理念进行多种应用层服务开发构建的可定制化的软件即服务(SaaS)应用，满足卫生健康委、生态环境等主管部门对医疗废物从科室投放、分类收集、分类包装、定时定路线运送、暂时贮存以及交接集中处置等各环节的全过程信息化监管。基于云服务大数据顶层设计如图7-2所示。

同时，医疗废物信息管理系统采用大数据、机器学习、智能AI等技术，构建从数据采集、数据存储、数据挖掘、数据分析和信息展示的智能化平台。

图7-2 基于云服务大数据顶层设计

利用数据算法、数值模型等帮助管理者从数据中找出隐藏的模式和关联，进行分类和预测，允许自动模式查找及交互式分析，并针对相同或不同监测要素之间的相关性进行分析。后端管理平台除了常规的报表、图表形式外，还可针对不同的应用，利用多种工具进行更直观的数据展现。例如，与地理信息数据相结合以地图的形式将数据展现出来。医疗废物大数据应用技术流程如图 7-3 所示。

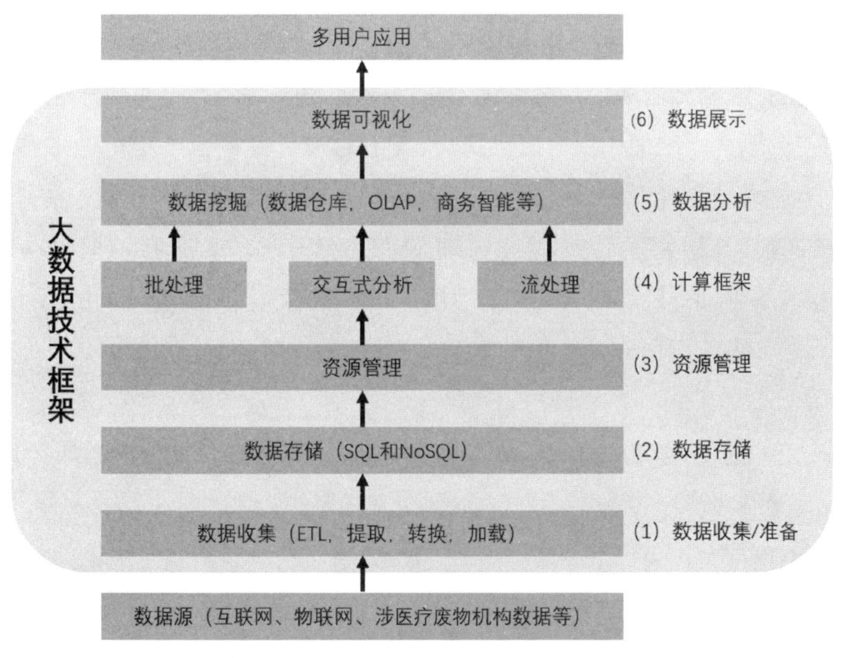

图 7-3　医疗废物大数据应用技术流程

7.5　医疗废物监管系统的功能设计

系统软件平台的建设采用基于开放式软件体系框架，按照标准化、结构化、层次化、平台化、模块化的思路设计应用系统。主要功能模块设计包括以下内容。

7.5.1 医疗废物监管云服务门户

医疗废物信息管理系统主要涉及监管部门、产废单位、收集单位、运输单位和经营单位5类用户，不同的应用对象具备不同的业务、流程和功能需求，因此，针对医疗废物管理过程的不同用户，分别建设有针对性的应用门户：产废单位门户、收集单位门户、经营单位门户、运输单位门户、监管部门门户，实现医疗废物监管业务外网申报、内网审核的先进、快速、便捷的管理模式。

医疗监管云服务门户采用统一账户权限、统一消息服务和统一应用集成的方式，为系统使用用户提供统一、集中的入口服务。产废单位、收集单位、运输单位和经营单位可通过云服务统一门户进行单位企业基础信息维护管理，以及相关医疗废物业务办理、转移联单管理、信息申报填报、通知通告接收等事项办理。监管部门可根据各职能部门的权限查看不同的医疗废物监管业务数据和审核审批各项医疗废物行政许可业务。

7.5.2 医疗废物物联网动态监管

对医疗废物进行全领域覆盖全天候数据监管，实时将医疗废物采集、运输和存储设备的运行参数发送到控制中心后台，使监管人员全面掌握各个医卫机构的医疗废物产生、回收、处置情况。利用“物联网＋”的模式，在医疗废物收集、清运、存储的全过程跟踪管理和实时监控。主要功能包括物联网设备管理、物联网设备采集管理、重点环节视频监控管理、在线监测数据管理、物联网设施运营管理等。

7.5.3 医疗废物业务一体化监管

该功能为卫健和生态环境管理部门提供医疗废物监管业务的综合一体化监管服务功能。例如对医疗废物转移审批流程管理，对医疗废物行政审批业务的办理、医疗废物产生量和处置进行数据分析统计和决策，以及涉医疗废物企业的日常监督管理等。具体可实现：① 智慧监管：对医疗废物分类收集、暂存、转运、处置全过程监管，实现医疗废物数据信息互通共享，防止非法倾倒买卖；② 精准追溯：通过对医疗废物流转过程各环节的信息化实现，可以精准追溯医疗废物种类、来源、数量、重量、交接人员、交接时间、交接地点和最终去向等重要信息；③ 调度安排：可根据医疗废物的产生量安排应急处置能力调度，对医疗废物做到应收、统收；④ 统计决策：展现医疗废物总数据、医疗废物实时数据总量、全景地图、视频监控等功能，在线执法，实现监督管理与 AI 决策分析的一体化、智能化、可视化、预警化。

7.5.4 医疗废物应急处置与防控

依据《新型冠状病毒感染的肺炎疫情医疗废物应急处置管理与技术指南(试行)》要求，建立医疗废物应急处置与统一防控体系。按照“统一管理与分级管理相结合、分工负责与联防联控相结合、集中处置与就近处置相结合”的原则，构建起在卫生健康、生态环境、住房城乡建设、交通运输等主管部门的共同协调下的医疗废物规范应急处置活动流程。

按照应急处置技术路线和技术要求，构建医疗废物风险源进行一源一档管理、医疗废物处置物资统一调度管理、医疗废物风险源预警管理、医疗废物应急协同调度管理、医疗废物处置事后管理等功能，指导各地及时、有序、高效、无害化处置医疗废物，规范医疗废物应急处置活动，防止疾病传染和环境污染，及时发布应急处置信息。实现医疗废物管理由“事前审批管理”转向“事中事后过程监管”，由“被动式管理”逐步向“主动预防式管理”转变，及时预警提醒快速查处监管，发挥政府宏观指导作用。

7.5.5 医疗废物一张图决策

借助大数据管理模式，医疗废物的管理可视化、规范化，数据更加精准、细致、统一，还能线上进行有效监督，收没收、谁来负责交接的，大数据全部都有记录，全凭数据说话。采用 BI 工具和业务报表等数据分析技术与手段对各种业务数据进行专题与综合分析，并结合表格、图表、富文本等丰富的展示方式将分析结果呈现给用户，以供查看和查询并辅助决策。基于大数据的关联分析对常规监测数据、非常规监测数据、业务数据进行关联性分析，总结数据之间规律，更好地进行数据溯源，发现引发环境问题的本质因素，及其潜在变化关系，帮助管理者从数据中找出隐藏的模式和关联，进行分类和预测，为废物医疗废物管理决策提供可靠依据。医疗废物大数据智能决策应用如图 7－4 所示。

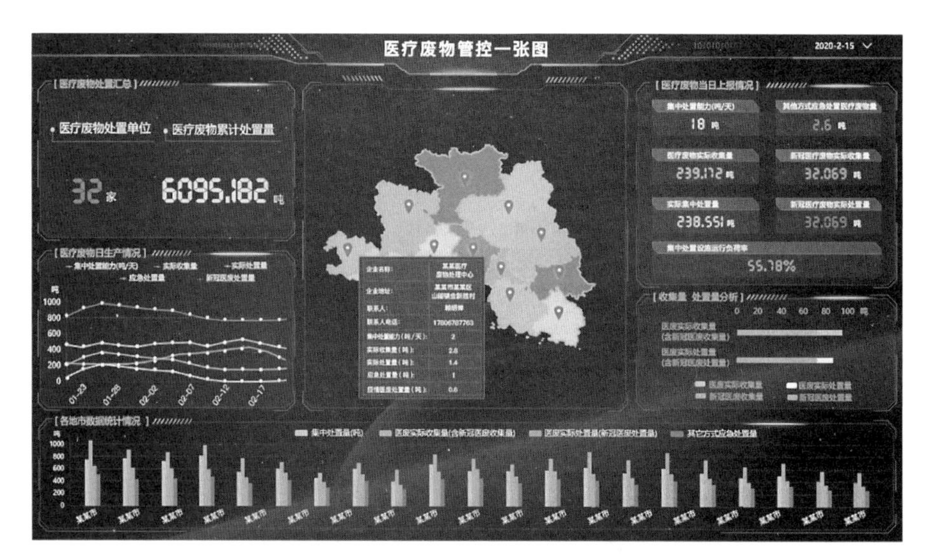

图 7－4 医疗废物大数据智能决策应用示意图

7.5.6 医疗废物通移动综合应用

将移动端应用与医疗废物监管业务结合，通过智能手机、平板电脑等智能终端构建医疗废物通 APP 和微信小程序，以满足医疗废物信息管理系统不同用户的业务需求。用户可实现医疗废物出入库管理、转移联单、申报和审批等应用场景的移动化、电子化操作，方便用户随时随地办理相关业务。医疗废物通移动综合应用如图 7－5 所示。

图 7－5　医疗废物通移动综合应用

7.6　医疗废物信息化监管应用案例

医疗废物信息化监管是医疗废物从院内分类收集到集中处置的全程闭环管理体系。按照信息化应用场景，将其分为医疗机构、处置机构和监管机构三大类对象，以下将从这三类对象应用来阐述医疗废物信息化监管全过程闭环管理应用。

7.6.1　医疗机构信息化应用

7.6.1.1　应用单位

选择南方某两个医院开展医疗废物信息化应用案例。

7.6.1.2　处置规模

南方某医院Ⅰ为三级甲等综合医院。医院医疗区占地面积近 5 万 m^2，总建筑面积近 17 万 m²,展开床位 2 300 张,编设 65 个专业科室、35 个教研室。医疗废物日产生量约为损伤性 200 kg、感染性 1 800 kg、病理性 20 kg、药物性 10 kg。

南方某医院Ⅱ创建于 1941 年,大型综合性三级甲等医院,全国首批百佳医院。医院设置诊疗科目 111 个,拥有国家临床重点专科建设项目 14 个,国家中医重点学科 4 个。南方某医院 2 医疗废物日产生量约为损伤性 1 000 kg、感染性 3 300 kg、病理性 40 kg、药物性 20 kg。

7.6.1.3 信息化建设内容

1) 主体设备

南方某医院Ⅰ医疗废物分类收集处置主体设备清单及操作示意图分别见表 7-1、图 7-6a。

表 7-1 南方某医院Ⅰ医疗废物分类收集处置主体设备清单

序号	设备名称	设备技术参数	数量	单位
1	便携式信息采集终端(含 PDA)	应用于整个医院进行智能化清运管理,可配套医院原有的医疗废物清运车使用。 1. 二维码扫描,全触摸操作屏 2. 热敏打印,称重端自动出码 3. GPS 定位,无线传输,显示轨迹 4. 智能称重,数据采集,实时监控 5. 便携手提,一体式设计 6. 长宽高: 50 cm×30 cm×10 cm	5	台
2	医疗废物溯源校准仪	应用于医疗废物暂存库,对进入医疗废物暂存库的院内医疗废物进行复核入库以及交接出库使用。 1. 15 英寸智能触摸屏 2. 扫码识别,出库入库,核对数据 3. 语音提示,自动播报 4. 智能称重,数据上传,平台监控 5. 热敏打印,自动出码 6. 长宽高: 70 cm×50 cm×90 cm	1	台
3	医疗废物智能监管平台	包含 PC 端、移动端 APP 和微信小程序。主要功能包括医疗废物出入库管理、查询统计管理、医院信息管理、废物交接管理、设备状态监控、GIS 地图管理等	1	套

南方某医院Ⅱ医疗废物分类收集处置主体设备清单及操作示意图分别见表7-2、图7-6b。

表7-2　南方某医院Ⅱ医疗废物分类收集处置主体设备清单

序号	设备名称	设备技术参数	数量	单位
1	医疗废物智能收集终端(箱型)	应用于空间有限的科室内部或医院楼层的临时贮存间。 1. 感应开门,只进不出 2. 满溢报警,以防二次污染 3. 护士刷卡,授权清运 4. 自动称重,自动出码,以防流失 5. GPS定位,语音播报 6. 信息自动上传,平台监控	4	台
2	便携式信息采集终端(含PDA)	应用于整个医院进行智能化清运管理,可配套医院原有的医疗废物清运车使用。 1. 二维码扫描,全触摸操作屏 2. 热敏打印,称重端自动出码 3. GPS定位,无线传输,显示轨迹 4. 智能称重,数据采集,实时监控 5. 便携手提,一体式设计 6. 配套现有660 L医疗废物收集车	4	台
3	医疗废物溯源校准仪	应用于医疗废物暂存库,对进入医疗废物暂存库的院内医疗废物进行复核入库以及交接出库使用。 1. 15英寸智能触摸屏 2. 扫码识别,出库入库,核对数据 3. 语音提示,自动播报 4. 智能称重,数据上传,平台监控 5. 热敏打印,自动出码	1	台
4	智能手持平板设备	屏幕尺寸：10.8英寸。 运行内存(RAM)：4 GB。 1. 存储容量(ROM)：128 GB 2. 前置摄像头：800万像素,固定对焦 3. 后置摄像头：1 300万像素,自动对焦 4. 分辨率：2 560×1 600 5. 扩展支持：micro SD(TF)卡 6. 可扩展容量：512 GB 7. CPU核数：八核 8. 触摸屏：电容十点触控 9. 蓝牙传输：蓝牙5.0 10. USB接口：USB Type-C接口,支持与PC数据同步、快速充电等功能 11. 内置医疗废物智能监管APP	10	台

（续表）

序号	设备名称	设备技术参数	数量	单位
5	医疗废物智能监管平台	包含PC端、移动端APP和微信小程序。主要功能包括医疗废物出入库管理、查询统计管理、医院信息管理、废物交接管理、设备状态监控、GIS地图管理等	1	套

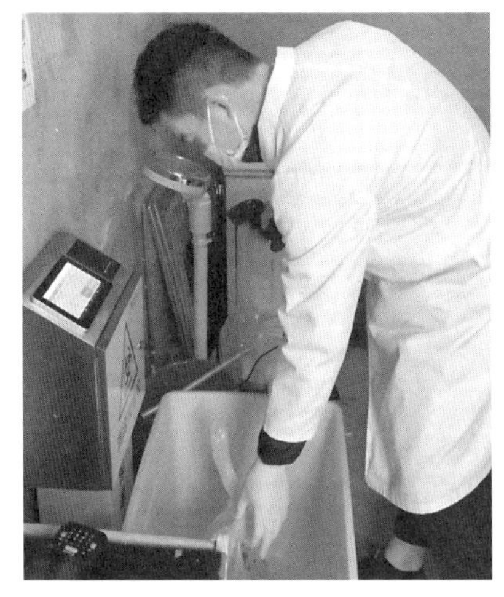

医疗废物暂存间溯源校准

医疗废物扫描交接

(a) 南方某医院Ⅰ

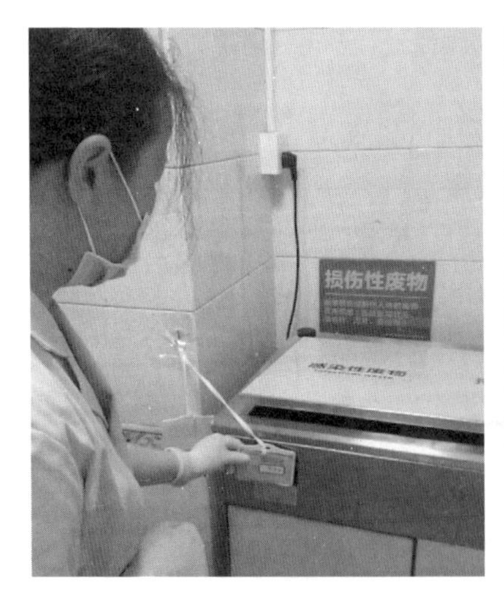

医疗废物刷卡投放

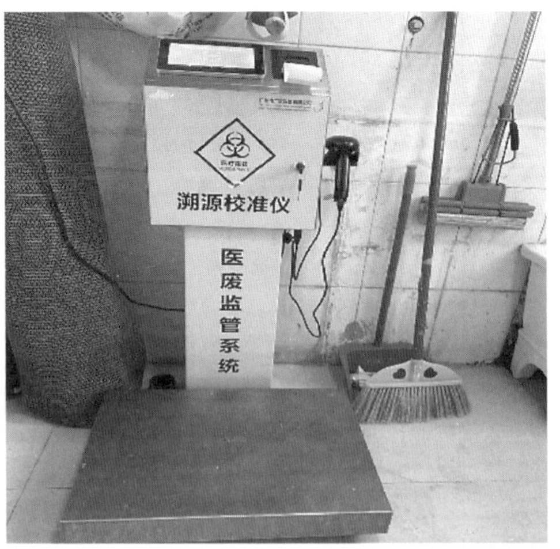

医疗废物暂存间溯源校准

(b) 南方某医院Ⅱ

图7-6　医疗废物分类收集处置照片

2) 主体设备参数规格

(1) 便携式信息采集终端。该终端应用于部分没有安装医疗废物收运专用电梯的楼体,在这些楼体的污物间放置了这款便携式的回收设备,用于科室医疗废物的回收,外观小巧,移动方便,功能齐全,便于清运工收集医疗废物。由手持 PDA 搭配蓝牙便携秤组成。手持设备主要用于医疗废物收集人员在医疗废物收集的时候做人员身份认证、获取蓝牙秤的医疗废物重量、出入库以及溯源查询使用。便携秤主要起着称重的功能。前端收集的医疗废物数据会通过手持 PDA 实时传输至医疗废物管理平台。这款设备适用于各种类型的医疗机构,搭配现有的推车使用。便携式信息采集终端设备如图 7－7 所示。

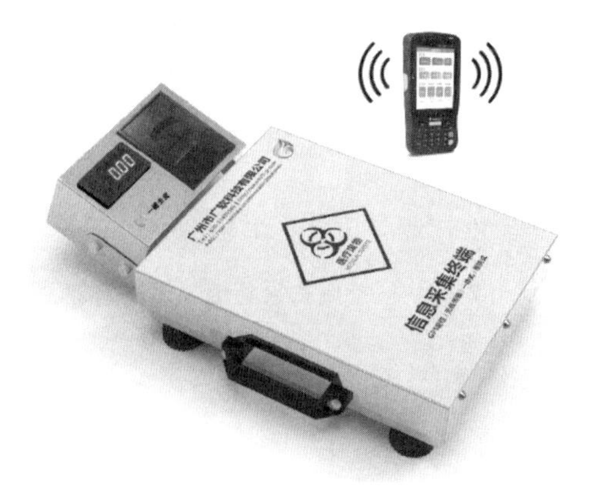

图 7－7　便携式信息采集终端设备

设备具有以下特点: ① PDA 扫描识别认证身份,全触摸屏操作;② GPS 定位,实时传输采集数据;③ 智能称重,自动出码;④ 便携手提,蓝牙数据传输;⑤ 信息自动上传,平台监控。

(2) 医疗废物采集信息运输终端。该终端应用于院内配有医疗废物收运专用电梯的楼体,配备电动助力推车,清洁员使用这款设备对整栋楼的医疗废物进行收集,设备自带称重、打码、医疗废物交接等功能于一体(图 7－8),回收的医疗废物信息经该设备自动上传至监管平台。设备采用全封闭式设计,推车集信息采集与称重于一体,一般一栋楼(医疗废物专用电梯)配备一台这样的推车就能满足整个楼层的医疗废物收运工作,同时可以用于入库、出库等操作。电动助力,操作人员可以自由配速,方便医疗废物收集人员使用。

设备具有以下特点: ① 扫码身份认证,全触摸屏操作;② GPS 定位,实时传输采集数据;③ 热敏打印,智能称重,自动出码;④ 信息自动上传,平台监控。

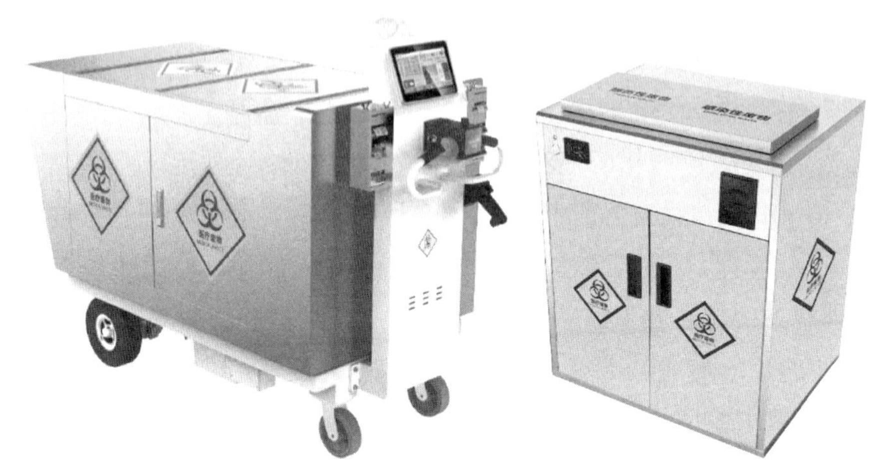

图 7-8 医疗废物采集信息运输终端　　图 7-9 密闭式医疗废物源头分类箱

(3) 密闭式医疗废物源头分类箱。手术室、外科等有感染性风险的科室配置了这款采用封闭式设计的源头分类收集箱,可以防止感染传播。医疗废物投放及清理通过刷卡权限开门,避免旁人接触医疗废物,自动称重出码。自动称重出码功能,减少收集环节,降低人工出错频率,提升数据精准度,有效提升监管力度。密闭式医疗废物源头分类箱如图 7-9 所示。

设备具有以下特点: ① 刷卡授权开门,只进不出;② 溢满报警,防止二次污染;③ 智能称重,授权清运,自动出码;④ 信息自动上传,平台监控。

(4) 医疗废物智能溯源校准仪。其放置在医院总暂存间,用于对便携式、推车和分类箱收集的医疗废物进行出入库及溯源查询管理,同时可以对源头收集的医疗废物进行重量校准复核,可追溯医疗废物是否遗失,泄露等情况。

设备具有以下特点: ① 数据核验,医疗废物出入库管理;② 职能称重、数据上传;③ 热敏打印,自动出码;④ 信息自动上传,平台监控。

(5) 医疗废物智能监管平台。通过建立医疗废物智能监管平台实现对废物“产生—收集—转移—处置”的全生命周期管理,该平台集实时监控、业务流转、数据共享、预测预警、科学决策和服务管理等功能一体化。平台根据不同应用场景分为PC桌面端、移动端APP、移动端微信小程序三部分，主要功能包括医疗废物出入库管理、查询统计管理、医院信息管理、废物交接管理、设备状态监控、GIS地图管理等。实现医疗废物数据在线采集、数据自动审核、废物转移全过程监控、多模式可视化统计分析等功能，使政府、企业、公众均能详细了解医疗废物的来龙去脉，医疗废物精细化管理提供数据支撑。PC桌面端平台软件界面如图7－10所示，移动端APP界面如图7－11所示。

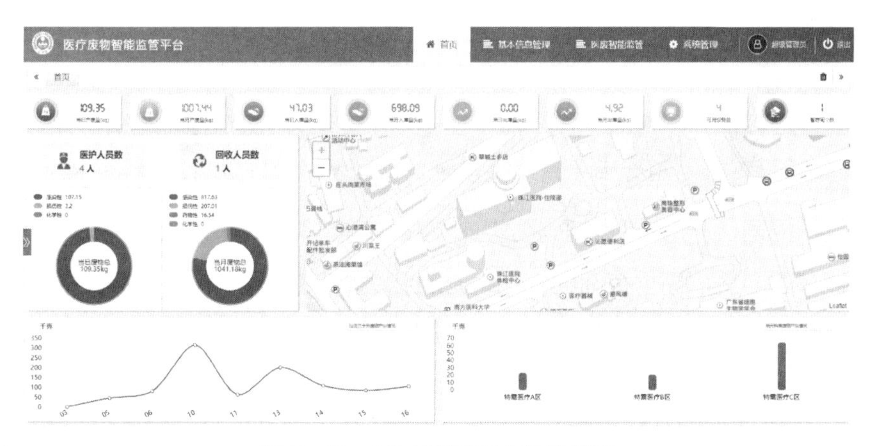

图7－10　PC桌面端平台软件界面

图7－11　移动端APP界面

7.6.1.4 信息化运行成效

南方某医院Ⅰ和南方某医院Ⅱ均根据医院的实际情况，配置了不同型号的医疗废物专用收集设备。通过这些设备采集的医疗废物信息实时传输至信息化管理软件平台上，从医疗废物的收集、暂存入库、出库交接、处置运输等环节建立起了医疗废物防控物联网络，形成了收、储、运于一体，信息互联互通的医疗废物管理“一张网”。

基于前端硬件设施的数据采集，在软件管理平台能实时对院内的医疗废物数据进行查询统计和数据报表的导出，告别了手工登记、手工累计的传统模式的数据管理，使数据更精确、更真实；通过预留数据接口可实时与卫监、环保等监管部门进行数据对接与上报。

全过程管理及智能化控制流程如图7－12所示，医疗废物清理人员、科室医护人员、出入库管理人员等角色都分配有各自的二维码信息，从清理人员扫码清运，到产废科室扫码与护士交接，交接信息打印并生成二维码，到达暂存间之后扫描暂存间的二维码进行出入库，整个流程都通过扫码的方式进行流转，实现了医疗废物收运、入库、出库等环节的标准化与规范化；对超时未回收、超时未入库，重量不符等信息进行预警预报，同时结合视频监

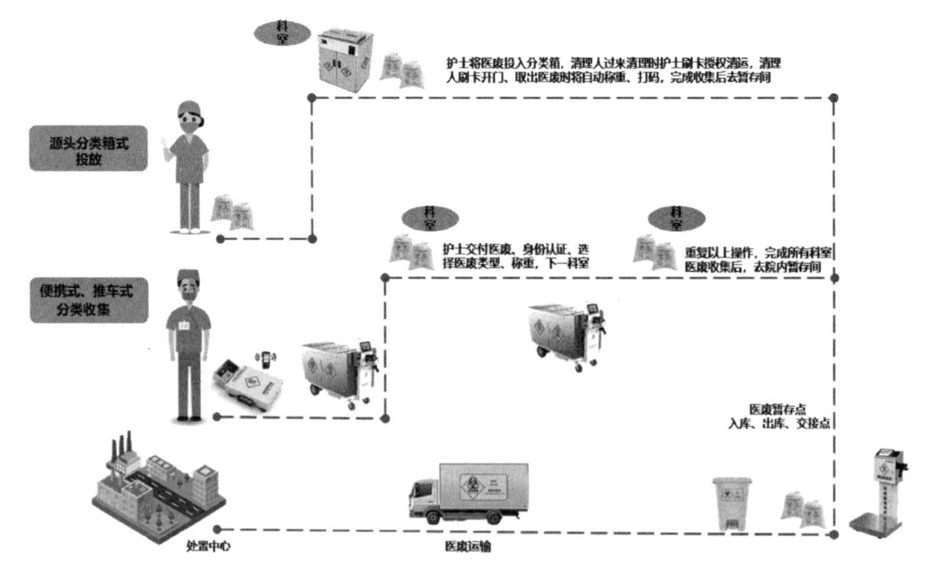

图7－12 全过程管理及智能化控制流程

控等方式,防止了医疗废物的流失,完善了医疗废物的溯源管理,实现了从医疗废物的产生、院内暂存到处置清运的全流程闭环管理。

7.6.1.5 设施运行管理方案

1) 设施运行稳定性

医疗废物智能监管平台采用J2EE标准的分布式体系结构设计,使应用系统具有平台独立性,可以在任何符合J2EE规范的应用服务器中部署,提高系统的可部署性,降低维护和管理成本。整体项目的运行结合信息系统项目运行维护管理体系标准,建立了运行维护管理制度,并对各软硬件设施进行定期维护检查,包括检查数据状况、检查应用配置、设施运行情况以及进行必要的补丁升级等,以便提前将故障消灭在萌芽状态。对出现故障无法修复的或无法正常运行的系统,提供替代设备以保证系统的正常工作。

2) 维护管理要求

根据日常管理工作需要安排至少1名专职维护管理人员,主要负责系统的日常运行维护工作,其主要职责是确保软硬件设施处于无故障运行的状态,应由具有一定计算机、网络知识的工作人员担任。能够进行网络、操作系统和业务应用系统的安装和维护工作,进行系统功能、实时性能监控和必要的状态检查;应定期备份数据,能够在系统中断、运行瘫痪的情况下,及时排除相应故障,避免或尽可能降低系统损失;另外,还应对系统的运行情况进行分析,提供合理的扩容、改造建议,确保系统的可持续发展。

3) 实施质量控制

在项目实施过程中,须对项目进行规范化管理,要有项目实施组织、项目实施管理计划、项目进度计划、项目验收计划等方案,确保项目质量。成立相应的项目组,并指定专职的项目责任人负责项目协调和调度工作。明确项目过程中质量保证的需求;明确质量保证的内容(对象);明确项目组中质量职责;明确实施质量保证的策略和方式、方法;明确实施质量保证的切入点(质量保证的时机);明确质量保证的物资资源和人员投入;明确项目过程中质量保证的支持环境;明确质量过程的提交物。

4）物料与能源消耗

医疗废物智能监管平台物料消耗主要是二维码不干胶标签、医疗废物包装袋等，其中成本价格低廉，属低值易耗品可忽略不计。能耗种类主要为电能，能耗较大的设备主要包括服务器和机房网络设备等，按 24 h 工作预计耗电量约为 20 kW · h，便携式信息采集终端、医疗废物溯源校准仪等属于低耗电设备，按照每日工作 8 h 预计耗电量约 0.5 kW · h。

5）应用评价结果

医疗废物源头分类收集及处置技术以创新的物联网管理手段，从医疗废物的收集、暂存入库、出库交接、处置运输等环节建立起了医院内部的医疗废物管控网络，告别了手工登记、手工累计的传统模式的数据管理，使数据更精确、更真实。实现自动化、可量化、可视化、远程化的全流程闭环管理，使得医疗废物管理水平有了质的发展。

医疗废物智能监管平台从业务处理的角度，提升了医疗废物管理工作效率，更具科学性，从监控的角度，规范了医疗废物管理业务流程，很大程度上控制了人为或非法行为的出现，从自动化的角度，其是成为最终智能化管理的起步点和关键点。

传统方式与信息化方式效果评价结果如图 7－13 所示。

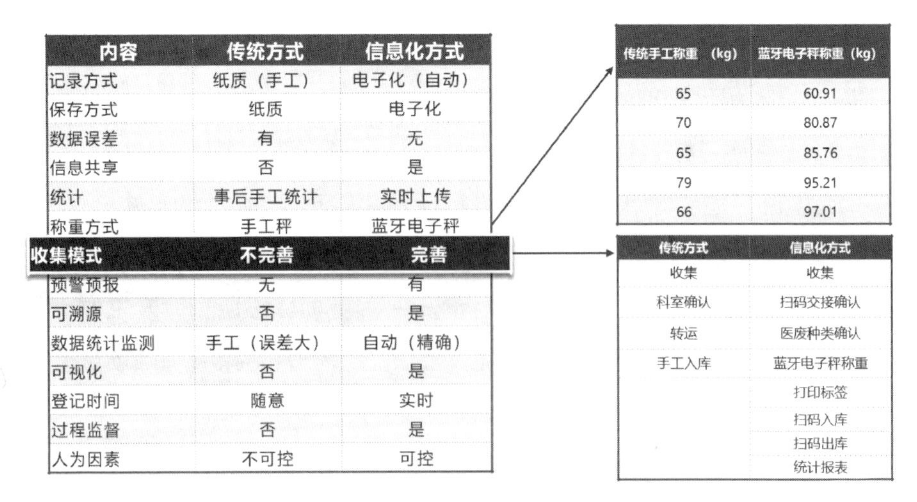

内容	传统方式	信息化方式
记录方式	纸质（手工）	电子化（自动）
保存方式	纸质	电子化
数据误差	有	无
信息共享	否	是
统计	事后手工统计	实时上传
称重方式	手工秤	蓝牙电子秤
收集模式	不完善	完善
预警预报	无	有
可溯源	否	是
数据统计监测	手工（误差大）	自动（精确）
可视化	否	是
登记时间	随意	实时
过程监督	否	是
人为因素	不可控	可控

传统手工称重（kg）	蓝牙电子秤称重（kg）
65	60.91
70	80.87
65	85.76
79	95.21
66	97.01

传统方式	信息化方式
收集	收集
科室确认	扫码交接确认
转运	医废种类确认
手工入库	蓝牙电子秤称重
	打印标签
	扫码入库
	扫码出库
	统计报表

图 7－13　传统方式与信息化方式效果评价结果

7.6.2　处置机构信息化应用

7.6.2.1　应用单位

选择南方某市医疗废弃物安全处置中心开展医疗废物信息化应用案例。

7.6.2.2　处置规模

南方某市医疗废弃物安全处置中心运营多年来，公司处置的医疗废物产生量逐年增长，该中心的焚烧炉及其配套处理系统经常处于超负荷带病运转状态，导致关键设备故障频发，没有突发疫情应急处置能力。为更好地规范公司内部管理，满足公司医疗废物处置业务运营需求，有效解决该中心长期超负荷运行的问题。公司投资金额新建焚烧炉，提升处理能力，引入医疗废物处置信息化管理系统，构筑医疗废弃物安全处置中心信息化基础平台，强化基础管理，加强过程管理和执行监管，全面提升执行力，并且建立严密的内控体系，为科学敏捷的决策提供支持，保证南方某市医疗废弃物安全处置中心稳健运营。

7.6.2.3　信息化建设内容

南方某市医疗废弃物安全处置中心信息化建设内容主要以医疗废物“两点一线”为核心，围绕医疗机构产生单位、经营单位“两点”、转移运输“一线”中的关键环节、关键节点，利用智能视频、RFID 等技术实现信息流的自动化分析，形成“收集—运输—接收—再称重—入库—处理”的医疗废物全程信息化管理(图 7－14)。

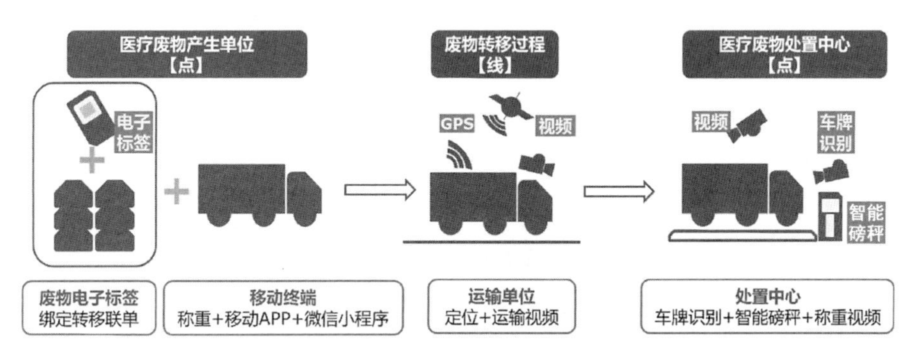

图 7－14　处置中心“两点一线”业务流程

1) 医疗废物运输车辆定位监控

利用车牌识别、GPS/北斗定位、车载视频监控等技术,实现医疗废物运输车辆的行车全程监管。不仅可以查看车载设备的在线状态,还能显示车辆的实时位置,同时可以查看定位点的地理位置信息。车辆实时跟踪时,地图始终以目标车辆为中心。车辆行驶的状态也可显示,包括正常、离线和报警三种状态。车辆历史行驶路线进行轨迹回放,回放速度可分为低速、中速和高速,回放最大跨度为 24 h。轨迹回放时显示车速信息,并在界面上展示车速曲线图。

2) 医疗废物车辆地磅称重监控

医疗废物车辆地磅称重是医疗废物转移至处置中心关键的一个环节,并且所有运输固体废物的车辆都必须严格按照规范要求进行称重机和视频录像。地磅称重监控采用高清的出入口视频监控、道闸控制、地磅终端对车辆进行管控,实现对进出仓库的车辆信息进行分析抓拍、司机的人脸抓拍等。主要设备清单见表 7-3。

表 7-3 医疗废物车辆地磅称重监控主体设备清单

序号	产品名称	技术参数
1	5 系列道闸	[直杆][中速]5 系列道闸 包含 2 个遥控器、1 个防砸雷达; 道闸类型:直杆; 道闸方向:全向; 道闸杆上:4 m; 运行速度:2.5~3 m/s; 功能特性:支持防撞、变频、防冷凝、手动锁闸功能
2	出入口抓拍一体机	[智能补光抓拍一体机][深度学习][大角度识别] 包含防护罩、镜头、摄像机、2 个 LED 补光灯等。 视频压缩标准:H.264/H.265/MJPEG。 存储功能:内置 TF 卡槽。 智能识别:车牌识别、车型识别、车标识别、车身颜色识别; 补光灯控制:补光灯自动光控、时控可选。 功能特性:外接道闸,布防状态下可根据存储黑白名单自动控制外接道闸开/关;车辆抓拍:支持车牌、车型、车标、车身颜色识别,电动变焦、自动光圈,内置 LED 补光灯,同步补光,同步录像,黑白名单控制,视频触发

（续表）

序号	产品名称	技　术　参　数
3	立柱	[DS-TCG225 配套立柱][DS-TCG227 配套立柱] 立柱高度：1.3 m； 立柱直径：60 mm； 1.3 m 处可安装一体机，0.5 m 处可安装“四行 LED 显示屏”
4	泛智能摄像机	支持三种智能资源切换：人脸抓拍(默认)、道路监控、事件分析。 人脸抓拍：支持对运动人脸进行检测、跟踪、抓拍、评分、筛选，输出最优的人脸抓图，最多同时检测 30 张人脸； 道路监控：车牌抓拍，车辆颜色、类型，机非人识别； 事件分析：越界侦测，区域入侵侦测，进入/离开区域侦测，徘徊侦测，人员聚集侦测，快速运动侦测，停车侦测，物品遗留/拿取侦测； 支持 ONVIF(profile S/profile G)、ISAPI、GB/T28181 和 E-HOME 接入； 支持五码流技术，双路高清，支持同时 20 路取流； 视频压缩标准：H.265/H.264/MJPEG
5	二代管控终端	出入口控制终端【含管理软件】 处理器：Intel Bay Trail 平台处理器； 内存：4 GB； 功能特性：含出入口管理软件，无风扇设计，集成交换机、485 接口、报警 4 进 4 出、麦克风输入、视频 HDMI 接口，1 TB 硬盘，22 英寸 1 080p 显示屏，配置键鼠套件，正版 Windows 系统

3）视频监控网络监控

视频监控网络监控包括在医疗废物出入厂门口、智能地磅、仓库等重点部位，对医疗废物转移车辆进行车牌识别、称重过程监控、称重记录监控、车顶监控、进出口、装卸区域、仓库区域等无死角视频监控，视频监控信息在企业内部存储。

4）便携式终端设备

处置中心根据医疗废物运输、出入库和处置业务管理配置相应了一定数量的移动终端设备，主要包括手持终端和便携式蓝牙电子秤。便携式终端设备主要组成见表 7-4。

表 7-4 便携式终端设备主要组成清单

序号	产品名称	技术参数
1	手持终端	操作系统：Android 5.0 以上； 处理器：四核 1.2 GHz； 内存：RAM 2 GB,ROM 16 GB； 显示屏：5 英寸电容屏,分辨率 720×1 280,支持手套触摸,支持多点触控； 充电时间：<4 h； 工作时间：10～12 h； 蓝牙：蓝牙 4.0； 移动通信：4G 全网通； 摄像头：前置 200 W,后置 800 W； IP：IP65
2	便携式蓝牙电子磅秤	最大量程：100 kg； 分度值：10 g； 计量单位：可选千克、克、市斤； 秤台尺寸：30 cm×40 cm； 供电方式：DC5V1A;内置可充电锂电池供电； 显示分辨率：(3～300)万分之一； 准确度等级：OIML 三级； 感应器：电阻应变式 C3 级,30 000 分度； 灵敏度湿漂：≤12×10^{-6}/℃； 通信接口：RS-232 串行输出接口,波特率 9 600； 蓝牙功能：标准 2.0/4.0 可选

5) 处置过程工况过程监控

通过处置工况过程监控系统建设,以工况数据为中心,进行医疗废物从出库到处置的全过程管理。结合系统运用物料平衡、能量守恒等规则,能够根据验证规则自动进行工况分析,精确评价设施运行状态及排放数据的有效性。同时能够给出报警提示,处置中心管理人员能够实时掌握处置工艺过程的状态、处置排放情况。

7.6.2.4 信息化运行成效

南方某市医疗废弃物安全处置中心对医疗垃圾的收集、运输和处理过程的信息管理,解决了医疗废弃物安全处置中心在医疗废物收集、运输和处理网络中存在的技术落后问题。例如收运过程转移记录单纸质效率不高、收集数量信息不准确和反馈滞后、出入库台账与处置管理信息不同步、处置生产管理和设备运行情况不能实时调度监控、运行效率低和运行成本高等。以下从医疗废物收集、运输和处理处置三部分说明信息化建设成效。

1) 医疗废物收运电子化

处置中心运用物联网、移动终端等技术实现对医疗废物收运过程信息化管理。当医疗废物收集员与医院交接后，通过移动终端能够快速识别医疗废物种类、重量等交接情况信息，并可快速填报医疗废物转移联单信息。同样地数据也同步上传至后端中心平台，处置中心可实时跟踪这些医疗废物的“动向”(图7-15)。

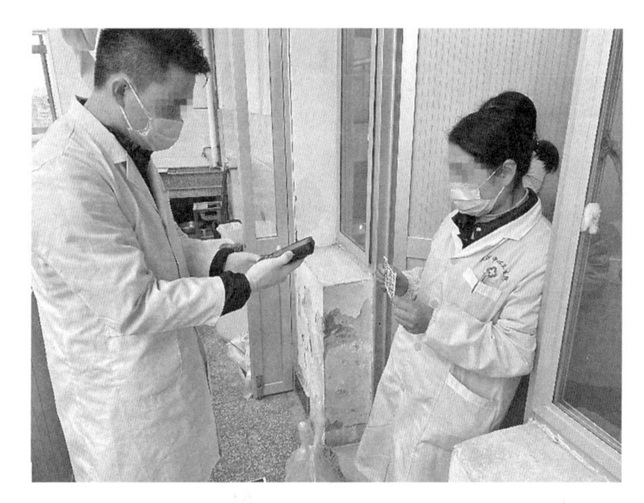

图7-15　医疗废物收运电子化交接

2) 转移运输过程实时监控

处置中心通过信息化平台能够实时获取医疗废物转移运输车辆的GPS定位信息、位置异常预警、异常报警历史、转移节点信息等内容，帮助管理者能够对运输车辆进行实时调度(图7-16)。

3) 医疗废物进厂地磅称重

当医疗废物进入处置中心厂区过地磅称重时，能够通过摄像机快速识别车牌号码并与称重废物重量进行关联，生成车辆记录详情台账清单。能够按照时间段、车牌号码等查询车辆称重记录、视频监控截图和转移联单等信息(图7-17)。

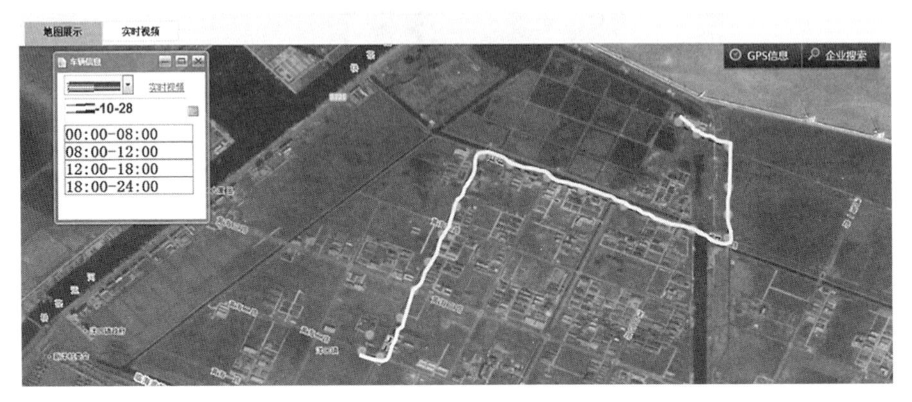

图 7-16 医疗废物运输车辆实时监控

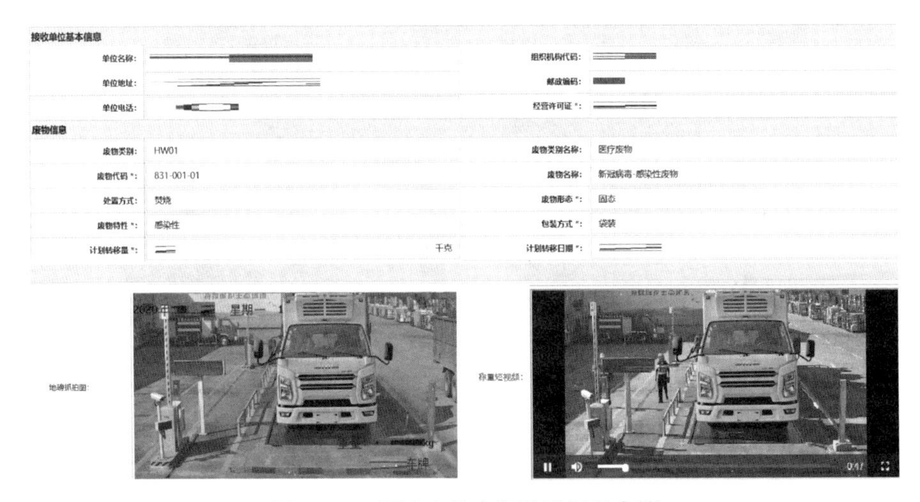

图 7-17 医疗废物车辆称重记录台账

4）医疗废物处置工况监管

医疗废物在处置过程中，可通过工况管理实时采集工艺生产设备状态、污染治理设施运行情况，以及废水、废气排放口的在线监测，通过设施运行停车分析、越限分析、停/限产分析、工艺关联分析等，及时发现环保治理设施、设备等未开启、空转、减速、降频以及异常关闭等未正常工作的情况，为医疗废物处置管理提供数据支撑。例如在医疗废物焚烧工艺中，通过实时数据对接，制作工况图，全景展示医疗焚烧过程及各类参数记录。

7.6.3　监管机构信息化应用

7.6.3.1　应用单位

选择南方某省级政府部门开展医疗废物信息化监管应用案例。

7.6.3.2　建设规模

南方某省级政府部门开展全省医疗废物处置监管，覆盖全省地级市、县(区)的医疗机构、医疗废物运输及处置用户，涉及全省医疗卫生机构 5 万多个。

7.6.3.3　信息化建设内容

南方某省级政府部门的医疗废物信息化监管应用紧密结合全省医疗废物处置现状和当前新型冠状病毒感染的肺炎疫情医疗废物收集运输处置工作的实际需求，以医疗废物监管业务管理工作为基础，通过利用互联网、移动网、物联网、视频监管、云计算等信息技术，全面覆盖全省医疗废物从产生、收集、转运、处理处置各个环节，切实提升医疗废物的监管能力与工作效率，建成全省统一的医疗废物收集运输处置体系，积极探索全省医疗废物精细化分类收集、管控运输处置的服务治理管理格局，实现全省医疗废物产生、利用、转移动态的可视化、精细化和智能化管理，切实提升医疗废物的监管能力与工作效率。

1) 云服务基础设施建设

省级医疗废物信息化监管平台在“数字政府”建设总体架构下，按照集约化建设原则，充分依托“数字政府”政务云，将部分对外业务迁移到公有云，而主要的核心内部业务平台可能会迁移到私有云上。利用政务云提供的基础设施和信息安全服务能力，实现公有云和私有云平台对接，同时确保业务数据安全和可靠性(图 7－18)。

2) 医疗废物全过程物联网动态监管

充分利用医疗机构和处置机构的信息化建设成果，在全省范围内构建起医疗废物监管“一张网”。对废物医疗废物进行全领域覆盖和全天候数据

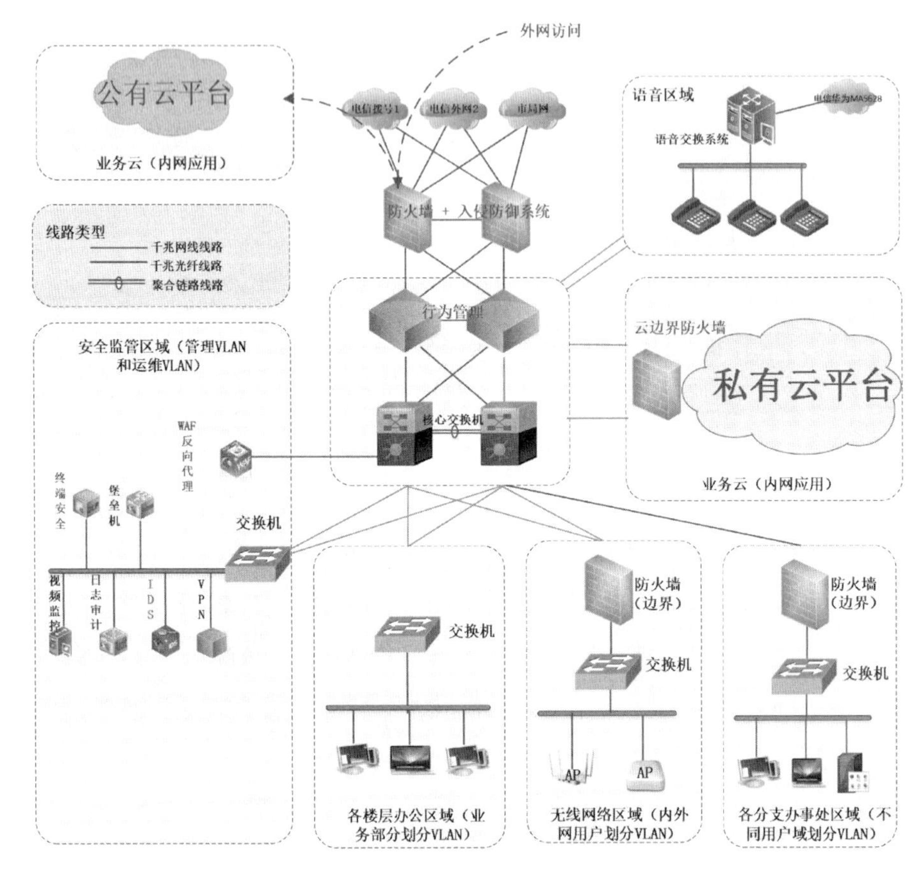

图 7-18　医疗废物云平台网络拓扑图

监管，实时进行医疗废物采集、运输和存储、处置全过程中的数据采集、动态跟踪和监控，使政府监管部门能够全面掌握全省各个医卫机构的医疗废物产生、回收、处置情况。

3）医疗废物防控与处置的精细化管理

按照医疗废物监管的生命周期，建立医疗机构、处置机构的档案化管理，全面收集掌握医疗废物产生和处置过程的基础信息、转移信息、台账信息。涉医疗废物机构可通过统一云门户服务实现云端业务办理，包括产废申报、出入库台账，以及处置利用单位的经营申报、转移情况等业务一门式办理。

4）疫情防控与医疗废物处置应急管理

基于“看得见、听得见、能指挥、能配合”的原则，建立起全省统一的医疗废物处置应急管理体系和疫情防控应急处置协调机制，能够对医疗废物处置阈值超标预警、逾期上报通告、医疗废物运输车辆违规操作预警等操作实现风险预警信息的上传下达。建立以设区的市为单位的统筹应急处置设施资源，建立肺炎疫情医疗废物应急处置资源清单，以信息化技术手段全面规范肺炎疫情医疗废物应急处置活动，防止疾病传染和环境污染，及时发布应急处置信息。

5）医疗废物大数据一张图综合监管

利用大数据技术、可视化分析等技术，通过深入挖掘和关联分析展现医疗废物监管各环节的各项要素，并结合表格、图表、富文本等丰富形式，方便管理决策者进行医疗废物综合监管和疫情医疗废物的研判分析和辅助决策（图 7－19）。

图 7－19　医疗废物大数据一张图综合监管

6）医疗废物防控处置“医废通”移动应用

基于移动终端的应用构建了“医废通”移动端应用，包括微信小程序与 APP 应用两个版本。将有各类移动应用集成在一个门户界面，实现单点登录，统一用户和权限管理，满足医疗废物出入库管理、转移联单等应用场景的移动化、电子化需求。涉医疗废物企业能够在移动端完成业务申报、转移联单等业务功能。监管部门能够在移动端完成业务审批、日常监管和任务办理等功能,从而全面提升医疗废物管理效能。

7.6.3.4 信息化运行成效

某省级监管部门通过医疗废物管理的信息化监管,实现新型冠状病毒感染肺炎省级定点救治医院、医疗废物处置单位、应急处置单位的全程化和实时化动态监管,有效控制了医疗废物遗失、泄漏造成对人体和环境的危害。通过信息化管理系统的上线,实现了医疗废物的实时监管和定位、无纸化管理,医疗废物处置全程可追溯,避免了交接差错和遗失、泄漏风险。所有医疗废物数据实现信息化管理,数据上传到监管平台,不管到哪个环节,它的出处、重量、类型以及交接人员都可追踪溯源,有效杜绝医疗废物流失的风险。利用手机、电脑协同,“一张图”助力精细监管,实现数据微采集、信息统筹管理、决策支持等多项功能,有效提高监管部门数据获取、分析效率,提升响应介入指导服务速度,有力加强医疗废物的收集、转运、贮存、处置全环节的监督管理。将所有数据集成在一张底图上,按空间维度可视化呈现,一次性集中展现医疗废物集中处置能力、医疗废物实际收集量、医疗废物实际集中处置量、新冠医疗废物处置量、其他方式应急处置医疗废物量等,通过“一张图”为疫情期间医疗废物精准防控提供有力支撑。

疫情期间通过“医废通”微信小程序点点手指,涉医疗废物企业就能快速上传每日医疗废物实际收集量、疫情废物收集量、处置设施负荷率以及排放口烟尘、二氧化硫等监测数据。减少了数据种类和重复填报。同时系统后台实现信息查询、数据共享,各级监管部门在关键时期能第一时间掌握信息,简便快捷完成统计报送等工作,及时介入做好监管,发现问题并指导服务到位。

7.7 医疗废物信息化未来发展前景

当前是互联网时代,国务院正在大力推行“互联网 政务服务”。在这样的背景下，依托互联网和大数据，加强全过程管理，才能从源头控制、过程监管、末端达标处置等多个环节解决好医疗废物处置的管理问题。未来，医疗废物的收运及处置需求将有更快速的增长。为此，就下一阶段的医疗废物发展前景提出以下建议：

1）建立医疗废物分类收集物联网标准规范体系将更加有利于全国推广

医疗废物分类收集及处置利用物联网技术解决医疗废物流失、虚假瞒报、超时收运、非法转移、数据造假等监管问题。考虑到医疗废物物联网须接入复杂异构的相关硬件，而硬件接入要有标准端口协议，因此要保证软件系统应用的灵活性，以适应不同前端物联网设施异构网络整合要求，这就需要建立统一的医疗废物分类收集物联网标准规范体系，借助物联网转换模块和转换程序，提供统一的接入标准，实现软件系统在物联网设备上可扩展性和可靠性。

2）以“互联网＋”模式服务社会实现医疗废物信息的深度挖掘和应用

医疗废物的管理数据化、智能化运行的最终目的是通过连接大数据，运用大数据，对区域内的医疗废物进行科学、高效、环保的运行处置。建立适应新时期生态文明建设工作需要的环保信息化管理体制，进一步加强生态大数据价值的挖掘和应用，使生态环境监管更精准，生态环境工作更高效，生态环境公共服务更便民。

3）深度融合各部门医疗废物监管模式将严格执法与创新思路并举

在我国医疗废物管理涉及卫生、环保等多个部门。横向上，卫生部门侧重医疗卫生机构内部医疗废物管理以及处理、处置的疾病防控；环境保护部门侧重医疗废物处理、处置管理和相关环境污染防治。各级卫健、生态环境部门应各司其职，形成责任明确的分工联动合作体系，强化责任归属，加大监督检查力度，确保医疗废物按规定分类、收集、转移、贮存和无害化处置。同时，积极创新、探索医疗废物监督管理的新思路，加强医疗废物分类收集及处置信息共享协调，全面提升医疗废物规范化管理水平，有效防范环境风险。

4）加强医疗废物处置应急能力建设和医疗废物安全处置宣传培训

目前，我国医疗废物在收集处置能力、监管能力和应急能力等方面仍存在短板。为落实党中央有关要求，加快补齐医疗废物收集处理短板，迫切需要统筹全国医疗废物置设施建设，建立健全与国家经济社会发展相适应的医疗废物收集处置体系，加强医疗废物收集处置、重点区域协同处置、信息化监管能力提升等方面的能力建设。加强对医疗机构尤其是广大基层医疗机构的培训和宣传力度，切实提高医疗卫生机构医疗废物污染防治的主体责任意识，准确传播医疗废物的相关知识，建立包括医疗废物管理人员、临床科室在岗人员、临床科室新上岗人员及后勤保洁人员的岗位培训制度，加强医务人员的环境保护和法律意识，自觉抵制对医疗废物的不当处理行为，强化医疗机构的管理意识，帮助医务人员自觉做好废物的规范处置工作。同时，通过多渠道多形式的宣传，提高群众的环境意识，形成群众积极参与的社会合力，共同监督与管理医疗废物。

第 8 章

医疗废物处置污染防治管理

医疗废物的规范管理已成为当今改善环境、防治污染的重要环节。本章将综合分析中国医疗废物处置的总体思路，剖析处置技术设施运行和管理过程中存在的问题。为消除医疗废物处理过程的环境安全隐患，加强医疗废物处理处置技术过程中的运行管理与监督管理，结合中国医疗废物处理处置的应急需求，完善医疗废物处理处置的应急管理制度。

8.1 医疗废物处置污染防治的出发点和总体思路

8.1.1 医疗废物处置污染防治的出发点

在医疗废物处置设施规划建设方面，中国实施了集中处置、合理布局的总体思路。实施了以设区市为规划单元的建设思路，建设医疗废物集中处置设施，在合理运输半径内接纳处置辖区内所有县城的医疗废物，一般情况下不提倡、不允许医院分散处置。另外，医疗废物集中处置设施在以地级城市为单位进行建设的基础上，鼓励交通发达、城镇密集地区的城市联合建设、共用医疗废物集中处置设施；同时，危险废物设施和医疗废物设施应统筹建设，危险废物集中处置设施要一并处理所在城市产生的医疗废物；每个县(市)都建成医疗废物收集转运处置体系,实现县级以上医疗废物全收集、全处理,并逐步覆盖到建制镇,争取农村地区医疗废物得到规范处置;人口50万以上的县(市)或医疗废物日收集处置量在5 t以上的县级地区,建设以焚烧、高温蒸汽等为主的医疗废物集中处置设施;对于偏远基层地区,鼓励通过采用医疗废物移动处置和预处理设施,实现医疗废物就地处置。

就焚烧技术而言,焚烧在处置危险废物和医疗废物方面具有较多优势。尽管焚烧可以实现废物的无害化、减量化,乃至资源化,但是焚烧也有其局限性,即焚烧过程排放的尾气会产生环境污染,尤其是焚烧过程产生二噁英作为POPs物质纳入国际公约所控制的范畴,再加上如焚烧过程难控制、运行管理过程复杂,监测手段不足等,给设施运行以及环境管理部门对其实施监管带来了较多困难。

就非焚烧处理技术而言,最初是作为焚烧替代技术而提出,并提出新建医疗废物处置设施鼓励采用替代技术。但采用非焚烧处理技术处置医疗废物时也要注意污染防治问题,不仅要综合考虑医疗废物的处理类型、细菌灭活效率、技术可靠性、自动化水平、环境排放物和环境影响、职业安全与健康等基本因素,还要考虑政策法规的认可程度、公众的接受程度、处理空间的要求和选址、配套公共设施及安装要求等基础因素,以确保非焚烧处理技术应用的实效性。因此,在非焚烧处理技术应用过程中一定要注意以下三方面:① 要将非焚烧处理技术不能处置的化学性废物、药物性废物和病理性废物在源头分类过程中分离出去,采用其他合适方式进行管理和处置;② 要严格控制非焚烧处理过程中的工艺参数控制以及处理效果检测,确保经非焚烧处理后的医疗废物能够达到国家相应标准以下,不再具有感染性;③ 经非焚烧处理后的医疗废物也要妥善管理,实施规范的填埋或焚烧处置,不能任意丢弃,否则还会有恢复到原有感染废物特性的可能。

经综合分析,国内医疗废物处置设施运行和管理存在的问题主要表现为重末端控制,轻过程控制;重行政管理,轻技术管理;重工程建设,轻能力培养。致使医疗废物处置设施运行难以达到与其技术性能相配套的设施运行管理水平;而地方环保部门所实施的监督管理工作因缺乏对特定技术和设施的认识和了解，使监督管理人员难以摸清医疗废物处置设施监督管理的关键环节、内容以及相应的监督管理方法。上述问题的存在为医疗废物焚烧处置过程的环境安全带来隐患。

实际上，就政府监管部门而言，要实现完全连续监控废物管理设施，并能随时发现各种违规行为是很难的。但是，良好的医疗废物管理模式能更好地促进设施运行企业的环境行为，促使其积极地参与危险废物的管理，实现医疗废物安全处理处置目标。即通过采取优先措施，结合具体工艺和技术特点，从污染控制角度出发，全面理清医疗废物处置过程的关键问题，全面推进生命周期和全过程管理理念，使设施运营者知其然，也知其所以然；使环境监督管理人员做到监督管理过程有章可循；使公众知道政府和设施运营单位是如何确保环保设施规范化及达标运行的。而上述目标的实现有赖于对医疗废物处置设施运行管理重点问题的认识并提出有针对性的解决对策。

8.1.2　医疗废物处置污染防治的总体思路

1）重视源头分类，实现源头分类与末端污染控制手段相匹配

医疗废物机构内部医疗废物管理问题至关重要，一方面它关系到能否切实消除医疗废物感染性，减少对人体和环境的危害；另一方面不同的医疗废物处置技术需要在医疗机构内部实施科学的分类。首先从医疗废物源头开始实施减量，尤其诸如医疗废物焚烧处置的源头氯源的减量控制方面与国外发达国家存在着一定的差距，这也是导致我国目前危险废物焚烧处置尾气治理难度较大，无法达标的主要原因之一。虽然从标准层面上对医疗废物包装袋等材质提出了一定的要求，严禁采用聚氯乙烯等含氯材料制作医疗废物包装袋，但一方面危险废物领域的管理问题不仅仅只存在于医疗废物这一种废物中，另一方面由于我国在环境执法和材料替代方面进展缓慢，缺乏基本的政策导向，进而造成危险废物和医疗废物源头减量方面得不到有效控制。再比如，将化学性和药物性等医疗废物混入非焚烧处理设施

进行处理,不在医疗废物非焚烧处理设施的适用范围内。而就重金属而言,汞是医疗废物中最容易出现的重金属,如何在医疗废物源头分类过程中提取汞是推进末端实现达标排放的关键。

2) 以过程控制为核心,推进过程控制与末端控制相结合,推进设施规范化运行管理

医疗废物处置设施运行的核心目标是实施医疗废物处置,同时预防处置过程中产生的各类污染物,包括大气、废水和固体废物等。对于焚烧技术来说,重中之重的是二噁英的控制,而如何确保相应的工艺参数,如要求焚烧炉内温度达到 850℃,烟气在炉内停留时间不小于 1 s,燃烧效率大于 99.99%等至关重要。而对于非焚烧技术来说,消毒温度、消毒时间、化学剂用量等对于消除医疗废物感染性至关重要。作为医疗废物焚烧处置设施运行单位应结合自身技术和设施特点,以过程控制为核心,兼顾源头分类及末端控制措施,结合企业实际建立健全各项规章制度,加强人员培训,做好安全生产和应急防护,做好处置设施污染物排放监测和处置单位周边环境监测记录和评估工作,确保医疗废物处置设施规范化运行和管理。

3) 以性能控制为保障,开展医疗废物焚烧处置设施性能评价,推进处置设施高水平稳定运行

国际经验表明,为规范医疗废物处置设施运行和管理行为,探索一种切实可行的性能评价方法已经逐步成为中国医疗废物管理和处置工作的必然选择。要确定一套设施是否达标排放,是否对特定废物处置类型具有适用性,就需要结合废物的特性和设施的工况进行系统评价。因此,科学系统地考证一套焚烧设施的性能,要从废物特性、设施工况性能、污染物排放性能以及设施运行参数相结合的全过程的设施性能测试和评价方法上,充分考虑废物特性指标、系统性能指标、烟气排放指标、设备运行参数四类指标的有机结合,考虑医疗废物在边界条件和正常条件两种情况,以标准废物作为处置设施性能测试和评价的参照物对处置设施进行评价,以确定处置设施的具体性能。经评价后,对于达到标准的设施,应明确在达标排放情况下所对应的废物特性、工况参数以及主要运行参数;对于不达标的设施,需要进

行设施改造并重新进行测试和评价。因此,应结合不同的处置工艺类型实施有针对性的性能测试,以便为摸索特定设施的性能,颁发许可证以及实施相应的环境监管提供依据。

4) 以监督管理为手段,建立规范方法,推进监督管理过程科学化和规范化

地方生态环境行政主管部门采取切实有效的措施从监督管理角度推进设施安全运行也是实现污染控制的关键。生态环境行政主管部门可通过书面检查、现场核查以及远程监控等方式实施对医疗废物集中处置设施运行的监督管理;地方生态环境行政主管部门在实施监督检查前应根据实际需要进行资料收集。应在认真研读医疗废物集中处置单位提供的有关材料或技术评估报告的基础上,确定检查工作的重点、内容和评价标准,并编制监督检查实施计划,建立起规范的医疗废物集中处置设施运行监督档案管理制度;根据日常监管以及群众举报等信息,针对医疗废物处置单位的基本运行条件、处置设施运行过程、污染防治设施配置及运行效果以及安全生产和劳动保护措施等进行检查。其中,最为关键的是要结合不同医疗废物处置设施的特点,切实围绕生命周期和全过程管理的理念,从风险控制角度出发,实现污染防治和清洁生产相结合,推进实现医疗废物集中处置设施监督管理规范化、制度化。

8.2　医疗废物的运输、贮存和接收

8.2.1　医疗废物运输、贮存和接收管理依据

医疗废物的贮存涉及医疗废物产生单位的贮存以及医疗废物运送到处置到位后的贮存两种情况。医疗废物产生单位的临时贮存设施应按照《医疗废物集中处置技术规范》要求进行建设,医疗废物集中处置单位的贮存设施应按《医疗废物集中焚烧处置工程建设技术规范》《医疗废物高温蒸汽集

中处理工程技术规范》《医疗废物微波消毒集中处理工程技术规范》《医疗废物化学消毒集中处理技术规范》及《医疗废物集中处置技术规范》等要求进行建设。医疗废物贮存设施的运行管理应按《医疗废物集中处置技术规范》执行。医疗卫生机构贮存设施的运行管理应按照《医疗废物管理条例》及《医疗卫生机构医疗废物管理办法》执行。以上规定为实施医疗废物贮存设施的建设和运行提供了法律和技术依据。

医疗废物的运输应充分考虑运送过程中的风险规避,医疗废物转运车配置应按《医疗废物转运车技术要求》(GB 19217—2003)执行。医疗废物的运输应按《汽车危险货物运输规则》(JT 617—2004)及《医疗废物集中处置技术规范》执行。医疗废物运送应使用专用车辆,车辆厢体应与驾驶室分离并密闭;厢体应达到气密性要求,内壁光滑平整,易于清洗消毒;厢体材料防水、耐腐蚀;厢体底部防液体渗漏,并设置清洗污水的排水收集装置。医疗废物运输、运输车辆和周转容器按照《医疗废物集中处置技术规范》的有关规定执行。

8.2.2 医疗废物的运输、包装接收和贮存等管理要求

8.2.2.1 运输要求

根据《医疗废物管理条例》,医疗废物集中处理单位应对医疗废物的运送过程负责。根据《危险废物经营许可证管理办法》,我国危险废物经营许可证按照经营方式,分为危险废物收集、贮存、处置综合经营许可证和危险废物收集经营许可证两种,其中领取危险废物收集经营许可证的单位,只能从事机动车维修活动中产生的废矿物油和居民日常生活中产生的废镉镍电池的危险废物收集经营活动。由此医疗废物的运输只能由获取综合经营许可证的集中处置单位进行。

一般情况下,医疗废物主要通过陆路车辆运输的方式,车辆必须是符合《医疗废物转运车技术要求》的专用车辆。该车辆是在定型汽车二类底盘改装的保温车、冷藏车的基础上适当改造,用于转运医疗废物的专用货车。运

送车辆必须在车辆前部和后部、车厢两侧设置医疗废物专用警示标识；驾驶室两侧喷涂医疗废物处置单位的名称和运送车辆编号。该专用车辆不得运送其他物品，如须改作其他用途，应经过彻底消毒处理，并征得环保部门同意。若取消车辆的运送车辆编号，应按照公安交通管理规定重新办理车辆用途变更手续。

医疗废物处置单位根据总的处置方案，配备足够数量的运送车辆和备用应急车辆。运输单位(对于医疗废物即处置单位)所配备的运送车辆要满足运送周期内的废物产生量，并合理备用应急车辆。运送车辆要配备：《危险废物转移联单》(医疗废物专用)、《医疗废物运送登记卡》、运送路线图、通信设备、医疗废物产生单位及其管理人员名单与电话、事故应急预案及联络单位和人员的名单、电话、收集医疗废物的工具、消毒器具与药品、备用的医疗废物专用袋、利器盒及人员防护用品。

1) 运送频次

对于有住院病床的医疗卫生机构，处置单位每天派车上门收集，日产日清；对于确实无法做到日产日清的无住院病床的医疗卫生机构，如门诊部、诊所，处置单位至少 2 d 收集一次医疗废物。

2) 运输路线

符合法律法规要求，保证安全性。避开人流高峰期，避开繁华地段、交通拥堵地段，尽可能晚间进行。避免路线重复，尽可能采用环形路线，保证经济性。收集时间与收集量统筹考虑，运输车规格配备与路线上的废物产生量相符。运输过程中尽量不发生二次转运。医疗废物路线规划必须以处置中心地理位置、服务的区域范围、卫生医疗单位地理位置分布、各卫生医疗单位规模及医疗废物产生量、运输时间分配、交通路线、路况等情况加以综合考虑。

3) 运输人员

处置厂医疗废物管理涉及医疗废物运送人员、操作人员和管理人员。由于其工作性质不同，在医疗废物处置过程中承担的责任也不一样，所以对各级各类人员的培训应做到有的放矢，使其明确医疗废物处理的重要性，掌握医疗废物正确的处理方法，做好自我防护，对运送人员进行有关专业技能和安全防护的培训，并达到一定的专业技能。

4）安全要求

要求专人负责。医疗废物处置单位应为每辆运送车指定负责人，对医疗废物运送过程负责。医疗废物转运车应锁闭车厢门，保证运输过程中医疗废物不会发生丢失、遗洒或者打开包装取出医疗废物。运输过程中医疗废物不得转运，不允许医疗废物及其周转箱从一辆转运车转移到另外一辆转运车上，以防意外事故发生。禁止在非贮存地点倾倒、堆放医疗废物。医疗废物转运车必须专车专用，不得装载或混装除医疗废物以外的其他货物和动植物，运输中不得搭乘其他无关人员。禁止邮寄医疗废物。禁止通过铁路、航空运输医疗废物。有陆路通道的，禁止通过水路运输医疗废物；没有陆路通道必须经水路运输医疗废物的，应当经设区的市级以上人民政府生态环境行政主管部门批准，并采取严格的环境保护措施后，方可通过水路运输。禁止将医疗废物与旅客在同一运输工具上载运。禁止在饮用水源保护区的水体上运输医疗废物。

5）执行转移联单

医疗废物集中处置单位和各医疗卫生机构的废物交接应执行转移联单制度。医疗卫生机构首次向集中处置单位转移废物之前，应向地级市环保部门提出转移计划，地级市环保部门批准转移计划后，医疗废物产生单位和处置单位的日常医疗废物交接可采用简化的《危险废物转移联单》(医疗废物专用)具体执行。《危险废物转移联单》(医疗废物专用)一式两份，每月一张，由处置单位医疗废物运送人员和医疗卫生机构医疗废物管理人员交接时共同填写，医疗卫生机构和处置单位分别保存，保存时间为 5 年。

8.2.2.2 包装与接收要求

1）包装要求

根据《医疗废物管理条例》《医疗卫生机构医疗废物管理办法》等规定，医疗废物的分类、包装应由医疗机构完成。包装医疗废物的包装袋、利器盒和周转箱(桶)，在材料、外观、规格、物理机械性能等方面要符合《医疗废物专用包装袋、容器和警示标志标准》要求。包装时要采用合适的包装物和容器，损伤性废物要采用利器盒包装，不能用包装袋进行包装，也不允许采用双层包装袋包装。其他的废物可以采用包装袋进行包装。运送人员在接受医疗废物时，对不符合包装和标识要求或未盛装于周转箱内的医疗废物，有权要求医疗卫生机构重新包装、标识，并盛装于周转箱内。

由于高温蒸汽等处理技术的作用机理是通过蒸汽热传递杀灭致病菌，因而包装袋的存在及其材质将在一定程度上影响蒸汽处理效果。我国已出台的关于医疗废物包装袋的规定为《医疗废物专用包装物、容器标准和警示标识规定》。规定要求包装袋可使用的材质为聚乙烯(PE)，并对包装袋的强度、容积等提出了要求，但没有针对具体处理技术提出包装袋应具有什么相应的要求。但需要注意的是，目前我国所使用的包装袋容易与处理设备内腔发生粘连(如采用高温蒸汽处理技术)，通常需要对处理设备杀菌室内腔壁做防粘处理。国外有专门针对高温蒸汽处理技术而使用的包装袋，它可同时满足两个相互对立要求：在废物运输和进料过程中，包装袋必须保证绝对防漏；在蒸汽处理过程中，包装袋必须是可渗透的，使蒸汽能够进入袋里与废物直接接触。实际上这种包装袋有两层，分别由不同密度的聚丙烯材料构成，内层为不耐热的密封层，可以防止气体和液体进入；外层为多孔渗水层，可以承受 140℃高温。处理周期一开始，内层便开始熔化，蒸汽经多孔性外层直接渗透进入废物中。但其成本较高，从而限制了其应用。

2) 接收要求

医疗废物处理设施运行单位应检查所接收的废物与经营许可证所规定的经营范围的一致性，杜绝接收超经营范围的危险废物。医疗废物非焚烧处理设施运行单位应配置计量系统，应具有称重、记录、传输、打印与数据处理功能。医疗废物非焚烧处理设施运行单位应设有放射性废物检测及报警设备，防止放射性废物进入非焚烧处理设施。

8.2.2.3　贮存要求

医疗废物的暂存地点要设计在主厂房内，用塑料袋及转运箱盛装的废弃物应分类放置在独立的地方。这些存放地的设计大小要与废弃物产生的量及收集频率相适合。主要要求包括：① 医疗废物卸料场地、暂时贮存库、贮存冷库等的运行与管理应满足《危险废物贮存污染控制标准》的有关要求；② 应确保医疗废物贮存温度达到医疗废物贮存相关要求；③ 医疗废物贮存设施应处于封闭及微负压状态，并确保收集后的气体净化后排放；④ 应通过医疗废物贮存设施观察窗口定期观察废物贮存状况。

8.2.2.4 清洗与消毒要求

医疗废物处置单位应设置清洗消毒设施用于医疗废物转运车、周转箱及其他医疗废物运送工具的清洗消毒。禁止在社会车辆清洗场所清洗医疗废物转运车。通过严格的消毒灭菌措施和制度达到各环节疾病控制和环境保护的目的，确保不发生交叉污染。

医疗废物专用转运车，应采用紫外线进行消毒，紫外线消毒强度为 30 mJ/cm^2，照射时间不小于 30 s。或采用相当消毒能力的消毒剂消毒，消毒之后采用清水冲洗。盛装医疗废物的周转箱必须经过消毒处理后方可回用。如果采用含氯消毒剂，则消毒溶液中的含氯量不宜低于 500 mg/L，连续接触或喷淋时间不低于 30 min；如果采用臭氧消毒，消毒溶液中的臭氧含量不宜低于 20 mg/L，连续接触或喷淋时间不低于 15 min。周转箱消毒完成后，还宜采用清水进行清洗。清洗消毒工艺的设计应本着易于操作、经济合理的原则进行。应对与消毒剂发生接触后的车辆等金属物品用清水进行清洗，以免发生设备车辆腐蚀问题。

8.3 医疗废物处置设施运行管理

8.3.1 医疗废物热解焚烧处置设施运行管理

8.3.1.1 进料系统的运行管理

由于医疗废物是由医疗部门进行分类及包装的，所以医疗废物的进厂形态基本可以认为是固态。投放的医疗废物为固态且由分类包装袋包裹盛于周转箱中。进料中的医疗废物的包装并不是统一的而是有大小的区别。同时,由于医疗废物在分类收集时并没有经过压实,所以投料会显得比较膨松,有时需要对进料进行推进。医疗废物进料装置一般利用二段式进料门的进料装置。此种装置具有气密性,可减少进料时大量空气进入炉内,造成燃烧不稳定的现象。进料炉门有两道,第一道为开启门,第二道为闸门,又称为火门。一般进料时,开启门打开,将废物送入进料槽内;当进料结束时,关上开启门,打开第二道闸门,推杆将废弃物推入炉内,而后闸门关合,推杆还原,开启门打开,开始进料。

操作人员进行进料作业时,必须穿戴必要的防护用品,比如安全帽、手套、防护鞋和防护服等。医疗废物进厂时就是袋装的,所以只能装桶以批式方式输入,很难控制燃烧情况的稳定。

由于任何物体进入焚烧炉后都必须经过加热、挥发、燃烧等过程,挥发及燃烧的速率直接影响燃烧室内的稳定。如果桶内挥发性物质含量高时,该物质进入高温炉后,会在短时间内骤然挥发燃烧,造成局部过热或温度急速上升的危险。由于过量的有机蒸汽同时燃烧,炉内的氧气难以在短时间内增加,会产生燃烧不完全的后果。因此,在输入块状或桶装废物时,应将空气输入量调节增加到最大容量,液体废物的输入量则降低,同时将温度降至正常运转条件或规范许可的低限。

一般焚烧厂皆依据炉型、放热率及本身经验,建立一套实验室包装桶(或容器)内废物热值、挥发性物质含量及易燃物质的最大限制。同时将容器依热值及易燃性分类,然后依据经验建立不同类别废物的输入速率规范。

医疗废物焚烧炉必须装置紧急进料切断系统,以便于运转条件无法控制时,可以自动停止进料,避免造成设备的损害或环境的污染。除了运转前必须测试外,正常运转期间也应定期测试,以确保系统的操作正常。

8.3.1.2　焚烧系统的运行管理

温度、停留时间、氧气浓度及空气与废物的混合程度是影响燃烧效率的主要因素。这四个因素并非独立的变数，而是相互影响的。温度愈高，固然可以增加燃烧速率，但气体因加热而膨胀，其停留时间会减少；空气输入量大时，可以增加氧气的供给量及混合程度，但会降低停留时间，而且由于排气处理系统的限制，导致处理量降低。

1）废物的输入控制

医疗废物的输入速率是影响焚烧炉运行最主要的因素，因此只要保持适当的液压及燃烧器或喷嘴的管路畅通，即可连续地输入。由于混合较均匀，热值变化不大，燃烧室内的燃烧状况及温度比较容易控制。由于任何物体进入焚烧炉后都必须经过加热、挥发、燃烧等过程，挥发及燃烧的速率直接影响燃烧室内的稳定。操作回转窑焚烧炉时应先将转速控制由自动改为手动，然后调低转速。如果废物输入后，温度仍然继续下降，即表示桶内废物的热值及挥发性都很低，不致造成过热或急速燃烧的危险，可逐渐增加高热值废液或辅助燃料的输入量，以保持温度的稳定。

2）操作条件的监视及维持

焚烧系统的操作是否正常，是依据装置于主要设备的测量仪表(例如温度、压力、流量、烟气中氧气和一氧化碳浓度等指示器或侦测器)所显示的数值而判断。

焚烧炉的燃烧温度必须超过足以销毁废物的最低温度，以达到焚烧的目的。炉壁及燃烧气体的温度应保持稳定，以免耐火砖因过热或热震而损害，不仅因为耐火砖的维修是焚烧系统操作中最大的开支，而且也是造成焚烧炉停机的主要原因。即使温度维持稳定，耐火砖也会因摩擦、黏着剂失效、废物中碱性金属盐酸或氟化物燃烧产生的氟化氢的腐蚀等因素而造成厚度减少或剥落的现象。最简易的检查方法是夜间观察焚烧炉的外设，如果外设呈红热色，即表示该部分内部的耐火砖已剥落或损害情况严重，必须停机整修。操作员亦可使用红外线温度遥测器，每班次定时测试焚烧炉外设的温度是否过热，有些场所甚至使用与电脑连线的红外线扫描仪长期检测及记录焚烧炉外设表面的温度。焚烧炉内应随时保持火焰的存在，炉内应安装火焰检测仪，以备长期监视。

3）焚烧炉运行

（1）基本要求。焚烧系统操作人员必须熟悉掌握处置计划、操作规程、焚烧系统工艺流程、管线及设备的功能及位置，还有紧急应变情况。中、大型焚烧炉均有装置控制系统，各种设备的运转应是自动式，因此焚烧系统的操作人员最主要的工作是保持操作条件的稳定及发现和处理异常情况。操作人员应注视或调整系统的操作参考数值（温度、压力、流量等）。如果有异常情况发生时，操作员应根据基本机械或物理的原理，判断原因并及时解决问题。在正式焚烧废物之前，宜先以燃料加热运转，训练操作员在非自动控制的条件下，处理假设的异常状况。

（2）焚烧炉起动。检查主要设备、仪表、互锁系统及紧急停机系统。焚烧炉起动应首先以空气吹入炉内，同时开动烟气处理系统，待其稳定运转后，开始加热焚烧炉。

焚烧炉加热时必须缓慢升温，以延长炉内耐火材料的使用时间。加热时，使用辅助燃料，加热速率及曲线应遵照设备制造厂商的建议。回转窑焚烧炉加热时，应同时加热回转窑及二次燃烧室，而以二次燃烧室的尾气温度为基准。新炉或炉内新砌筑的耐火材料未在高温下煅烧时，须按严格的升温曲线操作。回转窑内的耐火砖与外壳实际上并不结合，窑内耐火砖是由于加热膨胀，而支撑在窑内表面，如果加热程序不当时，耐火砖易于剥落。起始时可用木材等固体燃料烘烤，达到300～400℃以后，启动液体辅助燃料燃烧器加热。升温时，当窑头温度达到200℃时，应开动驱动装置，启动窑体旋转，应每隔0.5～1 h将窑体旋转30°。当窑头温度达到500℃时，应使窑体连续转动，其转速应大于0.1 r/min。

无论是否新炉，每次冷态起炉必须先将温度升至500℃，再维持6～8 h以后，才可提升至预定的操作温度。焚烧炉耐火材料经高温煅烧过后的每次起炉，可启动液体辅助燃料燃烧器加热。在开始升温的同时，应使窑体连续转动，其转速应大于0.1 r/min。

固定式热解炉、机械推杆炉排式等其他炉型，均应配置有二次燃烧室。起动时应同时加热一次及二次燃烧室，但以二次燃烧室的尾气温度为基准。

新炉或炉内新砌筑的耐火材料未在高温下煅烧时，须按严格的升温曲线操作。每次冷态起炉必须先将温度升至 500℃，再维持 6～8 h 以后，才可提升至预定的操作温度。

辅助燃料燃烧器应能在停止供油燃烧时，保持继续供风，以防炉内高温烧毁燃烧器前端的部件。

(3) 焚烧运行。焚烧过程中，温度、停留时间、氧气浓度及空气与废物的混合程度是影响燃烧效率的主要因素，这四个因素并非独立的参数，而是相互影响的。温度高时，虽然可以增加燃烧速率，但是气体因加热而膨胀，其停留时间会减少；空气输入量大时，可以增加氧气的供给量及混合程度，但会降低停留时间，而且由于尾气处理系统的限制，导致处理量的降低。焚烧炉操作可根据炉型、废物类别及本身运转的经验，选择适当的燃烧条件。

焚烧炉的燃烧温度必须超过确保销毁废物的最低温度，以达到焚烧的目的。炉壁及燃烧气体的温度应保持稳定，以免耐火砖因过热或热震而损害，因为耐火材料的维修是影响焚烧成本的重要因素，而且也是造成焚烧炉停机的主要原因。即使温度维持稳定，耐火材料也会因摩擦、黏结失效、废物中碱性金属、氯或氟化物燃烧产生的腐蚀等因素造成厚度减少或剥落的现象。

通过调整配风量和辅助燃料燃烧器，控制炉内温度。通过调整进料速率，回转窑调整窑体转速、推杆炉排式焚烧炉调整推杆动作时间，控制废物在炉内的停留时间。一般焚烧系统均应设置有焚烧温度、废物焚烧停留时间等主要工艺参数的自动控制系统，设置参数值后，由系统实现自动化控制。操作人员应监视运行状况，焚烧系统的操作是否正常是根据装置于主要设备的测量仪表(例如温度、压力、流量、烟气中氧气、一氧化碳浓度等指示器或监测器)所显示的数值来判断。

二段炉的尾气出口温度是重要的工艺参数，应与环境管理部门联网实现实时显示，并做存储记录。

回转窑运行时应定时检查窑壁温度，确保在限制值以下。其他炉型也应经常检查炉壁温度，保证设备安全运行。炉壁局部温度过高，即表示该部分内部的耐火砖已剥落或损害情况严重，必须停机整修。也可使用红外线温度遥测器，每班次定时测试炉外壳的温度是否过热，有些系统使用与电脑连线的红外线扫描仪，长期检测及记录焚烧炉外壳表面的温度。焚烧炉内应随时保持火焰的存在，炉内应安装火焰检测仪，以备长期监视。

严禁在旁路烟道开启、烟气未经处理的状态下，投料焚烧废物。紧急排放烟道必须在遇意外时开启，且开启前必须先停止进料。

(4) 排渣及运输。废物进料前，应先以惰性物质或焚烧后的灰渣输入炉内，检查残渣排除系统是否运转正常。焚烧炉内应维持适当的残渣量，残渣可在炉床内形成一个保护膜，以缓冲废物进入炉内燃烧后所产生的热冲击，并防止物质黏着在炉壁上，同时可以作为固体废物传热的介质。

排渣应采取机械等连续自动输送的方式，不得采用人工方式输送。水封捞渣或水冲渣方式应设有渣水分离装置，出渣中的含水率应低于工艺规定的限值。干式出渣方式应通过喷淋水吸热并避免灰渣扬尘。

焚烧飞灰处理应包括飞灰收集、输送、包装、暂存等。飞灰处理系统各装置应保持密闭状态。飞灰处理操作应采取机械或气动方式，不得采用人工方式。应经常检查收集飞灰用的储灰罐，及时清运、包装。

焚烧炉渣可送至生活垃圾填埋场。炉渣可作为普通废物送至生活垃圾填埋场。

(5) 操作中事故情况及应变措施。焚烧炉运行期间可能出现偶发性失常情况，表8-1列举了若干失常现象及应变措施，以供参考。

表8-1　医疗废物焚烧系统的操作失常情况及应变措施

序号	失常现象	焚烧炉种类	失常的指示信号	应变措施
1	部分(或全部)液体废物输入中断，停止进料	固定床焚烧炉	流量计指示超出范围；管道阻塞；燃烧室内温度降低；进料泵停止运行	寻找失常原因；增加辅助燃料，以维持温度；继续维持排气处理系统的运营
2	某一特定燃烧器的废液	固定床焚烧炉	流量计指示超出范围；管道阻塞；燃烧室内温度降低进料中止	停止废液输进料

（续表）

序号	失常现象	焚烧炉种类	失常的指示信号	应变措施
3	部分或全部固体废物的回转窑进料中止	固定床焚烧炉	燃烧室内温度降低；固体进料系统失常	寻找失常原因；增加辅助燃料，以维持温度；继续维持排气处理系统的运营
4	黑烟由燃烧室内逸出（燃烧情况不稳定或气密性不良）	固定床焚烧炉	压差变化；黑烟逸出	停止固体废物的进料10～30 min，但继续维持炉内温度及燃烧；工作人员迅速撤离失常现场；进料前评估废物的特性
5	燃烧器的强制送风中止	回转窑焚烧炉	流量计指示超出范围；自动火焰检测器发出警示信号；一次风机失常	及时停止废物的进料；检视失常原因；继续排气处理系统的运转但降低抽风量
6	燃烧温度过高	回转窑焚烧炉	温度指示信号；高温警示信号	检查燃料及废物的输入量是否正常；检视温度指示感应器；检查是否其他位置的温度指示亦发生同样变化；打开燃烧室顶的紧急排放口
7	燃烧温度太低	回转窑焚烧炉	温度指示信号；高温警示信号	检查是否燃料及废物输入量低；检查温度传感器的准确性
8	耐火砖剥落	固定床焚烧炉	发出很高的噪声；燃烧室温度降低，粉尘量增加，炉壁发生过热现象	停机
9	烟囱排气黑度增加	回转窑焚烧炉	目视检测器的指示超出安全运转上限	检查燃烧情况，O_2 及CO检测器；检查排气处理系统；检查是否废物进料速率过高，造成燃烧不良，废物是否含高挥发性物质或密封容器内气液体突然受热爆炸

（续表）

序号	失常现象	焚烧炉种类	失常的指示信号	应变措施
10	抽风机失常	回转窑焚烧炉	抽风马达过热；抽风机供电指示为零或超出范围；风扇停止转动；抽风机的气体进出口压差降低	使用备用抽风机（如果有备用者）；如两台抽风机同时使用，可维持其中未失常抽风机运营，然后检修失常者；如仅有一台抽风机，则必须紧急停止焚烧系统的操作
11	滤袋破裂	回转窑焚烧炉	烟气黑度增加	逐步隔离滤袋室内的间隔，检查滤袋是否破裂；如滤袋室内无间隔，则停机全面检修

8.3.1.3　余热利用系统的运行管理

焚烧系统中的余热利用锅炉必须考虑的问题包括：焚烧尾气中的粉尘特性及含量，磨损及腐蚀的问题，积垢及积垢清除，废物热值变化，焚烧的操作温度，以及蒸汽利用方式。

余热利用锅炉的分类可按管内流体种类、炉水循环方式、热传方式及构造配置等加以分类。按管内流体种类，锅炉可分为烟管式（或称为火管式）及水管式两种。所谓烟管式即锅炉传热管管内流体为燃烧气体；而水管式即锅炉传热管管内流体为水。按锅炉炉水循环方式，锅炉可分为自然循环式、强制循环式及贯流循环式。自然循环式的原理为管内炉水受热后变成汽水混合物，使得流体密度减小，形成上升管，而饱和水因密度较大，在管内由上往下流动，形成降流管，在降流管与上升管两者之间因密度差而自然产生循环流动，称为自然循环式锅炉。锅炉的压力愈低，其饱和水与饱和蒸汽间的密度差愈大，炉水循环效果愈佳，因此自然循环式被广泛地运用于中低压的锅炉系统中。强制循环式锅炉的炉水循环系统靠锅炉水循环泵带动，主要应用于高压锅炉系统中。

8.3.1.4 烟气净化系统的运行管理

1) 尾气冷却

尾气的冷却可分为直接式及间接式两种类型。

直接式冷却是利用惰性介质直接与尾气接触吸收热量,以达到冷却及温度调节的目的。水具有较高的蒸发热(约 2 500 kJ/kg),可以有效降低尾气温度,产生的水蒸气不会造成污染,因此水是最常使用的介质。空气的冷却效果很差,必须引入大量空气,会造成尾气处理系统容量增加(2～4 倍多,视进气温度而异),很少单独使用。

间接冷却方式是利用传热介质(空气、水等)经余热锅炉、换热器、空气预热器等热交换设备,以降低尾气温度,同时回收余热,产生水蒸气或加热燃烧所需的空气。

直接喷水冷却与间接冷却是调节及冷却焚烧尾气最常用的两种方式,通常在生活垃圾焚烧领域应用,对于医疗废物焚烧主要适用于规模较大的焚烧处置设施。两种方式比较见表 8-2。

表 8-2 间接冷却与喷水冷却方式比较

序号	项 目	间接冷却	喷水冷却
1	废物处理量	适用于单炉处理量大于 150 t/d 的垃圾处理	适用于单炉处理量小于 150 t/d 的垃圾处理
2	废物发热量	适合热值达 7 500 kJ/kg 以上的垃圾焚烧	适合热值达 6 300 kJ/kg 以下的垃圾焚烧
3	废气冷却效果	锅炉炉管及水管墙传热面积大,废气冷却较安定,效果佳	与冷却喷嘴的装设位置数量、水压、水量、喷射方向有关,废气冷却效果较不稳定
4	废气量及其处理设备	废气中水蒸气含量少,废气处理量较少	废气中水蒸气含量多,废气量增加,导致所需空气污染控制设备、抽风机、烟道、烟囱等所需的容量较大
5	设备使用年限	废气中含水率较少,不易腐蚀,使用年限较长	废气中含水率较高,较易腐蚀,使用年限较短

（续表）

序号	项　　目	间 接 冷 却	喷 水 冷 却
6	废热利用	可以汽电共生，废热利用效率高	废热利用效率低
7	建造费用	平均建造成本费用高	平均建造成本费用低
8	营运管理费用	操作所需的人力及维修保养费用较高	操作所需的人力及维修保养费用较低
9	操作管理	要求高，需专门锅炉技术人员	操作人员无资格限制

一般来说，采用间接冷却方式可提高热量回收效率，但投资及维护费用也较高，系统的稳定性较低；直接喷水冷却可降低初期投资及增加系统稳定性，但不仅造成水量的消耗，而且浪费能源。医疗废物焚烧厂多采用批次方式或准连续式的操作方式，产生的热量较小，热量回收利用不易或余热回收的经济效益差，大多采用喷水冷却方式来降低焚烧炉废气温度。

2) 尾气净化

焚烧烟气必须经处理达标后排放。排放烟气的各项指标均应符合《危险废物焚烧污染控制标准》中的有关规定。控制二噁英二次生成一般采用烟气急冷处理工艺，使烟气温度在 1.0 s 内降到 200℃以下，减少烟气在 200～500℃温区的滞留时间。

半干法和干法净化工艺包括半干式洗涤塔、活性炭喷射装置、布袋除尘器等处理单元。酸性污染物包括氯化氢、氟化氢和硫氧化物等，应采用适宜的碱性物质作为中和剂，在反应器内进行中和反应。烟气在反应器内的停留时间应满足烟气与中和剂充分反应的要求。在中和反应器和袋式除尘器之间可喷入活性炭或多孔性吸附剂，也可在布袋除尘器后设置活性炭或多孔性吸附剂吸收塔(床)，可去除大部分烟气中残留的二噁英，并兼有去除重金属的功能。喷入活性炭或多孔性吸附剂的数量应按工艺要求控制，达到去除效果的同时减轻布袋除尘的负荷。反应后的烟气温度应在 130℃以上，保证在后续管路和除尘设备中不结露。

除尘设备根据烟气特性(温度、流量和飞灰粒度分布等),一般采用袋式除尘器。工作时应维持除尘器内的温度高于烟气露点温度30℃以上。使用的袋式除尘器滤袋有耐受温度限制,处理的烟气温度应控制在不结露和不烧损滤袋的合适区间内。

烟气净化系统的引风机应采用变频调速装置,引风机负压应调整到保证拖动系统正常工作的合理数值。焚烧系统主要设备的压差应维持稳定,主燃烧室及二次燃烧室的压力通常是以炉内压力与炉外大气压的差别而显示。为了防止有害气体外泄,焚烧炉的压力应为微负压。如果引风机的功率降低或后续处理设备堵塞时,炉内压力上升,炉内的不完全燃烧气体会逸出炉外,此时必须停止废物的输入,并检修失常的设备。

烟气处理设备的进口及出口的压力差必须实时监测。压差增加时,表示设备内发生部分堵塞现象,气体的流动阻力增加。如果压差超过正常操作的安全上限时,必须暂时停机检修。最常发生堵塞的部位为喷淋塔的气体进口及出口管道,文式洗涤器的喉部及填料塔中的填料及滤袋,布袋除尘器的压差应保持在正常的数值范围内。如果压差超过上限时,应设法清洁滤袋,以避免阻塞情况恶化。

其他主要设备如传输泵,紧急供电设备如柴油发电机等也须定期检查,以维持正常运转。操作人员应随时巡视现场及时应对紧急事故。

8.3.1.5 残渣处理系统的运行管理

残渣处理系统包括炉渣处理系统、飞灰处理系统和飞灰无害化处理设施。炉渣处理系统应包括除渣、冷却、输送、贮存等设施。飞灰处理系统应包括飞灰收集、输送、贮存等设施。残渣处理系统的运行管理应考虑如下两个方面:① 废物焚烧过程产生的飞灰属危险废物,必须在焚烧处置厂进行无害化处理后,再送至指定的危险废物填埋场处置。其无害化处理主要有热固化、固化、化学稳定化、酸或其他溶剂洗涤。② 焚烧产生的残渣属于一般性固体废物可直接送往生活垃圾填埋场进行填埋。

8.3.1.6 辅助燃料供给系统的运行管理

医疗废物焚烧辅助燃料一般应用轻柴油。为保证在意外的外部因素影响正常燃料补给时仍满足生产需要，供给系统应能够储备供焚烧炉运转15 d以上的燃料。燃料余下不少于2 d的用量时应进行补充。燃油的运送、卸载均应严格执行安全操作规程，严防意外事故发生。

储油罐应按消防要求设置在地下，由油泵系统将燃料油输送到焚烧炉上部的高位油箱再自流至燃烧器。油泵系统一般应与高位油箱液面联动，保证箱内燃料量不低于规定的数值。油泵系统运行时必须有专门的操作人员管理，不得在无人监控的情况下运行，以防出现意外。同时，应在储油罐处设立警示标识。

燃烧器之前应设置燃料过滤装置。过滤部件应经常检查、更换，保证油路畅通。

8.3.1.7 污水处理系统的运行管理

废水处理系统主要为集中处理。废水消毒的目的是杀灭废水的各种致病菌，同时也可改善水质，达到国家规定的标准。废水消毒的主要方法是向废水投加消毒剂。目前，用于污水消毒的消毒剂有氯化消毒剂(Cl_2)、二氧化氯(ClO_2)消毒剂、臭氧(O_3)、紫外线(UV－C)等。氯化消毒会使氯与水中的某些有机物结合生成有致癌作用的有机卤化物。二氧化氯和臭氧等消毒剂与有机物的化学反应机制是氧化反应，而不是氯化反应，在用作消毒剂时，不会产生有机卤化物，因此近年来备受重视。二氧化氯与臭氧相比其氧化能力更强，且其水溶液无毒，无味，不易挥发，不易燃烧，性能稳定，贮存和使用都很方便。

二氧化氯消毒工艺与次氯酸钠(NaClO)、臭氧和紫外线消毒工艺相比较来说，有其广谱性属性，对水中传播的病原微生物，包括病毒、芽孢以及水路系统中的厌氧菌，硫酸盐还原菌和真菌均有很好的杀灭效果。它对微生物的杀灭原理是对细胞壁有较好的吸附和透过性能，且无氯化作用，不产生致癌物质。采用成套的二氧化氯消毒剂发生器，其杀菌能力是次氯酸钠的3～5倍，且投资少、占地面积小、运行稳定、运行费用不高、便于维护。由此可见，二氧化氯消毒剂是消毒药剂中较理想的选择。

从国内外处理技术的发展以及实际应用来看，医疗废物处置产生的废水处理工艺基本上采用出水可达到二级标准的 MBR 法，主要工艺有：1）二级处理：调节池＋MBR＋接触消毒工艺＋排放；2）MBR＋接触消毒工艺采用 MBR 方法对污水进行处理，由格栅、调节池、絮凝反应池、MBR 反应池、污泥处理设施和消毒系统等组成。

8.3.1.8 自动控制与在线监测系统的运行管理

1）自动控制系统

焚烧厂的自动化控制系统主要在中央控制室，可通过分散控制系统，实现对医疗废物焚烧线及辅助系统的集中监视和分散控制。控制系统通过仪表获取和显示重要工况参数，输入事先设计编制的自控程序，控制焚烧系统按工艺要求安全运行。

焚烧厂通过自动控制系统和在线监测系统，对贮存库房、物料传输过程以及焚烧线的重要部位的现场实况进行实时显示，使管理者可以在主控制室的显示器上即可了解全场的情况，并第一时间做出必要决策和应急反应。

系统启动运行时，在线监测装置开始启动，进行监测、记录并根据需要打印输出。对焚烧烟气中处理前后的烟尘、硫氧化物、氮氧化物、氯化氢等污染因子，以及氧、一氧化碳、二氧化碳、一燃室和二燃室温度等重要工艺指标实行在线监测。

自动控制的主要内容一般可包括进料系统控制、焚烧及烟气净化系统控制、排渣系统控制等。不影响整体控制系统的辅助装置，如辅助燃料供给系统等，可就地控制同时将重要信息传送至中央控制室。

控制系统通过一次仪表获取和显示重要工况参数，经事先设计编制的自控程序进行操作，以保证焚烧系统按工艺要求运行。操作人员应时刻监视运行的状态，有声光信号报警或发现异常情况时应及时处置并将结果作以记录。系统启动运行时开始，自控装置应对重要参数，如进料数量、系统各段温度、系统各段压力、气体流量等进行自动记录并可根据需要打印输出。

现场工业电视监视系统对贮存库房、物料传输过程以及焚烧线的重要部位的现场实况，实时显示在主控制室的显示器上。操作人员应时刻监视各部的运转状态，必要时予以记录保留。遇紧急情况时，在主控制室和局部控制部位均应能启动紧急停车系统。

2) 在线监测系统

焚烧厂的在线检测系统应能对主体设备和工艺系统运行的重要参数、主要辅机的运行状态、自动阀门的启闭状态及开度、仪表和控制用动力源供给状态及必需的环境参数等进行连续监测并记录。

焚烧厂的在线监测系统应对焚烧烟气中处理前后的烟尘、硫氧化物、氮氧化物、氯化氢等污染因子，以及氧、一氧化碳、二氧化碳、一燃室和二燃室温度等重要工艺指标实行在线监测，并按要求与当地环保部门联网显示。系统启动运行时开始，在线监测装置应同时启动，进行监测、记录并根据需要打印输出。

在线检测系统针对焚烧过程中产生的尾气、废水、残渣等工业废物进行监测，以确保生产过程中的环境排放物达到标准。具体要求如下：

(1) 记录每一批医疗废物焚烧的数量和重量。

(2) 按照《危险废物焚烧污染控制标准》的规定，至少每 6 个月监测一次焚烧残渣的热灼率。

(3) 应连续自动监测排气中 CO、烟尘、SO_2、NO_x；对于目前尚无法采用自动连续装置监测的《危险废物焚烧污染控制标准》中规定的烟气黑度、氟化氢、氯化氢、重金属及其他化合物，应按《危险废物焚烧污染控制标准》的监测管理要求，每季度至少采样监测 1 次。

(4) 记录医疗废物最终残余物处置情况，包括焚烧渣与飞灰的数量、处置方式和接收单位。

(5) 二噁英采样检测频次不少于 1 次/年。

(6) 医疗废物处置单位应定期上报运行参数、处置效果的监测数据。监测数据保存期为 3 年。

医疗废物焚烧处置是个复杂的系统工程，要经历的环节很多，如试烧、性能测试、安全稳定的运行和运行后的监督管理等。在以上环节中，设施的安全运行和管理保证设备长期安全稳定运行的核心环节。焚烧处置设施能否达到其设计的性能指标，管理和技术手段能否有效控制焚烧过程的风险实现危险废物的无害化处置，都必须通过采取规范的运行管理手段来实现。

医疗废物焚烧处置涉及废物的接收、暂存、预处理、输送、焚烧处置、残渣的排放、废水及废气的处理等一系列过程。为了达到设施的规范管理与运行的目的，应从管理和技术两方面综合考虑。一方面，要充分结合焚烧处置设施的特点，从技术角度考虑废物的源头分类、废物贮存、废物的焚烧处置、系统的设备维修等开展深入细致的工作。另一方面，从管理角度考虑运行者基本条件、机构设置和人员编制、安全生产及劳动保护、运行及交接班记录、处置运行的监测及评估、事故应急等内容。

《全国危险废物和医疗废物处置设施建设规划》的实施解决了硬件设施建设问题，但与污染控制密切相关的设施运行管理等软件问题也必须得到解决。针对医疗废物的焚烧处置，首先应根据医疗废物的生命周期特点，一方面要先从源头入手，切实抓好以源头废物减量以及废物的源头分类问题，切实切断二噁英等污染物的产生源；另一方面要切实抓好处置过程的处置设施运行管理问题，全面推进设施运行规范化，通过完善处置单位设施规范化运行管理，积极采用最佳的环境实践来推进达标问题的解决。再者，要从全过程管理的角度出发，切实实现从末端控制走向过程控制，推进医疗废物焚烧处置设施运行逐步实现科学化、信息化和制度化，这是我国医疗废物焚烧处置设施安全运行管理的必由之路。

8.3.2 医疗废物非焚烧处理设施运行管理

8.3.2.1 非焚烧处理设施运行管理的总体要求

医疗废物非焚烧处理设施运行单位应结合自身工艺特点和实际运行规模等，以满足国家医疗废物污染控制相关政策和保障环境安全为目标，建立运行管理体系，健全运行管理制度，保障设施持续安全稳定达标运行三个方面。

1) 运行管理制度

至少应包括设施运行和管理记录制度、交接班记录制度、医疗废物接收管理制度、内部监督管理制度、设施运行操作规程、化验室(实验室)特征污染物检测方案和实施细则、处理设施运行中意外事故应急预案、安全生产及劳动保护管理制度、人员培训制度以及环境监测制度等。

2) 运行管理要求

(1) 医疗废物非焚烧处理设施运行单位接收医疗废物，应按照《医疗废物集中处理技术规范》要求执行相应的转移联单管理制度。

(2) 医疗废物非焚烧处理单位应推进医疗废物源头分类与非焚烧处理技术适应性的衔接。

(3) 医疗废物非焚烧处理设施运行单位应按建立的管理制度实施医疗废物处理，确保设施安全稳定达标运行。

(4) 医疗废物非焚烧处理设施的运行操作及管理人员应经过岗位培训，考核合格后持证上岗。

(5) 医疗废物非焚烧处理设施运行单位应建立运行参数和污染物排放的监测记录制度，并应记录医疗废物处理最终残余物及二次污染物排放及控制情况，并按要求进行保存和上报。

(6) 医疗废物运输应使用专用车辆、容器和标识，在处理单位内应设有专用通道及卸载区。

(7) 医疗废物非焚烧处理设施运行单位应参照《危险废物经营单位应急预案编制指南》编制并报批医疗废物非焚烧处理设施事故应急预案。

3) 运行管理检查

(1) 医疗废物非焚烧处理设施运行管理检查可采取现场检查或书面检查相结合的方式进行。

(2) 医疗废物非焚烧处理设施运行管理检查的内容应包括医疗废物接

收、医疗废物暂存和清洗消毒处理、医疗废物非焚烧处理设施运行等。

8.3.2.2 高温蒸汽处理设施运行管理

1) 进料

(1) 若采用机械化和自动化进料,应保证进料设备运转正常;若采用人工进料,应尽可能避免进料容器(或进料车)与人体直接接触。

(2) 向进料容器(或进料车)中装填医疗废物应松散适度,最大装载量不宜超过杀菌室容积的70%。

(3) 采用先破碎后蒸汽处理工艺时,运行前应检查进料口气密性,确保进料单元和破碎单元在一定的负压下运行。

(4) 进料后应检查处理设施进料口和出料口连锁装置是否可靠,确保装置密封性能,保证设施运行及安全控制要求。

2) 蒸汽处理

(1) 破碎和蒸汽处理不同时进行的工艺,在医疗废物进行蒸汽处理前,应进行预真空或脉动真空将杀菌室内的空气排出,具体操作按《医疗废物高温蒸汽集中处理工程技术规范》执行。

(2) 破碎和蒸汽处理同时进行的工艺,医疗废物消毒处理前不强制要求进行预真空或脉动真空排出杀菌室内的空气,但应有相应措施确保杀菌室内的空气不影响蒸汽处理效果。

(3) 杀菌室内处理温度不低于134℃、压力不小于220 kPa(表压),处理时间不应少于45 min。

(4) 保证蒸汽供应量、温度、压力,蒸汽供给压力控制在0.3～0.6 MPa,波动量不大于10%,非可凝性气体(体积分数)不应超过5%,过热不应超过2℃。

(5) 医疗废物高温蒸汽处理残渣经干燥后含水量应不大于总重的20%。

(6) 设施运行过程中,操作人员可能接触的设备外表面温度应控制在40℃之内。对于输送超过60℃的蒸汽或水的管道,以及输送冷却水的管道,都应做好保温处理。

3) 破碎

(1) 应定期对医疗废物破碎设备进行维护,使破碎后的医疗废物粒径稳定在 5 cm 以下。

(2) 破碎未经消毒处理的医疗废物时,应保证操作场所的密闭性,使其在负压状态下进行。

8.3.2.3　化学消毒设施运行管理

1) 进料

(1) 进料设备应与消毒破碎设备同时开启,进料速率应能保证消毒设备稳定运行。

(2) 进料设备开启时应同时开启抽气设备,以维持进料设备和消毒破碎设备在负压下运行,防止破碎时含菌粉尘从进料口逸出。

2) 化学消毒

(1) 化学消毒参数控制,若以石灰粉为消毒剂,接触反应时间应大于 120 min,药剂投加量应大于 0.075 kg/kg。

(2) 化学消毒消毒剂浓度控制,石灰粉纯度宜为 88%～95%。

(3) 化学消毒设备运转控制应确保医疗废物与化学消毒药剂充分的接触时间和混合程度,确保药剂浓度、温度以及水分等满足工艺要求,确保消毒功效。

(4) 消毒处理设备运行时应防止人为干扰,避免医疗废物消毒处理未完毕前人为停止运转。

3) 破碎

(1) 应定期对医疗废物破碎设备进行维护,使破碎后的医疗废物粒径稳定在 5 cm 以下。

(2) 应确保一级破碎和二级破碎后的医疗废物与化学消毒剂充分接触,并保证操作场所在密闭负压态下进行。

8.3.2.4　微波消毒设施运行管理

1) 进料

(1) 设备开启后,应保持进料通畅,防止废物搭桥堵塞。

(2) 医疗废物的包装体积应与进料口尺寸相匹配,保证医疗废物及包装物完好进入处理单元。

(3) 进料设备开启时应同时开启抽气设备,以维持进料系统在负压下运行。

2) 微波消毒

(1) 进料后开启破碎设备,将废物粉碎,破碎设备应在负压下运行。

(2) 破碎后的废物进入反应室,注入蒸汽、充分搅拌,开启微波发生源,对废物进行照射,完成消毒过程。

(3) 控制微波频率为(915±25)MHz或(2 450±50)MHz,处理温度≥95℃,作用时间≥45 min。若处理过程中加压,应使微波处理的物料温度<170℃,以避免医疗废物中的塑料等含氯化合物发生分解造成二次污染。在蒸汽和微波的共同作用下,温度不低于135℃时,作用时间不少于5 min。

(4) 设备运行前应检查微波消毒设备操作安全防护措施,防止电磁波泄露。

3) 破碎

(1) 应定期对医疗废物破碎设备进行维护,使破碎后的医疗废物粒径稳定在5 cm以下。

(2) 破碎过程应在密闭负压态下进行。

8.3.2.5 高温干热处理设施运行管理

1) 进料单元

进料设备应与后续处理工艺相匹配。进料系统的气密性和安全性好,进料容器材质选择合理,进料设备应采用自动进料设备。其基本要求如下:

(1) 进料单元应与后续处理工艺单元相匹配。

(2) 采用先破碎后灭菌处理工艺的设备,进料单元的进料口要保持气密性,同时应配备抽气设备以维持进料单元和破碎单元在一定的负压下运行。

(3) 进料容器(或进料车)材质宜采用不锈钢或铝合金等耐腐蚀性材

料，并应具有一定的强度。进料容器（或进料车）应具有防止冷凝液浸泡医疗废物的措施。如果进料容器（或进料车）兼作为干热处理过程中杀菌室内盛装医疗废物的容器，其设计应便于处理过程中热能均匀穿透和热传导，其材质和结构要能承受高温干热处理过程中的温度和压力变化，其内壁应做防黏处理。

(4) 医疗废物的进料应尽量采取机械化和自动化作业，减少人工对其直接操作。如进料采取人工作业，应采取措施避免进料容器（或进料车）与人体直接接触。

2) 破碎单元

该单元应严格破碎的要求，并保证一定的密闭和负压条件。其基本要求如下：

(1) 破碎设备的选择，应遵循可靠、耐用、维修方便安全、无二次污染的原则进行。医疗废物高温干热处理必须经过破碎，严禁只对医疗废物进行高温干热处理，严防医疗废物高温干热处理后回收利用的现象发生。

(2) 破碎设备应能够同时破碎硬质物料和软质物料，物料破碎后粒径不应大于 5 cm，如一级破碎不能满足要求，应设置二级破碎。

(3) 破碎单元位于高温干热处理单元之前时，破碎应当在密闭与负压状态下进行，破碎单元内部气体必须得到净化处理后方可排放，同时应具有消毒措施，定期以及在每次检修之前对破碎单元进行安全消毒，消毒措施不应产生二次污染。

3) 高温干热处理单元

(1) 该单元应设计合理、处理过程规范、耐久可靠、便于操作和维护。其基本要求是：医疗废物高温干热处理设备杀菌室外壁应紧贴外部加热层，保证杀菌室内温度均匀。

(2) 设备内腔及门应采用耐腐蚀的材料，一般宜使用不锈钢材质。

(3) 设备进料口和出料口的门应能够满足设备工作压力对密封性能的要求；应设置连锁装置，在门未锁紧时，高温干热处理设备不能升温、降压，在干热处理周期结束前，门不能被打开，在设备进料、出料和维护时应能正常处于开启状态。

(4) 医疗废物干热处理过程要求在杀菌室内处理温度不小于 180℃、压力不高于 1 000 Pa(表压)的条件下进行,相应处理时间不应少于 20 min。

(5) 设备必须安装安全阀,安全阀开启压力不应大于设备安全设计压力,并在达到设定压力时或在设备工作过程中出现故障时应能自动打开进行泄压。

(6) 设备管道各焊接处和接头的密闭性应能满足设备加压和抽真空的要求。

(7) 高温干热处理设备应具有干燥功能,物料干燥后含水量不应大于总重的 20%。

(8) 处理设备外表面应采取隔热措施,操作人员可能接触的设备外表面,其表面温度不宜超过 40℃。对于输送超过 60℃的导热的管道以及输送热消毒液的管道,都应实施保温处理。

(9) 在高温干热处理单元进行灭菌处理的时候,机械搅拌装置须以不低于 30 r/min 的速度进行搅拌。

4) 出料单元

出料单元安全连锁装置和自动卸料装置的性能应符合下列要求:

(1) 在没有达到设定的处理条件并得到总控制台的指令前,不会打开。

(2) 在消毒处理完成后,达到消毒要求的医疗废物残渣通过自动输送装置直接卸入废物接收容器中,严禁人工手动卸料。

5) 加热单元

加热单元应符合下列要求:

(1) 热能供应量应能满足处理厂满负荷运行的需要。

(2) 热能供应保证率不宜低于 350 d。

(3) 加热源可设定温度,使输出的导热油温度保持在固定的温度范围。

(4) 导热油的管道应由不锈钢材质做成。

6) 自动控制单元

自动控制单元应能够实现整个处理过程的自动控制功能,能够为安全处置、规范记录和实施环境监督管理提供条件。其基本要求如下：

(1) 高温干热处理系统应尽可能实现全过程的自动控制，包括真空预热控制、升温降压、自启停、高温干热处理、废气处理控制、破碎等。

(2) 自动控制单硬件应包括控制面板、传感器件和控制调节阀等部件。应设有数据输出接口和通信接口，实现参数输出和远程监控功能。

(3) 自动控制软件宜采用可编程控制方案实行自动控制，其功能应包括：

① 测试空气排除效果和设备密封性能(只针对抽真空类型的设备)。

② 实时显示当前运行所处的状态，包括所处阶段、处理温度、处理时间、杀菌室内压力。

③ 运行过程中的主要参数当前值的显示及打印功能。在运行过程中，实时跟踪反馈杀菌室内的温度、压力。处理过程结束后，应将整个处理过程的参数存储作为备份记录保存 5 年，自控系统应具有一定的独立性和可靠性，防止所存储的参数丢失、被随意修改和删除。

④ 自控系统除能实现蒸汽处理各阶段的自动操作外，还应具有人工操作模式实现蒸汽处理各个阶段的手动操作。在人工操作模式下，不得简化或回避任何处理环节。

⑤ 自控系统应具有故障自我检测功能，能够实现超温、超压、断电、断水以及误操作等异常情况下报警和紧急停车，并且能够实现操作未完成时高温干热处理设备进料门(出料门)连锁功能。

⑥ 自动控制软件应设置权限对处理时间、处理温度、压力等参数的修改进行限制，禁止将处理参数降低到标准规定的参数以下对医疗废物进行干热处理。

⑦ 自动控制单元在干热处理过程中应能根据杀菌室内温度和压力的波动情况及时把处理温度控制在所预置温度的±5℃范围之内。

(4) 处理设备所配备的仪器仪表除满足相关专业标准的要求外，还应保证温度控制精度不小于±0.5℃、压力控制精度不小于±1.6%和时间控制精度不小于±1%。并每年至少进行一次检查校准，并进行相应的记录，记录结果应作为处理厂运行记录文件的一部分保存5年。

7) 废气处理单元

废气处理单元应该满足下列要求:

(1) 废气处理单元必须能够有效去除微生物、挥发性有机物(VOCs)、重金属等污染物,并能够消除处理过程中产生的异味。

(2) 废气处理单元应能保证微生物、VOCs等污染物的去除率在99.999%以上。废气处理单元一般宜设尾气高效过滤、吸附装置等,依据具体情况可考虑增设VOC化学氧化装置和在高效过滤装置上游增设中效或低效过滤装置等。可考虑采用药剂去除蒸汽处理过程中的异味,也可根据实际设置脱臭装置。

(3) 尾气高效过滤装置应采用疏水性介孔材料,能够满足一定的耐温要求,过滤尺度不得大于0.2 μm;过滤装置一般应设进出气阀、压力仪表和排水阀,设计流量应与处理规模相适应,过滤效率应在99.999%以上。

(4) 应有技术措施防止过滤、吸附装置中微生物滋生和因湿失效;如过滤、吸附装置的处理效率不能满足要求,应及时进行校正或更换。

(5) 应保证废气处理单元管道及管道之间连接的气密性。

8.4 医疗废物处置过程的监督管理

8.4.1 医疗废物处置监督责任体系

医疗废物处置过程涉及三个部门,即医疗废物产生单位、医疗废物处置单位和医疗废物监督管理单位。医疗废物管理所涉及相关部门的职责关系如图8-1所示。

医疗废物的源头管理主要是医疗机构内部医疗废物管理,要通过源头管理减少危险废物产生量降低处置负荷,并根据处置工艺做好废物分类以保证后续处置的安全稳定。医疗废物处置单位应根据国家相关要求实施好

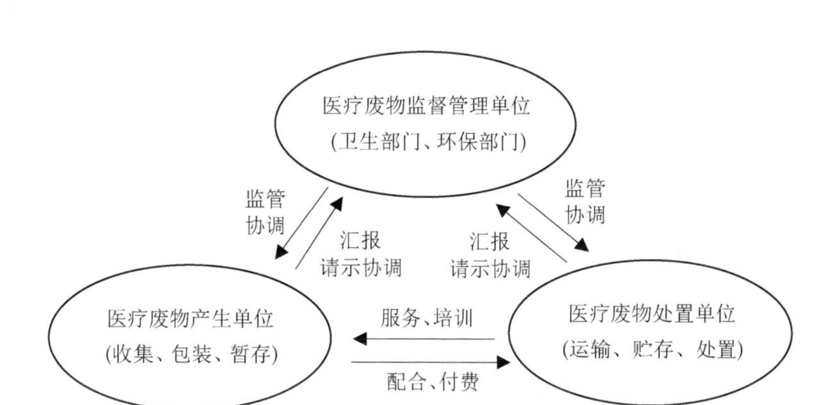

图 8－1　医疗废物管理所涉及相关部门的职责关系

医疗废物的安全和无害化处置问题。监督管理单位主要是生态环境行政主管部门,其职责是采取切实可行的监督管理手段推进医疗废物处置过程的污染防治。而卫生健康行政主管部门的职责是采取切实可行的措施推进医疗废物产生单位医疗废物的疾病控制工作。生态环境应对医疗废物处理处置设施环境监督管理的实际需求出发,对医疗废物处置设施的基本运行条件检查,如医疗废物处置技术和工艺、医疗废物经营许可证的申领和使用、机构设置和人员配置、规章制度和管理、污染防治设施配置和处理状况、安全生产和劳动保护等实施情况进行检查,以便确保处置设施的正常运行和管理。

8.4.2　医疗废物处置监督管理程序和要求

(1) 县级以上人民政府生态环境行政主管部门和其他医疗废物污染环境防治工作的监督管理部门,有权依据各自的职责对管辖范围内的医疗废物处理设施进行监督检查。

(2) 医疗废物处理单位应积极配合生态环境行政主管部门和其他医疗废物污染环境防治工作监督管理部门的监督管理活动,根据相应的监督管理要求,如实反映情况,提供必要的资料,不得隐瞒、谎报、拒绝、阻挠或延误。

(3) 地方生态环境行政主管部门可通过书面检查、现场核查以及远程监控等方式实施对医疗废物处理设施运行的监督管理。

(4) 监督管理包括准备、检查、监测、综合分析、意见反馈、整改和复查七个阶段。地方生态环境行政主管部门可根据工作实际需要,修改调整监督管理的程序并确定相应的实施计划。

① 准备阶段应包括材料收集和监督管理实施计划编制两部分内容。材料收集内容包括经营许可证、机构设置、人员配置、制度化建设、设施建设和运行情况、污染物总体排放情况、与委托单位签订的经营合同情况等;实施计划的编制应在材料收集的基础上编制,明确监管对象、监管内容、程序、方法以及人员安全防护措施等。

② 检查阶段应根据实施计划对医疗废物处置主体设施、各项辅助设施运行和管理情况进行现场核查,审阅相关记录、台账,对发现的问题应进行核实确认。

③ 监测阶段应根据实施计划要求,对设施运行过程中污染物排放情况(废气、废水、固体废物、噪声等)进行监测,保证监测质量,保存监测记录。

④ 综合分析阶段应在检查、监测工作的基础上,全面分析、评价医疗废物处理单位的总体情况,形成监督检查结论,对存在的各项问题要逐一列明;需要进行整改的,应提出书面整改内容和整改限期;有违反《固体废物污染环境防治法》《危险废物经营许可证管理办法》等法律、法规行为的,提出相应的处罚意见。

⑤ 意见反馈阶段应将监督检查结论、整改通知、处罚通知等按照规定的程序送达医疗废物处理单位。

⑥ 整改阶段应督促医疗废物处理单位根据监督检查结果和整改措施进行整改并提交整改报告。

⑦ 监督管理复查阶段应对医疗废物处理单位的整改情况进行复查,仍不符合要求的,应根据《固体废物污染环境防治法》《危险废物经营许可证管理办法》《医疗废物管理条例》《医疗废物管理行政处罚办法》对医疗废物非焚烧处理单位进行处罚,如警告、限期整改、罚款、暂扣或吊销经营许可

证等。

(5) 监督管理人员在进行现场检查时应认真执行国家环境保护的方针、政策和有关法律、法规和标准的有关要求。

① 监督管理人员在进行现场检查时，必须有两名以上具有相应行政执法权的人员同时参加，携带并出示相关证件。

② 监督管理人员在进行现场检查时，可采取询问笔录、现场监测、采集样品、拍照摄像、查阅或者复制有关资料等检查手段，并妥善保管有关资料。

③ 监督管理人员在进行现场检查时应严格执行安全制度，并为被检查单位保守技术业务秘密。

④ 监督管理人员应对检查情况进行客观、规范的记录，并应由被请检查单位的代表予以确认。检查人员与被检查单位对检查记录的内容有分歧的部分如不能及时解决，应做好记录。

自查和评估是一种针对存在较大问题的医疗废物处置单位开展的监督管理性工作。根据管理的实际需要，对设施运行和管理状况进行技术评估，并结合设施运行和管理中存在的问题，提出相应的整改措施，促进企业达标运行、规范管理，并为环境监督执法提供管理和技术依据。

8.4.3　医疗废物处置监督管理内容

结合《危险废物焚烧污染控制标准》《医疗废物管理条例》等法律、法规规定的医疗废物处置设施运行要求，按照《危险废物规范化管理指标体系》(环办〔2015〕99 号)，开展医疗废物处理设施运行全过程(即从医疗废物从进场交接开始至危险废物厂内安全处置完毕)进行监督管理。

监督管理主体内容包括四部分：设施运行单位基本运行条件的监督检查、医疗废物处置设施运行监督管理、医疗废物处置设施运行监测管理和医疗废物处置设施运行监督方法。

在设施运行单位宏观管理状况监督检查方面，针对医疗废物处置技术、工艺及工程验收情况，医疗废物经营许可证申领及使用情况，医疗废物设施运行单位的机构设置,医疗废物处置设施运行监督管理人员配置,设施运行单位制度化建设情况,以及应急预案的制定等提出了明确的要求。

在医疗废物处置设施运行监督管理内容方面,根据医疗废物处置设施运行是从废物进厂开始至废物处置完毕整个过程管理的实际需要,针对医疗废物的接收、厂内贮存和预处理、处置设施运行、安全生产和劳动保护监督管理等环节提出了明确的要求。医疗废物处置设施运行监测管理包括焚烧、非焚烧处理污染物排放监测和医疗废物处置设施运行单位周边环境监测。

8.4.4 医疗废物处置监督管理方法

1) 基本运行条件监督检查

基本条件检查作为地方生态环境行政主管部门进行监督管理的基本依据,原则上应在初次监督检查时进行,是为考虑到工作的连贯性而进行的检查。通过对医疗废物处置技术、工艺及工程验收情况,医疗废物经营许可证申领和使用情况,医疗废物设施运行单位的机构设置、人员配置情况,设施运行单位规章制度情况,事故应急预案制定情况,系统配置情况的审查项目、审查要点、检查指标及依据、监督检查方法、对设施运行单位要求的基本内容等,进行基本检查,确定基本运行条件监督检查的重点内容、检查方式及检查方案。

(1) 医疗废物处置技术、工艺及工程验收情况。由设施运行单位对医疗废物预处理及处置技术和工艺适应性、主要附属设施情况、工程设计及验收等情况提供设计文件、环境影响评价文件及其他证明材料,监督检查部门进行书面检查。

(2) 医疗废物经营许可证申领和使用情况。监督检查部门通过现场核查的方式,检查处置设施的医疗废物经营许可证、处置合同及其他医疗废物处置记录材料等资料,有针对性地从医疗废物设施运行单位的处置合同业务范围情况、医疗废物经营许可证变更情况、处置计划情况、经营许可证检查情况进行监督检查。

(3) 医疗废物设施运行单位的机构设置、人员配置情况。监督检查部门通过现场核查的方式,检查处置设施的处置合同以及其他医疗废物处置记录材料等资料,尤其需要注意核实处置设施收集处置的医疗废物种类是否超出处理工艺的适用范围等。有针对性地从医疗废物设施运行单位的人员总体配备情况、专业技术人员配备情况、人员培训情况检查单位机构组成及人员职责分工以及个人档案材料等。

(4) 设施运行单位规章制度情况。监督检查部门通过现场核查的方式,检查处置设施的各项制度文本、设施运行记录档案、设施运行交接班记录档案及实施情况。

(5) 事故应急预案制定情况。监督检查部门通过现场核查的方式,检查处置设施的医疗废物贮存过程中发生事故时的应急预案、医疗废物运送过程中发生事故时的应急预案、焚烧设施发生故障或事故时的应急预案、设施设备能力不能保证医疗废物正常处置时的应急预案。

(6) 系统配置情况。监督检查部门通过现场核查的方式,检查处置设施的系统配置的完整性、系统配置的安全性、危险废物处理要求检查的设计文件。

2) 处置设施运行过程监督检查——接收、分析、贮存设施

(1) 医疗废物接收系统。监督检查部门检查医疗废物转移联单制度执行情况、废物进场专用通道及标识情况、废物卸载情况,必要时进行现场检查。

(2) 医疗废物贮存系统。监督检查部门现场检查设计文件,主要检查医疗废物暂存库情况、医疗废物贮存设施情况,并进行现场核查。

(3) 处置设施运行过程检查。监督检查部门现场检查设计文件,主要检查处置设施配置情况和处置过程操作情况,并进行现场核查。

3) 处置设施运行过程监督检查——配套处置设施

(1) 进料系统检查。监督检查部门现场检查设计文件,主要检查医疗废物输送、进料装置,并进行现场核查。

(2) 焚烧系统检查。热能利用系统检查,监督检查部门现场检查设计文件,主要检查热能利用系统配置及操作情况,并现场核查。对烟气净化系统检查,监督检查部门现场检查设计文件,主要检查湿法净化工艺骤冷洗涤器和吸收塔等单元配置情况;检查半干法净化工艺洗气塔、活性炭喷射、布袋除尘器等处理单元配置情况;检查干法净化工艺:包括干式洗气塔或干粉投加装置、布袋除尘器等处理单元配置情况;检查烟气净化系统配置情况,并现场核查。对炉渣及飞灰处理系统检查,监督检查部门现场检查设计文件,主要检查炉渣处理系统配置情况、检查飞灰处理系统配置情况,并现场核查。

(3) 非焚烧处理设施检查。高温蒸汽处理设施应包括进料单元、高温蒸汽处理单元、破碎单元、压缩单元、废气处理单元、废液处理单元、自动控制单元、蒸汽供给单元及其他辅助设备,监督管理内容应包括系统配置和操作情况等。

微波消毒处理设施应包括进料单元、破碎单元、微波消毒处理单元、卸料单元、自动化控制单元、废气处理单元、废水处理单元及其他辅助设备,监督管理内容应包括系统配置和操作情况等。

化学消毒处理设施应包括进料单元、破碎单元、药剂供给单元、化学消毒处理单元、出料单元、自动控制单元、废气处理单元、废液处理单元及其他辅助设备,监督管理内容应包括系统配置和操作情况等。

高温干热处理处理设施应包括进料单元、抽真空单元、碾磨单元、干热灭菌单元、废气处理单元、废液处理单元及其他辅助设备,监督管理内容应包括系统配置和操作情况等。

(4) 自动化控制及在线监测系统检查。监督检查部门现场检查设计文件,主要检查自动控制系统、在线监测系统、各项操作规程材料,并现场检查。

4) 安全生产和劳动保护监督检查

(1) 安全生产要求。监督检查部门检查焚烧厂安全生产情况检查有关安全生产材料,并现场核查。

(2) 劳动保护要求。监督检查部门检查焚烧厂劳动保护情况检查各项与劳动保护有关材料,并现场检查。

5) 污染防治设施配置及处理要求

监督检查部门检查监测报告并现场核查,主要包括:

(1) 大气污染物控制排放及周边环境空气质量要求;

(2) 焚烧及非焚烧处理性能要求;

(3) 残渣及飞灰处理要求;

(4) 废水排放及周边环境质量要求(污水排放要求及地表水环境质量要求);

(5) 土壤环境质量及周边土壤环境质量要求;

(6) 噪声排放要求及周边噪声环境质量要求。

6) 环境监测要求

监督检查部门检查设计文件和监测报告,并现场核查,主要检查焚烧设施污染物排放监测、处置单位周边环境监测、监测频率、监测条件、监测取样和检验方法等内容。

医疗废物处理处置单位应依据国家和地方有关要求,建立土壤和地下水污染隐患排查治理制度。对大气污染物中重金属类污染物进行监测,监测频次为每月至少1次;对大气污染物中二噁英类的监测每年不得少于2次,将连续3次测定值的算术平均值作为监测浓度。焚烧单位应通过在线自动监测设施,监测废气中主要污染物的1 h均值及日均值,监测项目应至少包括氯化氢、二氧化硫、氮氧化物、颗粒物、一氧化碳和烟气含氧量等。

8.4.5　医疗废物的规范化管理

“十二五”期间,我国开始实施《“十二五”全国危险废物规范化管理督查考核工作方案》和《危险废物规范化管理指标体系》。截至目前,通过每年对医疗废物产生及处置单位进行规范化管理考核,大大促进了各级生态环境部门和相关企业的医疗废物管理水平的提高,降低了医疗废物不规范贮存、非法转移处置等方面的环境风险,有效保障了医疗废物环境安全和无害化处置效果。为贯彻落实《国民经济和社会发展第十三个五年规划纲要》和《“十三五”生态环境保护规划》,加强和深化医疗废物污染防治,夯实各级地方政府和相关部门对医疗废物环境监管责任,切实推动医疗废物环境监管能力建设,促进各项法律制度和相关标准规范在医疗废物产生单位和经营单位得到落实,全面提升医疗废物规范化管理水平。“十三五”期间,国家修定完善了《危险废物规范化管理指标体系》,以完善管理体系、加大管理力度、推进精细化管理、加强环境风险防控等为重点提出了进一步要求。

8.4.5.1 考核方式

按照《危险废物规范化管理指标体系》要求,以分级考核方式开展考核。市级组织实施本辖区内的医疗废物集中处置单位进行自查性考核;全国、省(区、市)分别对全国、全省的医疗废物处置单位进行全面抽查和抽查考核。生态环境部门在检查时应突出问题记录,填写《被抽查单位基本情况记录表》。各市的医疗废物集中处置单位属于危险废物经营单位,是每年考核的必查对象。医疗卫生机构作为医疗废物的产生单位,数量多、情况复杂,日常的医疗废物规范化管理工作主要由卫生健康部门、疾控部门负责,因此,基本未纳入生态环境部门的考核范围。

8.4.5.2 考核内容

对医疗废物集中处置单位的考核内容主要包括:

(1) 污染环境防治责任制度方面。是否建立、健全污染环境防治责任制度,是否采取防止医疗废物污染环境的措施,是否在显著位置张贴医疗废物和危险废物防治责任信息。

(2) 标识制度方面。是否设置独立的医疗废物、危险废物专用贮存场所,分类存放医疗废物和其他危险废物;是否依据《环境保护图形标志-固体废物贮存(处置)场》《危险废物贮存污染控制标准》附录 A 所示设置相应的警示标志和标识牌;是否在医疗废物和其他危险废物的包装容器上设置识别标志。

(3) 危险废物管理计划制度方面。针对在医疗废物处理处置过程中产生的危险废物,是否制定减少其产生量和危害性的措施,以及相应的贮存、利用、处置措施。这些危险废物的产生环节、种类、危害特性、产生量、利用处置方式的描述是否清晰;是否每年报所在地县级以上地方人民政府生态环境部门备案并及时申报重大变化内容。

(4) 申报登记制度方面。是否如实申报接收处置医疗废物的种类、数量、来源、贮存、处置方式等;有关资料是否包括内部产生危险废物的有关情况,如种类、产生量、处理处置方式和最终流向;次生危险废物可以专门申报或纳入排污申报、环境统计中一并申报;申报内容是否齐全、真实、合理;是否及时报备重大改变的事项。

(5) 源头分类制度方面。是否对收集的医疗废物和内部产生的危险废物按照特性分类收集,分别存放,做到有明显间隔。

(6) 转移联单制度方面。在跨省域转移内部产生的危险废物前,是否向所在地省级生态环境部门报批危险废物转移计划并得到批准;省内转移危险废物时转移计划无须审批。是否按照实际转移情况如实、规范填写转移联单,并保存齐全。

(7) 经营许可证制度方面。是否持有医疗废物经营许可资质,并按资质范围开展有关活动。内部产生的危险废物应全部提供或委托给持相应危险废物经营许可证的单位进行收集、贮存、利用、处置,并能提供签订的有关处置合同。此项不符者直接判定为考核不合格等级。

(8) 应急预案备案制度方面。是否制定意外事故的防范措施和应急预案(综合性应急预案有相关篇章或有专门应急预案);是否每年开展不少于 1 次的演练,并保存影像档案记录;是否将应急预案在县级以上生态环境部门备案。

(9) 记录和报告经营情况制度方面。是否按照《危险废物经营单位记录和报告经营情况指南》要求,建立健全医疗废物和内部产生危险废物的经营情况记录簿,如实记载收集、贮存、处置各类废物情况以及有无事故发生等事项；经营情况记录簿是否保存 10 年以上；是否按照医疗废物经营许可证及生态环境部门的要求，定期报告医疗废物和内部产生危险废物的经营活动情况。

(10) 业务培训方面。是否每年制定培训计划并按期对从事医疗废物和内部产生危险废物收集、转运、处置等工作的操作和技术人员开展培训，并做好培训档案记录。

(11) 贮存设施的管理。是否依法对医疗废物和内部产生危险废物的贮存设施进行环境影响评价，完成“三同时”验收；贮存设施是否符合《危险废物贮存污染控制标准》的有关要求；是否建立医疗废物和危险废物贮存台账，并如实和规范记录贮存情况。

(12) 处置设施的管理。是否依法对医疗废物的处置设施进行环境影响评价，完成“三同时”验收；是否建立利用/处置台账，并如实记录有关情况；是否定期对利用/处置设施污染物达标排放情况进行环境监测。

(13) 运行安全管理要求。是否对处置设施及配套的监测、安全、应急等设备进行定期检查；对于设备破损的，是否进行了清理更换；是否校正和维护环境监测和分析仪器；是否能保障处置和污染防治设施正常运行；是否做到日常巡检或运行维护记录。

各类医疗卫生机构作为医疗废物产生单位，也应遵循危险废物规范化管理考核有关管理制度的要求，对内部产生的医疗废物和其他危险废物如污泥、废活性炭等进行严格管理，建立污染环境防治责任制度、标识制度、管理计划及备案制度、申报登记制度、源头分类制度、转移联单制度、经营许可证制度、应急预案及备案制度；规范医疗废物贮存设施的管理；强化医疗废物和危险废物相关的业务培训等工作，促进医疗废物源头减量，提升医疗卫生机构内部医疗废物的规范化管理能力和水平。

作为医疗废物环境管理的重要抓手，医疗废物集中处置单位规范化管理，也是处置单位对标提升内部管理水平、防范环境二次污染的主要措施。坚持做好医疗废物规范化管理，必将促进医疗废物减量化和无害化目标的实现，也将为医疗废物处理处置行业的健康发展发挥积极作用。

8.5　医疗废物处置设施运行的性能评价

8.5.1　医疗废物处置性能评价的基本思路

美国是最早提出性能评价理论和方法并将其应用到危险废物管理领域的国家。早在 20 世纪 90 年代就提出了进行试烧和性能测试的研究工作，并将其具体方法应用到环境管理实践。标准废物是指按照危险废物焚烧处置设施性能测试要求配置的危险废物，是基于焚烧处置有机成分的困难程度而确定的，性能测试过程中对其成分、浓度以及数量都有相应的要求。标准废物的配置也应根据焚烧设施的工艺类型和适用范围等进行确定。性能测试过程需要考查焚烧设施的极限运行条件正常运转情况进行测试，在此基础上确定焚烧处置设施所能处置的废物类型以及与其相对应的工况参数和设施主要运行参数。医疗废物处置性能评价的基本思路如下：

(1) 要考虑危险废物在边界条件和设计条件两种情况下的运行状况。边界条件指为考查焚烧设施的极限运行条件而设定的运行参数，如最高温度、最低温度、有机氯最大进料量、重金属最大进料量、主要有机有害成分(principal organic and hazardous components, POHCs)最大进料量、最大废物进料量等。除边界条件外，还要对焚烧处置设施设计运转情况进行测试，以考察设施的连续运行稳定性、安全性。

(2) 要考虑采用标准废物作为焚烧设施性能测试和评价的评价参照物。标准废物应选择环境风险小的本底废物，该废物应具有热稳定性好、毒性小且分析测试方法成熟的 POHCs，根据我国的实际情况，初步考虑采用其中至少一种为四氯化碳(调配废物中氯的含量)，另外一种最好选用多环化合物，用以测定焚毁去除率。并考虑加入铜、铅、汞三种重金属的化合物来调配重金属的含量(最好加入铜、铅、汞的氧化物)。

(3) 要充分考虑废物特性指标、系统性能指标、烟气排放指标、设备运行参数四类指标的有机结合，进而确定焚烧设施的具体性能。该过程要以满足烟气排放指标为核心，确定其他三项指标的具体数值，为最终核定焚烧设施的性能指标以及足可证的发放提供全面的依据。

在医疗废物非焚烧处理设施运行性能测试方面，美国、欧洲、加拿大等国家也有相关依据。在美国，美国环保署在其 2003 年 10 月提出的医疗废物处理参考技术方案标准提案第一版(UL2334)中，对采用非焚烧处理技术处理医疗废物的消毒效果检测的基本要求和程序、设备运转情况、测试环境及电力条件、杀灭效果的计算方法等都做出了明确的规定。而性能测试作为衡量一套废物处理设施性能的重要手段涵盖于危险废物和医疗废物处置设施运行性能评价中，并作为一种重要的管理手段予以应用。在欧洲，意大利编制发布了医疗废物消毒设备和工艺一通用要求，适用于医疗废物处理处置系统的设计、制造、操作、维护、检验、测试和供应，也适用于医疗废物的消毒工艺。该要求也对医疗废物处理设备的仪器仪表，如控制仪表、设备信号、设备传感器、计时系统、记录和打印等环节提出了要求；对设备控制系统，如工艺参数的调整、控制系统的维护等；在检测方面，内容涉及样机检测、工作状态检测、消毒效果检测(包括生物监测、物理检测)程序和要求，并对设备不同部分的检验过程进行了规定，如消毒室、消毒负荷、仪表测试、传感器测试、生物指示剂要求；也对设备的维护、人员培训、运行记录及运行档案管理。在加拿大，加拿大环保局制定的非焚烧技术处理医疗废物导则 C-17(生物检测程序)，结合高温蒸汽、化学消毒和微波等非焚烧处理技术的特点，对设施运行过程中的处理效果检测程序、检测方法、检测结果等都做出了较为明确的要求。另外，该导则对检测报告以及政府批准认证的条件进行了规定。就医疗废物非焚烧处理技术而言，因其所涉及的种类较多、工艺差别很大，但是，在实施技术评价过程中要采取与焚烧处置设施性能评价相类似的评价模式。开展评价工作所要考虑的因素应包括：① 非焚烧处理技术属于非广谱的技术，任何一种非焚烧处理技术都具有一定的适用范围；② 非焚烧处理技术基本上属于一体化技术，因此应根据不同技术的特点确定相应的工艺参数和工况参数；③ 非焚烧处理技术存在的关键问题是如何确保医疗废物处置的灭菌效果;④ 非焚烧处理过程中也会产生二次污染,应确保非焚烧处理设施的性能指标达到相应的污染控制要求。因此,要科学系统地考证一套非焚烧设施的性能,就必须结合非焚烧设施的特点进行,要全面考证一套设施的安全性能,要从废物特征、消毒效果指标、污染物排放指标和主要运行参数四个方面来进行评价。

性能测试方法对医疗废物处置设施的性能进行评价适用于经营许可证的发放评估以及对处置设施性能综合评价。要确定一套设施是否达标排放,是否确保对特定废物处置类型的适用性,就需要结合废物的特性和设施的工况进行系统的评价。因此,要进行科学系统的考证一套医疗废物处置设施的性能,就必须结合医疗废物处置设施的特性进行,应全面考证一套设施的安全性能,要从废物特性、设施工况性能、污染物排放性能以及设施运行参数相结合的全过程的设施性能测试和评价。

8.5.2　医疗废物焚烧处置设施的性能评价

8.5.2.1　焚烧处置设施性能评价的内容

性能测试和评价所涉及指标体系也是要考虑废物特性、性能指标、烟气排放指标以及主要运行参数四个方面。其中,废物特性指标包括 POHCs 含量(可按标准医疗废物进行配比)、有机氯含量、重金属含量、氮硫磷含量、含水量、热值;系统性能指标包括 POHCs 焚毁去除率、燃烧效率、烟气停留时间、焚烧残渣热灼减率、重金属去除率、氯化氢去除率、尘去除率;烟气排放指标包括《危险废物焚烧污染控制标准》中规定的各项大气污染物排放指标;设备运行参数指标,则应考虑以下三组参数:

(1) Ⅰ组参数。为描述焚烧工况并须连续监测的工艺参数,受制于废物进料自动切断系统。对于连续运行式焚烧处置设施,Ⅰ组参数至少包括废物进料速率、重金属进料速率、有机氯进料速率、POHCs 进料速率。对于间歇式焚烧处置设施,Ⅰ组参数至少包括废物投入量、重金属投入量、有机氯投入量、POHCs 投入量。

(2) Ⅱ组参数。为废物进料的特性参数,可通过运行记录获得。Ⅱ组参数至少应包括焚烧系统二燃室出口处温度、烟气急冷之前氧气浓度、烟气急冷之前烟气流量、烟气急冷之后烟气流量和焚烧炉进料口处最小负压。

(3) Ⅲ组参数。为描述烟气净化设备运行的工艺参数,其中的部分参数在设施上可以持续监测并与自动切断系统互锁。Ⅲ组参数至少包括急冷塔进出口温度、烟气净化设施入口气体温度、碱性物喷入速率、活性炭喷入速率、布袋除尘器的压差。

8.5.2.2 焚烧处置设施性能测试的情景划分

将开展以下三种情境下的性能测试:

(1) 标准废物在焚烧炉在下限边界条件下,即在最高温度、重金属最大进料量和有机氯最大进料量条件下的性能测试(测试 1);

(2) 标准废物在焚烧炉在上限边界条件下,即最低温度、POHCs 最大进料量和有机氯最大进料量条件下的性能测试(测试 2);

(3) 常规废物在正常条件下的性能测试(测试 3)。

8.5.2.3 焚烧处置设施性能测试要求

1) 测试 1 的技术要求

(1) 焚烧炉炉温保持在上限温度(±20℃)区间内,上限温度根据焚烧设施设计值及无负荷热试车情况确定;

(2) 投入含有重金属成分的废物进行焚烧运行。根据焚烧系统的工艺设计或实际运行情况设定不同的进料速率,最低进料速率应不低于设计最大进料速率的 75%,并不少于两个不同进料速率的运行阶段。

2) 测试 2 的技术要求

(1) 焚烧炉炉温保持在下限温度(±20℃)区间内,下限温度根据焚烧设施设计值及无负荷热试车情况确定,但不能低于《危险废物焚烧污染控制标准》所规定的限值。

(2) 投入含有 POHCs 的废物进行焚烧运行,并按测试 1 中的要求进行运行测试。

3) 测试 3 的技术要求

(1) 焚烧炉炉温保持在正常温度(±20℃)区间内,正常温度焚烧设施设计值及无负荷热试车情况确定。

(2) 投入常规废物进行焚烧运行,并按照测试 1 中的要求进行运行测试。

围绕以上要求,提出性能测试指标体系及测试点位,见表 8-3。

表 8-3　性能测试指标体系及测试点位

序号	类别	代码	测试监测项目	单　位	测 试 点 位
1	废物特性(A)	A-a	热值	cal/kg	废物贮存容器
		A-b	POHCs 含量	g/kg	废物贮存容器、进料口
		A-c	有机氯含量	g/kg	废物贮存容器、进料口
		A-d	重金属含量	g/kg	废物贮存容器、进料口
		A-e	硫含量	g/kg	废物贮存容器
		A-f	含水量	%	废物贮存容器
		A-g	灰分	g/kg	废物贮存容器
2	性能指标(B)	B-a	烟气停留时间	s	烟气急冷之前
		B-b	重金属去除率	%	烟气急冷之前、烟气净化设施出口
		B-c	氯化氢去除率	%	烟气急冷之前、烟气净化设施出口
		B-d	焚毁去除率	%	烟气净化设施出口
		B-e	燃烧效率	%	烟气急冷之前
		B-f	尘去除率	%	烟气急冷之前、烟气净化设施出口
		B-g	焚烧残渣热灼减率	%	焚烧系统排灰处
3	烟气排放指标(C)	C-a	烟气黑度	林格曼	烟气净化设施出口
		C-b	烟尘	mg/Nm^3	烟气净化设施出口
		C-c	一氧化碳(CO)	mg/Nm^3	烟气净化设施出口
		C-d	二氧化硫(SO_2)	mg/Nm^3	烟气净化设施出口
		C-e	氟化氢(HF)	mg/Nm^3	烟气净化设施出口
		C-f	氯化氢(HCl)	mg/Nm^3	烟气净化设施出口

(续表)

序号	类别	代码	测试监测项目	单　位	测 试 点 位
3	烟气排放指标(C)	C-g	氮氧化物(以 NO_2 计)	mg/ Nm^3	烟气净化设施出口
		C-h	汞及其化合物(以 Hg 计)	mg/ Nm^3	烟气净化设施出口
		C-i	镉及其化合物(以 Cd 计)	mg/ Nm^3	烟气净化设施出口
		C-j	砷、镍及其化合物(以 As+Ni 计)	mg/ Nm^3	烟气净化设施出口
		C-k	铅及其化合物(以 Pb 计)	mg/ Nm^3	烟气净化设施出口
		C-l	铬、锡、锑、铜、锰及其化合物(以 Cr+Sn+Sb+Cu+Mn 计)	mg/ Nm^3	烟气净化设施出口
		C-m	二噁英类	ngTEQ/ Nm^3	烟气净化设施出口
4	主要运行参数(D)	D-a	焚烧系统二燃室出口处的温度	℃	二燃室出口
		D-b	废物的进料速率(投加量)	kg/h(kg/次)	进料口
		D-c	重金属的进料速率(投加量)	kg/h(kg/次)	进料口
		D-d	有机氯的进料速率(投加量)	kg/h(kg/次)	进料口
		D-e	POHCs 的进料速率(投加量)	kg/h(kg/次)	进料口
		D-f	烟气急冷之前氧气浓度	%	烟气急冷之前
		D-g	烟气急冷之前烟气流量	Nm^3/h	烟气急冷之前
		D-h	烟气净化设施出口烟气流量	Nm^3/h	烟气净化设施出口
		D-i	活性炭的喷入速率	g/h	活性炭进口
		D-j	烟气净化设施入口的气体温度	℃	烟气净化设施入口
		D-k	布袋除尘器的压差	Pa	布袋除尘器出入口

（续表）

序号	类别	代码	测试监测项目	单　位	测 试 点 位
4	主要运行参数(D)	D－l	碱性物进料速率	g/h	脱酸塔进料口
		D－m	急冷塔的进出口温度	℃	急冷塔进出口
		D－n	焚烧系统负压	Pa	焚烧炉进料口

注：① 测试 1 的测试项目包括表中除 B－d、B－e、B－f、B－g、D－e、D－g、D－h、D－i、D－j 之外的所有内容；
② 测试 2 的测试项目包括表中除 B－b、B－e、B－f、B－g、D－c、D－k、D－l 之外的所有内容；
③ 测试 3 的测试项目包括表中除 D－a、D－b、D－c、D－d、D－e 之外的所有内容。

8.5.2.4　焚烧处置设施性能测试分析方法

性能测试过程中所采用的分析方法也应结合上述四类测试展开，具体如下：

(1) 废物特性指标测试。如 POHCs 含量测定、有机氯含量测定、氮硫磷含量测定、重金属含量测定、含水量测定以及热值测定，可根据废物的物理化学性质，参照已颁布的环境保护、化工、医药等行业的测试方法进行。

(2) 系统性能指标测试。如烟气中重金属去除率测定、烟气停留时间测定、氯化氢去除率测定、焚毁去除率的测定、焚烧残渣热灼减率的测定、燃烧效率的测定、尘去除率的测定以及烟气排放指标测试，将根据现行国家相关标准和计算方法进行。

(3) 主要运行参数测试。温度参数的测试、进料主要参数的测试、烟气中氧气浓度测定、活性炭的喷入量测定、布袋除尘器的压差测定以及碱性物进料速率的测定等，将采用目前已经具备的主要仪器和设备进行。

8.5.2.5　焚烧处置设施性能评价方式

根据前面性能测试指标体系所获得出的监测数据进行计算和分析，得出在不同情境下相应的设施性能数据，并结合污染物排放情况进行分析和研究，提出设施达标与否的结论。对于达到标准的设施，应明确在达标排放情况下所对应的废物特性、工况参数以及主要运行参数；对于不达标的设施，需要进行设施改造并重新进行测试和评价；对于不进行测试的，只能按照性能测试所确定的达标排放情况下所能处置的废物类型、设施工况性能以及主要设施运行参数实施设施运行和管理。

医疗废物焚烧处置设施的性能评价工作在中国还未开展，但是国际经验表明，为规范中国的医疗废物焚烧处置设施运行和管理行为，探索一种切实可行的性能评价方法已近逐步成为中国医疗废物管理和处置工作的必然选择。另一方面，医疗废物焚烧处置设施工艺复杂、种类繁多。因此，也应结合不同的焚烧处置工艺类型实施有针对性的性能测试，以便为摸索特定设施的性能，颁发许可证以及实施相应的环境监管行为提供依据。

8.5.3 医疗废物非焚烧处理设施的性能评价

8.5.3.1 非焚烧处理设施性能评价的内容

医疗废物非焚烧设施性能评价应考虑如下条件：

(1) 非焚烧处理技术属于非广谱的技术，任何一种非焚烧处理技术都具有一定的适用范围；

(2) 非焚烧处理技术基本上属于一体化技术，所以应根据不同技术的特点确定相应的工艺参数和工况参数；

(3) 非焚烧处理技术所存在的关键问题是如何确保医疗废物处置的灭菌效果；

(4) 非焚烧处理过程中也会产生二次污染，应确保非焚烧处理设施的性能指标达到相应的污染控制要求。

因此，要科学、系统、全面地考证一套非焚烧设施的性能，就必须结合非焚烧设施的特点进行，要从考虑废物特征、消毒效果指标、污染物排放指标和主要运行参数四个方面来进行评价。

8.5.3.2 非焚烧处理设施性能评价情景划分

医疗废物非焚烧设施一般通常包括废物供给、废物处理(高温蒸汽、化学消毒、微波等)、尾气净化、废水处理、出料等系统构成。常用医疗废物处置技术工艺参数、技术实用性及二次污染控制措施见表 8-4。

表 8-4　常用医疗废物处置技术工艺参数、技术适用性及二次污染控制措施

<table>
<tr><th>技术名称</th><th>关键工艺控制参数</th><th>技术适用性及特点</th><th>二次污染控制措施分析</th></tr>
<tr><td>高温蒸汽处理技术</td><td>1. 杀菌室内处理温度不低于134℃、压力不小于220 kPa(表压)、处理时间不少于45 min。如果高温蒸汽设施在替代处理工况条件下,如115℃处理90 min、121℃处理60 min等,均应进行验证性检测
2. 废气净化装置过滤器的过滤尺寸不大于0.2 μm,耐热温度不低于140℃,过滤效率应大于99.999%</td><td>1. 不能处理所有的医疗废物
2. 处理过程会产生恶臭、VOCs等
3. 运营成本比微波和化学消毒技术高</td><td rowspan="4">1. 仅适用于处理医疗废物分类目录中的感染性废物、一部分病理性废物及利器,对于不能处理的医疗废物需要地方统筹考虑
2. 处理后的医疗废物应达到相应的微生物灭活要求。医疗废物处理后产生的固体残渣可作为生活垃圾进行处置(焚烧、填埋、其他),要求地方配套相应的基础设施
3. 处理过程会产生恶臭、VOCs和粉尘,需要配套相应的尾气净化措施
4. 产生的废水经处理后排放或回用</td></tr>
<tr><td>化学处理技术</td><td>1. 化学消毒宜优先选用石灰粉作为消毒剂,纯度为88%～95%,反应接触时间>120 min,石灰粉投加量>0.075 kg/kg,pH值控制在11.0～12.5
2. 除对化学处理设施进行评价外,还应测试化学消毒剂的有效成分含量、稳定性和pH值等</td><td>1. 要确保化学消毒剂与医疗废物的充分接触时间,保证消毒效果
2. 处理效果快速检测方法尚不具备</td></tr>
<tr><td>微波处理技术</td><td>1. 微波发生源频率采用(915±25) MHz或(2 450±50)MHz。微波处理温度不低于95℃,作用时间不少于45 min
2. 在蒸汽和微波的共同作用下,微波频率采用(2 450±50) MHz、压力不小于0.33 MPa、温度不小于135℃时,作用时间不小于5 min</td><td>1. 不能处理所有的医疗废物,对金属类医疗废物一般不适合
2. 医疗废物处置过程要考虑辐射安全防护措施</td></tr>
<tr><td>高温干热处理技术</td><td>在杀菌室内处理温度不小于180℃、压力不高于1 000 Pa(表压)的条件下进行,相应处理时间不应少于20 min</td><td>不能处理所有的医疗废物</td></tr>
</table>

其性能评价应考虑如下因素：

(1) 废物特征指标。标准测试废物及常规医疗废物的成分、进料量和染菌数量等。

(2) 系统性能指标。主要评价处理系统的完备性和单元设计的规范性。主体包括进料、破碎、高温蒸汽/微波/化学消毒/干热、废气处理、废水处理、出料、自动控制等单元。配套设施应包括必要的配备如电气、给排水、消防、采暖通风与空调等。

(3) 设备运行参数。测试内容包括Ⅰ、Ⅱ、Ⅲ组参数：Ⅰ组参数为描述非焚烧处理工况并须连续监测的工艺参数；Ⅱ组参数为消毒指标；Ⅲ组为其净化设备运行的工艺参数。

(4) 污染物排放指标。包括各项大气污染物排放指标、污水排放指标、残渣中的微生物指标等。

非焚烧设施的性能评价也要考虑采用标准废物。配置的标准测试废物应是不含感染性，且其成分与常规医疗废物类似的物品，可按照当地医疗废物中塑料、玻璃、金属、棉布、废纸、竹木等物质成分含量综合确定。具体可参照《医疗废物分类目录》中所列出的具体类型确定。

8.5.3.3　非焚烧处理设施性能要求

(1) 高温蒸汽处理设施性能测试技术要求。高温蒸汽处理设施应根据HJ/T235 工况要求，即 134℃，45 min 和 220 kPa 大气压力状况下进行检测。如果高温蒸汽设施在替代处理工况条件下，如 115℃ 处理 90 min、121℃处理 60 min 等，均应进行验证性检测。

(2) 化学处理设施性能测试技术要求。针对化学消毒(干化学)，应优先选用石灰粉等干式化学消毒药剂；所采用的石灰粉纯度宜为 88%～95%，接触反应时间应大于 120 min，药剂投加量应大于 0.075 kg 石灰粉/kg 医疗废物，反应控制的强碱性环境 pH 值应在 11.0～12.5 范围内。除对化学处理设施进行评价外，还应测试化学消毒剂的有效成分含量、稳定性和pH 值等。

(3) 微波处理设施性能测试技术要求。微波灭菌处理医疗废物微波消毒设施用 24～50 MHz 的高频电磁波进行杀菌；在反应室中应安装 2～6 个微波发生源，每个微波发生源的输出功率为 1.2 kW；微波灭菌处理医疗废物的正常温度应为 95～100℃；反应停留时间不应小于 30 min。

(4) 微波+高温蒸汽消毒处理设施性能测试技术要求。在蒸汽和微波的共同作用下，消毒杀菌室温度迅速上升，当压力>0.2 bar，温度>135℃时，进入消毒灭菌阶段，计时器开始计时。此后温度继续上升到 140℃，压力上升到 0.33 MPa，并在此温度和压力下维持 3～5 min，经控制系统确认有效后，消毒灭菌过程结束。

(5) 高温干热处理设施性能测试技术要求。杀菌室内处理温度不小于 180℃、压力不高于 1 000 Pa(表压)的条件下进行，相应处理时间不应少于 20 min。

性能测试是实施性能评价的关键，性能测试的内容及点位见表 8-5。

表 8-5　性能测试内容及点位一览表

序号	类别	代码	测试监测项目	单　位	测试点位及方法	备　注
1	废物特征指标(A)	A-a	废物处理量	kg/h	即时称量和计算	
		A-b	标准测试废物成分	%	现场测试	
		A-c	常规医疗废物成分	%	结合医疗废物转移联单信息进行分析确定	
		A-d	废物染菌情况	g/cfu	实验室测试	
2	系统性能指标(B)	B-a	系统配置完备性		结合初步设计文件现场核查	
		B-b	单元设计规范性		结合初步设计文件现场核查	
		B-c	尾气净化效率	%	尾气净化设施进出口	包括恶臭、VOCs、颗粒物

（续表）

序号	类别	代码	测试监测项目	单　位	测试点位及方法	备　注
2	系统性能指标(B)	B-d	废水处理效率	%	尾气净化设施进出口	废水污染物
		B-e	消毒效率	杀灭对数值	处理前后的医疗废物	
3	设施运行参数(C)	C-a1	处理温度	℃	处理设备内	适用于高温蒸汽处理设施
		C-b1	处理时间	min	处理设备内	
		C-c1	运行压力	kPa	处理设备内	
		C-a2	消毒剂有效浓度	g/kg	现场测试	适用于化学消毒处理设施
		C-b2	消毒剂作用时间	min	现场测试	
		C-c2	碱度	pH	处理后的医疗废物	
		C-a3	处理温度	℃	处理设备内	适用于微波消毒处理设施
		C-b3	处理时间	min	处理设备内	
		C-c3	微波频率	MHz	处理设备内	
		C-d3	微波功率	W	处理设备内	
		C-a4	处理温度	℃	处理设备内	适用于高温干热处理设施
		C-b4	处理时间	min	处理设备内	
4	排放指标(D)	D-a	消毒效率	杀灭对数值	处理前后的医疗废物	
		D-b	VOCs	mg/Nm^3	尾气净化设施出口	
		D-c	臭气浓度	mg/Nm^3	尾气净化设施出口	
		D-d	细菌总数	Cfu/Nm^3	废气净化设施出口	

注：序号1、2、3、4分别代表高温蒸汽处理、化学、微波、高温干热处理四种技术。

8.5.3.4　非焚烧处理设施性能测试分析方法

(1) 消毒效果检测方法。高温蒸汽处理技术以嗜热性脂肪杆菌芽孢，微波消毒、化学消毒、高温干热以枯草杆菌黑色变种芽孢作为指示菌种衡量医疗废物非焚烧处理设备的杀菌效果，要求微生物杀灭对数值≥4，处理效果检测方法按照国家《消毒技术规范》执行。

(2) 工艺废气排放监测方法。高温蒸汽、化学、微波和高温干热处理四种非焚烧技术应用过程中产生的 VOCs、恶臭和粉尘的检测方法可参照《室内空气质量标准》(GB 18883—2002),《空气质量 恶臭的测定三点比较式臭袋法》(GB/T 14675—1993)以及《大气污染物综合排放标准》。

(3) 废水排放监测方法。废水排放检测方法,废水排放检测方法可按照《医疗机构水污染物排放标准》(GB 18466—2005)方法进行。对于每日污水产量小于 1 t 的单位,可重点关注微生物指标。

8.5.3.5　非焚烧处理设施性能评价方式

根据前面性能测试指标体系所获得出的监测数据进行计算和分析,得出在不同情境下相应的设施性能数据,并结合污染物排放情况进行分析和研究,提出设施达标与否的结论。对于达到标准的设施,应明确在达标排放情况下所对应的废物特性、工况参数以及主要运行参数;对于不达标的设施,需要进行设施改造并重新进行测试和评价;对于不进行测试的,只能按照性能测试所确定的达标排放情况下所能处置的废物类型、设施工况性能以及主要设施运行参数实施设施运行和管理。

8.6　医疗废物处理处置的应急管理

8.6.1　医疗废物事故应急管理要点

医疗废物处置应急管理是指为有效预防、及时控制和消除发生的医疗废物流失、泄漏、扩散及其他突发事件导致不良事件的发生,指导和规范医疗废物流失、泄漏、扩散后的应急处理工作,提高应对能力,建立统一指挥、职责明确,运转有序、反应迅速、处置有力、依法规范、依靠科学的应急处置体系,最大限度地减少医疗废物流失、泄漏、扩散对公众健康和国家财产造成的危害,保障公众身心健康与生命财产安全,维护正常秩序,建立相应的应急管理机制和模式,为推进医疗废物的安全和无害化管理和处置提供保障。

8.6.1.1 应急管理基本要求

(1) 为贯彻《中华人民共和国固体废物污染环境防治法》《中华人民共和国传染病防治法》《医疗废物管理条例》,对加强医疗废物的安全管理,防止疾病传播,保障人体健康,对于生产过程中可能出现的紧急情况必须按照保证人身安全,保证设备安全,防止污染物外泄,防止衍生事故,减小资产损失,便于原因追查,便于防范教育的原则进行程序化处理,编制应急预案为必然选择。

(2) 预案的编制单位为处置单位,批准部门为当地环境保护行政主管部门,执行单位为医疗废物处理厂。应落实第一责任人、第二责任人和第三责任人。按紧急情况发现当时在场人员情况,依照上述序列首先落实现场指挥责任,不允许现场指挥责任落空,确保预案措施的有效实施。

(3) 本预案除作为紧急情况应对措施以外,还应作为生产人员培训的必须内容要求熟练掌握。要定期组织生产人员进行演练。对培训和演练情况进行档案记载。

(4) 对实施本预案相关的图表资料要专门保管,保证随时取用。对现场相关标志要定期检查维护,保证完好。对预案相关的专业单位要建立定期联络制度,确保预防措施设置得当,紧急情况出现之际联系畅通,抢救处理及时有效。

(5) 预案应针对医疗废物处置生产现场情况编写,不适用于其他项目。根据实际需要,以后将对本预案进行完善或改编并重新报批,届时本预案自动停用。

8.6.1.2 应急救援程序

(1) 发生医疗废物事故,单位主要负责人应当按照本单位制定的应急救援预案,立即组织救援,并立即报告。

(2) 接到事故报告后,立即按照医疗废物事故应急救援预案,做好指挥、领导工作。有关部门应当立即采取必要措施,减少事故损失,防止事故蔓延、扩大。

(3) 确定医疗废物事故不能很快得到有效控制时,立即向上级部门报告，请求市医疗废物应急救援指挥部给予支援。指挥部各成员单位接到通知后立即赶赴事故现场，开展救援工作。

医疗废物处置事故应急工作程序如图8-2所示。

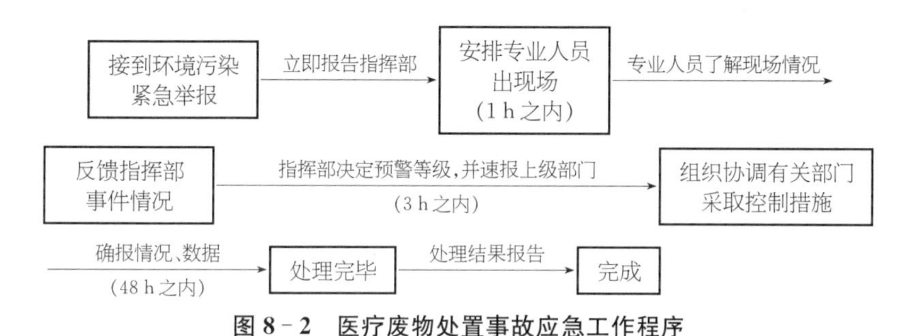

图8-2　医疗废物处置事故应急工作程序

8.6.1.3　现场救援专业组的建立及职责

医疗废物应急救援指挥部根据事故实际情况，成立相关救援专业组，其职责如下：

1) 指挥部成员职责

(1) 负责协调指挥环境突发事件防范和应急救援工作，负责本预案实施中的组织协调和统一对外关系。

(2) 负责环境突发事件应急防范队伍的建设和设备器材的配置。

(3) 组织、指导环境突发事件的应急演习。

(4) 审核应急经费预算。

(5) 参与本预案的修订工作。

2) 各小组职责

(1) 通信联络组。主要负责应急过程中指挥部成员及相关部门的通信联络，保证应急过程中的通信畅通，同时对事故的全过程做好处理记录和报告记录。

(2) 抢修组。负责各种事故条件下的设备、设施抢修。

(3) 医护组。主要对应急过程中的伤员进行及时的治疗和护送工作。

(4) 机动警戒组。依照规定指挥控制事故发生区的秩序，人员疏散以及危险区的警戒工作，并作为机动人员随时待命。

(5) 后勤保障组。准备启动应急系统,负责应急过程中的物资和供应。

8.6.1.4 事故应急保障系统

(1) 为保证应急处置工作的及时有效,事先配备了应急装备器材,并由专门人员负责保管、检修、检验、确保各种应急器材处于完好状态。

(2) 医疗废物处置中心应规定应急状态下的报警通信方式、通知方式、交通保障和管制,编制环境应急事件联系通信录并发放和张贴。与政府及相关单位保持联络,一旦发生重大突发事件,内部无法排除时,及时请求政府协调应急救援力量。

(3) 实行环境突发事件应急工作责任制,将责任明确落实到人,加强相关人员的责任感。

(4) 建立了各项应急保障制度,如值班制度、检查制度、考核制度、培训制度、环境管理制度以及应急演练制度等。

(5) 聘任行业专家,成立专家咨询组,为事故应急提供技术支持。

8.6.1.5 应急培训计划和演习

1) 应急宣传

(1) 组织员工进行有关法律法规和预防、避险、自救、互救等常识的宣传教育。利用宣传栏等途径增强职工危机防备意识和应急基本知识与技能。

(2) 制定《环境突发事件应急预案和手册》。

(3) 制作环境突发事件应急预案一览表。

2) 环境突发事件应急培训

开展面向职工的应对环境突发事件相关知识培训。将环境突发事件预防、应急指挥、综合协调等作为重要培训内容,以提高工作人员应对环境突发事件的能力,并积极参加环保部门的相关培训活动。

3) 环境突发事件应急演练

(1) 适时组织开展应急预案的演练,培训应急队伍、落实岗位责任、熟悉应急工作的指挥机制、决策、协调和处置程序,检验预案的可行性和改进应急预案。从而提高应急反应和处理能力,强化配合意识。

(2) 一般环境突发事件的应急演练每年至少进行1～2次。

8.6.1.6 事故应急处置措施

1) 医疗废物事故危害的辨识

包括医疗废物收集、运输、贮存和处置过程中所涉及的原辅材料、中间产品、三废排放等。主要内容包括：收集过程未采用规定的收集容器或未消毒，运输发生交通事故造成医疗废物散落，病原菌扩散，设备故障及检修造成医疗废物贮存过量，超过冷藏间容量而无法储藏，处置过程因主体设备故障，医疗废物残渣细菌指标不合格，因为尾气净化设施故障造成尾气超标排放。

2) 医疗废物事故应急总体技术要求

(1) 规划运输线路，尽可能避绕环境保护目标。规划好的运输路线、行驶时段和应急措施报公安、交通有关部门核准。

(2) 医疗废物的收集、贮存、交接、运输的收运全过程均应严格按照《医疗废物管理条例》《医疗废物转运车技术要求》等相关规定执行，在运送时执行医疗废物转移联单制度，由医疗废物处置中心及产生单位共同填写《危险废物转移联单》(医疗废物专用)，运输车辆填写《医疗废物运送登记卡》，同时还应填报医疗废物处置报表，报请有关环境保护部门备案。

(3) 医疗废物运送应当使用专用车辆。车辆厢体应与驾驶室分离并密闭；厢体应达到气密性要求，内壁光滑平整，易于清洗消毒；厢体材料防水、耐腐蚀；厢体底部防液体渗漏，并设清洗污水的排水收集装置。运送车辆应符合《医疗废物转运车技术要求》和《医疗废物集中处置技术规范》要求。

(4) 经包装的医疗废物应盛放于可重复使用的专用周转箱(桶)或一次性专用包装容器内。专用周转箱(桶)或一次性专用包装容器应符合《医疗废物专用包装物、容器标准和警示标识规定》。

(5) 从事道路运输的驾驶人员、装卸管理人员、押运人员经所在地设区的市级人民政府交通主管部门考试合格，取得相应从业资格证。在运输过程中发生泄漏等事故，驾驶人员、押运人员应当立即向当地公安部门和处置中心报告，说明事故情况、危害和应急措施，并在现场采取一切可能的警示措施,并积极配合有关部门进行处置。医疗废物处置中心应对运送人员进行有关专业技能和职业卫生防护的培训。

(6) 医疗废物处置应重点关注的内容包括地下燃油储槽及油泵房、高位燃油中间储槽、医疗废物仓库、活性炭仓库、余热锅炉及配属设施、焚烧系统设备、非焚烧系统设备、主控室控制系统装置等。

3) 医疗废物应急处置措施

(1) 运送过程中当发生翻车、撞车导致医疗废物大量溢出、散落时,运送人员应立即向本单位应急事故小组取得联系,请求当地公安交警、环境保护或城市应急联动中心的支持。同时,运送人员应采取下述应急措施:

① 立即请求公安交通警察在受污染地区设立隔离区,禁止其他车辆和行人穿过,避免污染物扩散和对行人造成伤害。

② 对溢出、散落的医疗废物迅速进行收集、清理和消毒处理。对于液体溢出物采用吸附材料吸收处理、消毒。

③ 清理人员在进行清理工作时须穿戴防护服、手套、口罩、靴等防护用品,清理工作结束后,用具和防护用品均须进行消毒处理。

④ 如果在操作中,清理人员的身体(皮肤)不慎受到伤害,应及时采取处理措施,并到医院接受救治。

⑤ 清洁人员还须对被污染的现场地面进行消毒和清洁处理。

⑥ 医疗废物若散落于水中,应根据河流的具体情况,及时通知水利部门、环保部门、公安部门、卫生部门、航道部门、河流下游的自来水厂、医疗废物处置中心等单位,采取措施防止受污染的水影响沿线居民身体健康和财产损失。

(2) 对发生的事故采取上述应急措施的同时,处置单位必须向当地环保和卫生部门报告事故发生情况。事故处理完毕后,处置单位要向上述两个部门写出书面报告,报告的内容包括:

① 事故发生的时间、地点、原因及其简要经过。

② 泄露、散落医疗废物的类型和数量、受污染的原因及医疗废物产生单位名称。

③ 医疗废物泄漏、散落已造成的危害和潜在影响。

④ 已采取的应急处理措施和处理结果。

4）善后处置和恢复措施

(1) 应急处置现场均应设洗消站，对应急处置过程中收集的泄漏物、废水等进行集中处理，对应急处置人员用过的器具进行洗消。利用救灾资金对损坏的设备、仪表、车辆等进行维修，积极开展灾后重建工作。

(2) 对抢险救援人员进行健康监护或体检。

(3) 积极对事故所造成的环境损害和人群健康损害进行赔偿。

(4) 如果泄漏物均已得到收集、隔离、洗消；伤亡人员均得到及时救护处置；或其他应该满足的条件时皆以满足时，由环境污染事故应急救援小组宣布应急救援工作结束。

(5) 事后，由应急指挥部根据所发生事故的危害和影响，组建事故调查组，彻底查清事故原因，明确事故责任，总结经验教训，并根据引发事故的直接原因和间接原因，提出整改建议和措施，形成事故调查报告。

8.6.1.7　重大传染病疫情期间医疗废物处置

高度感染性医疗废物的收集、暂存、运送和焚烧处置必须按下列要求进行：

1）分类收集、暂时贮存

(1) 医疗废物应由专人收集、双层包装，包装袋应特别注明是高度感染性废物。

(2) 医疗卫生机构医疗废物的暂时贮存场所应为专场存放、专人管理，不能与一般医疗废物和生活垃圾混放、混装。

(3) 暂时贮存场所由专人使用0.2%～0.5%过氧乙酸或1 000～2 000 mg/L含氯消毒剂喷洒墙壁或拖地消毒，每天上、下午各一次。

2）运送和处置

(1) 处置单位在运送医疗废物时必须使用固定专用车辆，由专人负责，并且不得与其他医疗废物混装、混运。

(2) 运送时间应错开上下班高峰期，运送路线尽可能避开人口稠密地区;运送车辆每次卸载完毕,必须使用0.5%过氧乙酸喷洒消毒。

(3) 医疗废物采用高温焚烧处置,运抵处置场所的医疗废物尽可能做到随到随处置,在处置单位的暂时贮存时间最多不得超过12 h。

(4) 处置厂内必须设置医疗废物处置的隔离区,隔离区应有明显的标识,无关人员不得进入。

(5) 隔离区必须由专人使用0.2%~0.5%过氧乙酸或1 000~2 000 mg/L含氯消毒剂对墙壁、地面或物体表面喷洒或拖地消毒,每天上、下午各一次。

3) 人员卫生防护

(1) 运送及焚烧处置装置操作人员的防护要求应达到卫生部门规定的一级防护要求,即必须穿工作服、隔离衣、防护靴,以及戴工作帽和防护口罩,近距离处置废物的人员还应戴护目镜。

(2) 每次运送或处置操作完毕后立即进行手清洗和消毒,并洗澡。手消毒用0.3%~0.5%碘伏消毒液或快速手消毒剂揉搓1~3 min。

8.6.2 医疗废物应急管理的发展需求

1) 应急处理应与安全处置并重

应急处理应与《全国危险废物和医疗废物处置设施建设规划》(以下简称"《规划》")实施相结合,医疗废物应急处理不能简单满足于一时的应急之需,而放弃安全处置目标的要求。不能抱有"一烧了之,万事大吉"的思想,而忽略其他可行技术的应用;忽略二次污染仍然存在的对人民群众身心健康的威胁和环境安全的隐患。应急处理采取的措施不能违背国家确立的医疗废物处理的有关基本原则和要求,不能颠倒技术发展的趋势,应急设施的运用要与规划项目的实施充分衔接,不能形成"两张皮"。应充分吸取"非典"应急设施建设的教训,超前和统筹考虑当前移动式设施在完成应急处理任务后的出路问题。可以考虑转为固定式设施,或者继续作为移动式设施,在边远和集中处理设施收集困难的地方继续发挥处理作用,或者由国家统一收回、统一调度，避免在应急完成后面临淘汰和资金浪费的问题。

2）加快各省危险废物应急网络建设

《规划》确定的以地级城市为单位建设集中式医疗废物处置设施是一个城市医疗废物处置的基本保证，“5・12”地震受灾范围内的大多数地市都没有及时完成《规划》确定的建设任务，导致灾难发生后的被动局面。所以必须以此次事件为教训，加大检查力度，督促地方各级政府尽快完成规划建设任务。

《规划》中确定建立国家和31个省级危险废物登记交换及事故应急网络，该网络将负责协调、管理辖区内危险废物转移、交换、运输和处置等活动，承担危险废物事故应急处理以及指挥协调工作。由此可见，该网络的建设是事故应急最主要的保障，前期可以选取示范省份尽快启动网络建设，之后逐步扩大到全国范围。

3）推进全国医疗废物应急处理系统建设

《规划》的实施为实现我国医疗废物和危险废物的安全处置目标迈出了历史性的重要一步，但《规划》本身并不能覆盖所有问题，在灾害面前暴露出我国医疗废物应急处置体系的缺失和不完善。把“5・12”地震救灾工作作为我国医疗废物应急处置体系建设的起点，全面分析我国医疗废物应急处置工作中存在的问题，全面启动应急预备的编制。特别是要把解决应急工作机制放在突出位置上，通过区域示范和带动，尽快在全国范围内建立起跨区域、跨设施的协调处置机制。启动分散式设施的建设，在满足大集中原则的前提下，解决医疗废物集中处置设施难以覆盖边远地区医疗废物的安全处置问题。

4）开展医疗废物应急处理调控和储备能力建设

以移动式医疗废物集成处理系统建设为重点，建立国家级别或者区域级别的应急储备能力建设是非常重要的，有利于紧急情况发生后的尽快调度，以满足应急之需。建议对包括地震在内的各种灾难和紧急情况下医疗废物处理的需要进行全面分析，正确理解应急情况下对处理系统的需求，明确功能单元配置的特殊性，进一步处理好车辆和处理系统的集成衔接。将应急储备能力建设与正常能力建设相结合。我国偏远地区和交通运输不便利的地方急需建立移动式的处理系统,可采取完全可移动的小型处理系统(处理能力在每日数百千克左右)和半移动式的处理系统(处理能力在1~2 t/d)相结合,平时半移动式的处理系统可以固定安置在较大的医疗机构内部,单独配置小型收集车辆对周边城区的医疗废物进行定时清运,紧急情况下全套系统迅速安装在移动车上,快速转移到急需的地方,形成可移动式的处理系统。在全国范围内统一设计移动式设施的布点、处理能力和运行机制,正常情况下的处理设施在应急情况发生时,由国家或者区域进行统一调配,迅速转化成应急处理能力,前往最需要的地方开展医疗废物的安全处置。

参 考 文 献

[1] Abdulla F, Qdais H A, Rabi A. Site investigation on medical waste management practices in Northern Jordan[J]. Waste Management, 2008(28): 450 - 458.

[2] Addink R, Altwicker E R. Formation of polychlorinated dibenzo-p-dioxins / dibenzofurans from soot of benzene ando-dichlorobenzene combustion[J]. Environ. Sci. Technol., 2004, 38(19): 5196 - 5200.

[3] Akter N. Medical waste management: a review[R]. http: //www. eng-consult. com/ ben/ papers/ paper-anasima. pdf.

[4] Almuneef M, Memish Z. Effective medical waste management: it can be done[J]. American Journal of Infection Control, 2003, 31(3): 188 - 192.

[5] Alvim-Ferraz M C M, Afonso S A V. Incineration of healthcare wastes: management of atmospheric emissions through waste segregation [J]. Waste Management, 2005, 25(6): 638 - 648.

[6] Alvim Ferraz M C M, Cardoso J I B, Pontes S L R. Concentration of atmospheric pollutants in the gaseous emissions of medical waste incinerators[J]. Journal of the Air and Waste Management Association, 2000, 50(1): 131 - 136.

[7] Aristizábal B, Cobo M, Montes C, et al. Dioxin emissions from thermal waste management in Medellín, Colombia: present regulation status and preliminary results [J]. Waste Management, 2007(11): 1603 - 1610.

[8] Aylin Zeren Alagöz, Günay Kocasoy. Determination of the best appropriate management methods for the health-care wastes in İstanbul[J]. Waste Management, 2008, 28(7): 1227 - 1235.

[9] Bdour A, Altrabsheh B, Hadadin N, et al. Assessment of medical wastes management practice: a case study of the northern part of Jordan [J]. Waste Management, 2007, 27(6): 746 - 759.

[10] Blenkharn J I. Medical wastes management in the south of Brazil [J]. Waste

Management, 2006(26): 315 - 317.
[11] Mbongwe B, Mmereki B T, Magashula A. Healthcare waste management: current practices in selected healthcare facilities, Botswana[J]. Waste Management, 2008(1): 226 - 233.
[12] Jiang Chen, Ren Zhiyuan, Tian Yajing, et al. Application of best available technologies on medical wastes disposal/treatment in China (with case study)[R]. Procedia Environmental Sciences, 2012(16): 257 - 265.
[13] Chen Yang, Li Peijun, Carlo Lupi, et al. Sustainable management measures for healthcare waste in China[J]. Waste Management, 2009, 29(6): 1996 - 2004.
[14] Chung S S, Carlos W H Lo. Evaluating sustainability in waste management: the case of construction and demolition, chemical and clinical wastes in Hong Kong[J]. Resources, Conservation and Recycling, 2003, 37(2): 119 - 145.
[15] Coutinho M, Rodrigues R, Duwel U, et al. The DG European dioxin emission inventory-stage II: characterization of the emissions of 2 hospitals waste incinerators in Portugal[J]. Organohalogen Compounds, 2000(46): 287 - 290.
[16] Diaz L F, et al. Characteristics of healthcare wastes[J]. Waste Management, 2008(7): 1219 - 1226.
[17] Diaz L F, Savage G M, Eggerth L L. Alternatives for the treatment and disposal of healthcare wastes in developing countries[J]. Waste Management, 2005(25): 626 - 637.
[18] Dominica. Alternative to incineration of biomedical waste: autoclaving-a report for the commonwealth of Dominica[C]. http://www.oecs.org/esdu/documents/Waste Management Autoclaves in Dominica.pdf, 2001.
[19] Dvorak R, Stulir R, Cagas P. Efficient fully controlled up-to-date equipment for catalytic treatment of waste gases[J]. Applied Thermal Engineering, 2007(27): 1150 - 1157.
[20] Insa E, Zamorano M, López R, Critical review of medical waste legislation in Spain[J]. Resources, Conservation and Recycling 2010(54): 1048 - 1059.
[21] Environmental Protection Agency. Final standards for hazardous air pollutants for hazardous waste combustors[S], 1997.
[22] Environmental Protection Agency. Hazardous waste combustion unit permitting manual, component 1, how to review a trial burn plan, center for combustion science and engineering, multi media planning and permitting division[S], 1997.
[23] Environmental Protection Agency. Guide for infectious waste management[S]. Washington, D.C., USA, 1986.
[24] Environmental Protection Agency. Medical waste management and disposal[R]. Pollution Technology Review No. 200, Noyes Data Corporation, Washington, D.C., USA, 1986.
[25] EEA. Incineration of medical wastes[S]//. Emission inventory guidebook, 1999.
[26] European Commission. Integrated pollution prevention and control reference

document on the best available techniques for waste incineration[R], 2006.
[27] European Commission. Dioxin emissions in the candidate countries: sources, emission inventories, reduction policies and measures [S]. Office for Official Publications of the European Communities, 2003.
[28] European Communities. Directive on the incineration of waste (2000/76/EC) [R], 2000.
[29] Shinee E, Gombojav E, Nishimura A, et al. Healthcare waste management in the capital city of Mongolia[J]. Waste Management, 2008(2): 435 - 441.
[30] Fayez Abdulla, Hani Abu Qdais, Atallah Rabi. Site investigation on medical waste management practices in northern Jordan[J]. Waste Management, 2008(2): 450 - 458.
[31] Gayathri V Patil, Kamala Pokhrel. Biomedical solid waste management in an Indian hospital: a case study[J]. Waste Management, 2005(25): 592 - 599.
[32] Health Care Without Harm. Non-incineration medical waste treatment technologies in Europe[R], 2004.
[33] Heikkinen J, Spliethoff H. Waste mixture composition by thermogravimetric analysis[J]. Journal of Thermal Analysis and Calorimetry, 2003(72): 1031 - 1039.
[34] Hoyos A, Cobo M, Aristizábal B. Total suspended particulate (TSP), polychlorinated dibenzodioxin (PCDD) and polychlorinated dibenzofuran (PCDF) emissions from medical waste incinerators in Antioquia, Colombia [J]. Chemosphere, 2008(73): S137 - 142.
[35] Hyland R G, Drum D A. Disposal of medical wastes[N]. Paper No. 94 - RP - 123. B. 02, 87th Annual Meeting and Exhibition, Air and Waste Management Association, Cincinnati, OH, 1994 - 06 - 19(24).
[36] Huang H, Tang L. Treatment of organic waste using thermal plasma pyrolysis technology[J]. Energy Conversion and Management, 2007(48): 1331 - 1337.
[37] Huang M C, Jim J M L. Characteristics and management of infectious industrial waste in Taiwan[J]. Waste Management, 2008(28): 2220 - 2228.
[38] Jangsawang W, Fungtammasan B, Kerdsuwan S. Effects of operating parameters on the combustion of medical waste in a controlled air incinerator[J]. Energy Conversion and Management, 2005(46): 3137 - 3149.
[39] Jang Y C, Lee Cargro, Yoon Oh-Sub, et al. Medical waste management in Korea [J]. Journal of Environmental Management, 2006(80): 107 - 115.
[40] Miyazaki M, Une H. Infectious waste management in Japan: a revised regulation and a management process in medical institutions [J]. Healthcare Wastes Management. 2005, 25(6): 616 - 621.
[41] Kasane B. Best environmental practices and alternative technologies for medical waste management[R]. Eighth International Waste Management Congress and Exhibition, 2007.
[42] Lee C C, Huffman G L. Review of federal/state medical waste management[N]. Paper No. 91 - 30. 9, 84th Annual Meeting and Exhibition, Air and Waste

Management Association, Vancouver, BC, 1991-06-16(21).
[43] Lee B K, Ellenbecker M J, Rafael M E. Alternatives for the treatment and disposal of healthcare wastes in developing countries[J]. Waste Management, 2004(24): 143-151.
[44] Leonard J W. Medical waste and healthcare ethics[J]. Health Progress: Health and Medical Complete, 2000, 81(1): 26.
[45] Li Q X, et al. Medical waste disposal system in Japan[J]. Shanghai Environmental Sciences, 2003(7): 508-511, 518.
[46] Li R D, Nie Y F, Bernhard R. Options for healthcare waste management and treatment in China[J]. The Chinese Journal of Process Engineering, 2006(2): 261-266.
[47] Liberti L, Tursi A, Constantino N, et al. Optimization of infectious hospital waste management in Italy: part II. waste characterization by origin [J]. Waste Management and Research, 1996(14): 417-431.
[48] Malkan J N. Global trends in responsible healthcare waste management — a perspective from health care without harm stacy[J]. Waste Management, 2005(25): 567-574.
[49] Marrack D. Hospital red bag waste-an assessment and management recommendations[J]. JAPCA, 1988, 38(10): 1309-1311.
[50] Birpinar M E, Bilgili M S, Erdogan T. Medical waste management in Turkey: a case study of Istanbul[J]. Waste Management, 2009(1): 445-448.
[51] Rao M S, Wankhede S. Management of hospital wastes with potential pathogenic microbes[J]. Microorganisms in Environmental Management, 2012: 365-401.
[52] Chaerul M, Tanaka M, Shekdar A V. A system dynamics approach for hospital waste management[J]. Waste Management, 2008(28): 442-449.
[53] Muhlich M, Scherrer M, Daschner F D. Comparison of infectious waste management in European hospitals[J]. J. Hosp. Infect., 2003(55): 260-268.
[54] Marinković N, Vitale K, Holcer N J. Management of hazardous medical waste in Croatia[J]. Waste Management, 2008(28): 1049-1056.
[55] National Research Council. Review of chemical agent secondary waste disposal and regulatory requirements[M]. Committee on Review of Chemical Agent Secondary Waste Disposal and Regulatory Requirements, 2007: 21-35. http://www.nap.edu/catalog/11881.html.
[56] Patil A D, Shekdar A V. Healthcare waste management in India[J]. Journal of Environmental Management, 2001(63): 211-220.
[57] Shaaban A F. Process engineering design of pathological waste incinerator with an integrated combustion gases treatment unit[J]. Journal of Hazardous Materials, 2007(145): 195-202.
[58] Fisher S. Healthcare waste management in the UK: the challenges facing healthcare waste producers in light of changes in legislation and increased pressures

to manage waste more efficiently[J]. Waste Management, 2005(25): 567 - 574.

[59] Silva C E, Hoppe A E, Ravanello M M, et al. Medical waste management in the south of Brazil[J]. Waste Management, 2005(25): 600 - 605.

[60] Malkan S, Nelson J. Global trends in responsible healthcare waste management: a perspective from healthcare without harm[J]. Waste Management, 2005(25): 567 - 574.

[61] Tamplina S A, Davidsonb D, Powisb B, et al. Issues and options for the safe destruction and disposal of used injection materials[J]. Waste Management, 2005(25): 655 - 665.

[62] Jørgensen T H. Towards more sustainable management systems: through life cycle management and integration[J]. Journal of Cleaner Production, 2008(16): 1071 - 1080.

[63] Tsakona M, Anagnostopoulou E, Gidarakos E. Hospital waste management and toxicity evaluation: a case study[J]. Waste Management, 2007(27): 912 - 920.

[64] Remme T V. Evaluation of the available air pollution control technologies for achievement of the MACT requirements in the newly implemented new source performance standards (NSPS) and emission guidelines (EG) for hospital and medical/ infectious waste incinerators[J]. Waste Management, 1998(18): 393 - 402.

[65] Tonuci L R S, Paschoalatto C F P R, et al. Microwave inactivation of escherichia coli in healthcare waste[J]. Waste Management, 2008(5): 840 - 848.

[66] Tudor T L. Towards the development of a standardised measurement unit for healthcare waste generation[J]. Resources, Conservation and Recycling, 2007(50): 319 - 333.

[67] Tudor T L, Noonan C L, Jenkins L E T. Healthcare waste management: a case study from the national health service in Cornwall, United Kingdom[J]. Waste Management, 2005, 25(6): 606 - 615.

[68] UNEP Chemicals. Stockholm convention on persistent organic pollutants (POPs)[R], 2001.

[69] UNEP Chemicals. Revised draft guidelines on best available techniques and provisional guidance on best environmental practices relevant to article 5 and annex C of the Stockholm convention on persistent organic pollutants[EB/OL]. http://www.pops.int., 2006.

[70] Uysal F, Tinmaz E. Medical waste management in Trachea region of Turkey: suggested remedial action[J]. Waste Management and Research, 2004(22): 403 - 407.

[71] Vesilind P, Worrell W, Reinhart D. Solid waste engineering[M]. California, CA: Thompson Learning Inc., 2002.

[72] Virginia. Regulated medical waste management regulations[EB/OL], 2006. http://www.deq.virginia.gov/waste/wastereg120.html.

[73] Walker B L, Cooper C D. Air pollution emission factors for medical waste

incinerators[J]. Journal of the Air and Waste Management Association, 1992(42): 784 - 791.

[74] WHO. Safe healthcare waste management policy paper by the World Health Organization[J]. Waste Management, 2005(25): 567 - 574.

[75] WHO. Assessment of small-scale incinerators for healthcare waste[S], 2004.

[76] WHO. Technical guidelines on the environmentally sound management of biomedical and healthcare wastes (Y1; Y3)[S], 1998.

[77] Niessen W R. Combustion and incineration processes[M]. 3rd ed. New York: Marcel Dekker Inc., 2002: 301 - 308.

[78] Xie R, Li W J, Li J, et al. Emissions investigation for a novel medical waste incinerator[J]. Journal of Hazardous Materials, 2009(166): 365 - 371.

[79] Chen Yang, Liu Liyuan, Feng Qinzhong, et al. Key issues study on the operation management of medical waste incineration disposal facilities [J]. Procedia Environmental Sciences, 2012(16): 208 - 213.

[80] Zhang Y, Xiao G, Wang G X. Medical waste management in China: a case study of Nanjing[J]. Waste Management, 2009(29): 1376 - 1382.

[81] Zhao L Y, Zhang F S, Wang K S, et al. Chemical properties of heavy metals in typical hospital waste incinerator ashes in China[J]. Waste Management, 2008 (29): 1114 - 1121.

[82] Zhu H M, Yan J H, Jiang X G. et al. Study on pyrolysis of typical medical waste materials by using TG-FTIR analysis[J]. Journal of Hazardous Materials, 2008 (153): 670 - 676.

[83] Canadian Standards Association. Guidelines for the management of biomedical waste in Canada[S]. Ottawa: Canadian Council of Ministers of the Environment, 1992.

[84] Healthcare Without Harm. Non-incineration medical waste treatment technologies in Europe[R]. Prague: Healthcare Without Harm, 2004.

[85] Kilgroe J D. Control of dioxin, furan, and mercury emissions from municipal waste combustors[J]. Journal of Hazardous Materials, 1996(47): 163 - 194.

[86] Windfeld E S, Brooks M, Su L. Medical waste management: a review[J]. Journal of Environmental Management, 2015, 163(1): 98 - 108.

[87] Chartier Y, Emmanuel J, Pieper U, et al. Safe management of wastes from health-care activities[M]. Geneva: World Health Organization Publications, 2014.

[88] Tsukiji M, Gamaralalage P J D, Pratomo I S Y, et al. Waste management during the COVID - 19 pandemic from response to recovery[M]. Nairobi: United Nations Environment Programme, 2020.

[89] World Health Organization. Water, sanitation, hygiene and waste management for COVID - 19: technical brief [R /OL]. Copenhagen: World Health Organization, 2020 - 03 - 03[2020 - 04 - 14]. https: apps. who. int/ iris/ handle/ 10665/ 331305.

[90] World Health Organization. Water, sanitation, hygiene and waste management for COVID－19: technical brief [R/OL]. Copenhagen: World Health Organization, 2020－03－03[2020－04－14]. https://apps. who. int/iris/handle/10665/331305.
[91] 陈扬,吴安华,冯钦忠,等.医疗废物处理处置技术与源头分类对策[J].中国感染控制杂志,2012,11(6):401－404.
[92] 陈扬,丁琼,姜晨,等.履约背景下医疗废物处置最佳可行技术和最佳环境实践思路探讨[J].中国护理管理,2010,10(4):75－79.
[93] 陈扬,邵春岩,徐殿斗,等.危险废物焚烧处置设施性能评价方法研究[C].大连:第五届全球化学大会,2009(5):9－12.
[94] 陈扬,李培军,孙阳昭,等.中国医疗废物领域履行 POPs 公约对策研究[J].环境科学与技术,2008a(3):123－126,157.
[95] 陈扬,孙阳昭,李培军,等.中国副产物类 POPs 减排履约要求及对策研究[J].环境科学与技术,2008b(12):575－591.
[96] 陈扬,李培军,孙阳昭,等.中国危险废物焚烧处置设施履约要求及技术对策研究[G].北京:中国环境科学学会学术年会优秀论文集(上下卷),2007a(8):563－567.
[97] 陈扬,李培军,等.医疗废物非焚烧处理技术应用障碍分析及对策探讨[J].有色冶金设计与研究,2007b(3):27－29.
[98] 陈扬,王开宇,刘富强,等.医疗废物非焚烧处理技术应用及发展趋势探讨[J].环境保护,2005a(7):57－58,63.
[99] 陈扬,杨艳,陈刚.中国危险废物污染控制技术现状及发展[J].中国环保产业,2005b(11):16－17,45.
[100] 陈扬,刘富强,邵春岩.化学消毒与医疗废物处理[J].中国环保产业,2005c(10):18－19.
[101] 陈扬,文武,邵春岩.危险废物集中焚烧处置设施设计技术要求研究[J].环境保护科学,2004(8):26－28.
[102] 陈德喜.医疗垃圾集中焚烧处置技术探讨[J].中国环保产业,2004(2)(增刊):67－69.
[103] 蔡凌,伉佩松,杨靖.微波消毒技术在医疗废物处理中的应用[J].中国环保产业,2007(9):40－43.
[104] 程亮,吴舜泽,侯贵光,等.医疗废物高温蒸汽处理技术相关应用问题探讨[J].有色冶金设计与研究,2007(2－3):35－42.
[105] 龚光明,周红芳.医院医疗废物管理的实践与探讨[J].江苏卫生事业管理,2004(6):48－51.
[106] 黄正文,张斌,艾南山,等.八种医疗废物处理方法比较分析[J].中国消毒学杂志,2008(3):313－315.
[107] 黄文平.对危险废物焚烧监测的几点建议[J].环境监测管理与技术,2004(2):35－36.
[108] 黄耀强,医疗废物处理的研究进展[J].基层医学论坛,2013(17):924－926.

[109] 李树伟,张京燕,陈志宏."微波-高温高压蒸汽"医疗废物无害化处置技术[J]. 中国环保产业,2006(1): 22-24.
[110] 刘峰,王冬梅,李万庆. 天津市医疗废物集中处置设施体系建设方案[J]. 城市环境与城市生态,2005,18(2): 44-46.
[111] 刘华峰,等. 危险废物焚烧设施的环境风险评价[J]. 环境科学研究,2005,18(增刊): 48-52.
[112] 裴照堂,吴伟祥. 回转窑焚烧炉在医疗废物处理中的应用[J]. 环境保护科学,2007,25(2): 55-56.
[113] 祁国恕,王承智,李雄勇. 废物热解焚烧工艺设备选择的技术要点[J]. 环境保护科学,2006(6): 28-30.
[114] 齐刚. 大庆市医疗废物处置现状及应注意的问题[J]. 黑龙江环境通报,2005,29(3): 71-73.
[115] 潘爱红,薛惠岚. 医疗废物处置过程中相关问题的探讨[J]. 农机化研究,2005(2): 51-53.
[116] 邵芳,王强,赵由才. 国内医疗废物处置与管理探讨[J]. 重庆环境科学,2001(5): 54-56.
[117] 孙宁,吴舜泽,侯贵光. 医疗废物处置设施建设规划实施的现状、问题和对策[J]. 环境科学研究,2007a,20(3): 158-163.
[118] 孙宁,吴舜泽,蒋国华. 全国危险废物处置设施普查的分析和思考[J]. 有色冶金设计与研究,2007b(2-3): 8-17.
[119] 孙振鹏,等. 医疗垃圾典型组分热解和气化的实验研究[J]. 电站系统工程,2005(9): 13-15,18.
[120] 刘祖思. 医疗废物热解气化焚烧炉系统工艺简介与环保分析[J]. 化学工程与装备,2008(8): 124-127.
[121] 龙燕,李勇. 医疗废物焚烧烟气污染物及其处理技术述评[J]. 有色冶金技术与研究,2006(1): 28-33.
[122] 卢志强,薛军,裴东波. 医疗废物非焚烧处理技术述评[J]. 城市环境与城市生态,2005(8): 27-29.
[123] 裴照堂,白雪梅,修菲. 高温蒸汽灭菌处理技术处置医疗废物工艺设计[J]. 环境工程,2009(1): 58-60.
[124] 孙宁,吴舜泽,侯贵光. 关于如何确定危险废物集中处置设施项目建设规模的思考[J]. 环境保护,2007(9A): 71-73.
[125] 施敏芳,邵开忠. 垃圾焚烧烟气净化和二噁英污染物的控制技术[J]. 环境科学与技术,2006,28(9): 78-79.
[126] 徐庆华. 运用层次分析法确定医疗废物管理综合评价指标权重系数的探讨[J]. 中华疾病控制杂志,2008(4): 365-367.
[127] 肖伟,聂曦,冯斌. 医疗废物处置工程多技术方案综合评价系统研究及其辅助软件设计[J]. 环境科学研究,2005(增刊): 57-62.
[128] 吴舜泽,孙宁,等. 中国医疗废物管理处置现状与对策[J]. 环境保护,2005(1): 35-38.

[129] 王伟,卢欢亮,李明. 医疗垃圾焚烧烟气净化技术述评[J]. 环境科学与技术,2005(2): 101-103.
[130] 王承智,胡筱敏,石荣. 医疗废物焚烧处置中二噁英的过程控制安全技术[J]. 中国安全科学学报,2007(1): 157-161.
[131] 王承智,石荣,祁国恕. 二噁英类物质检测分析技术进展[J]. 环境保护科学,2006(4): 30-32,35.
[132] 徐宏宇,吴九菊. 医疗废物分类管理存在的问题及对策[J]. 当代护士,2006(4): 38-39.
[133] 鄢钢,袁兴中,曾光明. 医疗垃圾高压蒸汽消毒器设计[J]. 环境污染治理技术与设备,2003(1): 69-72.
[134] 严密. 医疗废物焚烧过程二噁英生成抑制和焚烧炉环境影响研究[D]. 杭州: 浙江大学,2012: 36.
[135] 杨玉楠,熊运实,杨军,等. 固体废物的处理处置工程与管理[M]. 北京: 科学出版社,2004.
[136] 白志鹏. 医疗垃圾管理与处置方法研究[J]. 环境导报,2003(3): 19-20.
[137] 周丰,刘永,郭怀成,等. 医疗废物安全处理技术优选方法[J]. 环境科学,2006(6): 1552-1556.
[138] 周丰,刘勇,郭怀成. 医疗废物焚烧过程中关键参数研究[J]. 环境科学研究,2003(3): 24-28,38.
[139] 张宏,杨立群. 医疗废物处置方法的探讨[J]. 环境卫生工程,2005(6): 19-21.
[140] 张国平,周恭明. 危险废物管理及其焚烧处理综述[J]. 能源研究与信息,2003(3): 172-179.
[141] 郑磊,杨玉楠,吴舜泽. 中国医疗废物焚烧处理适用技术筛选及管理研究[J]. 环境保护,2008(11B): 63-65.
[142] 张双春,肖爱,胡春冬,等. 湖南省医疗废物集中处置刍议[J]. 中国环境管理,2003,22(3): 31-33.
[143] 邹庆军. 简谈热解气化焚烧工艺处理医疗废物[J]. 环境卫生工程,2007(3): 47-49.
[144] 占方园. 医疗废物处理处置技术的现状及发展趋势[J]. 黑龙江环境通报,2017,41(2): 92-94.
[145] 陆磊,张向前. 医疗废弃物污染防治现状、处置技术及对策探讨[C]// 中国环境科学学会. 中国环境科学学会 2006 年学术年会优秀论文集(下卷),2006: 5.
[146] 王阳阳,张玥,张跃红,等. 贵阳市医疗废物全监督体系管理创新的实践与探索[J]. 环保科技,2019,25(1): 52-57.
[147] 程亮,张筝,孙宁,等. 补齐医疗废物和危险废物收集处理短板的思考和建议[J]. 环境科学研究,2020,33(7): 1698-1704.
[148] 刘阳. 医疗废物处理中存在的问题及其对策[J]. 辽宁医学院学报(社会科学版),2011,9(1): 50-52.
[149] 叶全富,苗逢雨,单淑娟. 医疗机构医疗废物管理项目实践及成果介绍[J]. 中国感染控制杂志,2017,16(4): 346-350.

[150] 张筝,程亮,王夏晖,等. 我国医疗废物应急处置体系构建思路[J]. 环境科学研究,2020,33(7): 1683-1690.
[151] 郭春霞,陈扬,时翔明,等. 疫情期间医疗废物知识读本[M]. 郑州: 河南科学技术出版社,2020: 64-65.
[152] 李悦,陈扬,吴安华,等. 我国边远地区医疗废物处置技术和管理模式探讨[J]. 中国感染控制杂志,2019,18(1): 83-88.
[153] 邵立明,吕凡,彭伟,等. 重大传染病疫情期间生活源废物应急管理方法及技术探讨[J]. 环境卫生工程,2020,28(2): 1-5.
[154] 法国国家职业事故与疾病预防安全研究院(INRS). 关于传染性医疗保健废物的安全处置[EB/OL]. (2017-01-30). http://www.inrs.fr/metiers/environnement/collecte-tri-traitement/dasri.html.
[155] 英国卫生部. 环境与可持续健康技术备忘录 07-01: 医疗废物的安全管理[EB/OL]. (2013-03-20). https://www.gov.uk/government/publications/guidance-on-the-safe-management-of-healthcare-waste.
[156] 美国国家环境保护局. 医疗废物相关介绍[EB/OL]. https://www.epa.gov/rcra/medical-waste.
[157] 美国国家安全委员会. A 类感染性固体废物管理指南[Z],2019.
[158] 美国国家安全委员会. 处理被 A 类感染性物质污染的固体废物的规划指南[Z],2017.
[159] 日本环境省. 基于废弃物处理法的感染性废弃物处理指南(2018 年修订版)[Z]. 2018.
[160] 刘兆香,陈扬,王琴,等. 韩国医疗废物管理与处置经验分析及启示[J]. 2021,15(2). 10.12030/j.cjee.202008215.
[161] 常杪,唐艳冬,杨亮,等. 国际医疗废物管理与处理处置体系分析与借鉴[J]. 环境保护,2020(8): 63-69.
[162] 生态环境部. "十二五"危险废物污染防治规划[Z/OL]. [2013-10-08]. http://www.mee.gov.cn/gkml/hbb/bwj/201210/t20121023_240228.htm.
[163] 生态环境部. 关于提升危险废物环境监管能力、利用处置能力和环境风险防范能力的指导意见[Z/OL]. [2019-10-16]. http://www.mee.gov.cn/xxgk2018/xxgk/xxgk03/201910/t20191021_738260.html.
[164] 国家卫生健康委,生态环境部,等. 医疗机构废弃物综合治理工作方案[Z/OL]. [2020-02-24]. http://www.nhc.gov.cn/yzygj/s7659/202002/3643bd749f5945aa97f247a5c695f699.shtml.
[165] 生态环境部. 关于征求《医疗废物化学消毒集中处理工程技术规范(征求意见稿)》等四项国家环境保护标准意见的函[Z/OL]. [2020-06-03]. http://www.mee.gov.cn/xxgk2018/xxgk/xxgk06/202006/t20200603_782480.html.
[166] 孙宁,刘锋平,张岩坤,等. 加快补齐医疗废物收集处置设施短板的思考和建议[J]. 环境保护科学,2020,46(3): 120-126.
[167] 周小莉,郭春霞,时翔明,等. 重大疫情期间医疗废物应急处置中的问题及建议[J]. 环境工程学报,2020,14(7): 1705-1709.

[168] 陈扬,吴安华,冯钦忠,等.新时期医疗废物管理模式的嬗变及发展[J].中国感染控制杂志,2017,16(6):493-496.
[169] 蔡洪英,张曼丽,周炼川.新型冠状病毒感染的肺炎疫情医疗废物应急处置管理实践——以重庆市为例[J].环境卫生工程,2020,28(2):17-22.
[170] 赵慧,胡树煜.物联网时代医疗废物全产业链信息化管理研究[J].中国管理信息化,2016,19(5):70-71.
[171] 张红芳.物联网技术在医疗废物管理中的应用[J].当代护士(学术版),2012(2):184-185.
[172] 李国娟.基于云计算的移动医疗信息系统的应用研究[J].时代农机,2020,47(6):61-62.
[173] 罗锦程,李淑媛,周强,等.感染性医疗废物非焚烧处理技术述评——以微波消毒技术为例[J].环境与可持续发展,2020(4):136-140.
[174] 张凤娥.关于医疗废物微波消毒处置过程废气处理措施的探究[J].山西化工,2019,184(6):153-154.
[175] 刘双柳,张筝,孙宁.医疗废物高温蒸汽处理工艺的二次污染控制——以孝感市医疗废物处置中心为例[J].环境保护科学,2018,42(4):86-89.
[176] 宣君芳,陈昌贵,李自明,等.我院医疗废物信息化管理系统的设计与应用[J].中国现代医生,2019(32):134-137.
[177] 科学时报.非典医用垃圾最佳处理:烧![EB/OL].[2003-05-14]. http://www.cas.cn/zt/jzt/kpzt/zkywfzfdzgx/zlff/200305/t20030514_2666762.shtml.
[178] MARSHALL J. PANDEMIC Could the U.S., like China, face a medical waste crisis? [N/OL]. (2020-03-24)[2020-09-26]. Washington D. C.: E&E News. https://www.eenews.net/stories/1062690625.
[179] 生态环境部.涉疫情医疗废物基本实现日产日清[N/OL].(2020-02-13)[2020-09-26].北京:人民日报. https://baijiahao.baidu.com/s?id=1658400060841965560&wfr=spider&for=pc.
[180] 生态环境部.生活垃圾焚烧设施应急处置医疗废物工作相关问题及解答[R/OL].(2020-02-27)[2020-04-14]. http://sthjt.jl.gov.cn/zwzx/qghb/202002/t20200227_6862133.html.
[181] 生态环境部.关于发布《危险废物集中焚烧处置工程建设技术要求(试行)》和《医疗废物集中焚烧处置工程建设技术要求(试行)》的通知[Z/OL].[2004-01-19].
[182] 生态环境部.关于发布《危险废物集中焚烧处置工程建设技术规范》等两项环境保护行业标准的公告[Z/OL].[2005-05-24].
[183] 生态环境部.关于征求《医疗废物处理处置污染防治最佳可行技术指南(征求意见稿)》意见的函[Z/OL].[2011-03-09].
[184] 生态环境部.关于征求国家环境保护标准《危险废物焚烧污染控制标准》(征求意见稿)意见的函[Z/OL].[2014-10-24].
[185] 周丰,刘永,郭怀成.医疗废物焚烧处置过程中关键参数研究[J].环境科学,2005,18(3):24-28.
[186] 王承智,胡筱敏,石荣,等.医疗废物焚烧处置中二噁英的过程控制安全技术[J].

中国安全科学学报,2007,17(1): 156-161.
[187] 陈晓东,郝利炜. 疫情下对水泥窑协同处置生活垃圾和医疗废物危废技术路线的探讨[J]. 中国水泥,2020(4): 71-75.
[188] Chen Yang, Wu Anhua, Feng Qinzhong, et al. Evolution and development of medical waste management mode in the new era [J]. Chinese Journal of Infection Control, 2017, 16(6): 493-496.
[189] 陈伟. 基于云端管理的医疗废弃物管理系统应用——盐城市第一人民医院实践探索[J]. 科技传播,2020,12(14): 147-149.
[190] 倪川明,陆雯玮,蔡平,等. 在线追溯管理系统在医疗废物监督管理中的应用[J]. 中国卫生监督杂志,2018,25(2): 138-143.
[191] 杨春梅,海玲,褚贵洋,等. 医疗废弃物智能化管理系统设计与应用[J]. 中国数字医学,2015,10(5): 113-114.
[192] 耿伟,吴肖炎. 涉密信息系统安全保密管理人员的职责要求与权限划分[J]. 信息安全与通信保密,2009(7): 114-115.
[193] 张宇. 医院内部医疗废物管理系统设计的思考[J]. 青海环境,2017,27(2): 101-103.
[194] 周文亮. 环境监测综合管理信息平台系统的构建与应用[J]. 绿色科技,2016(22): 42-45.
[195] 曹云霄,于晓东,单淑娟,等. 我国医疗废物处理处置污染防治政策演进、存在问题分析及建议[J]. 环境工程学报, 2021,15(2). doi: 10.12030/j.cjee.202012018.
[196] 陈扬,冯钦忠,刘俐媛,等. 新时期医疗废物处理处置技术体系的变革及发展[J]. 环境工程学报,2021,15(2). doi: 10.12030/j.cjee.202101068.
[197] 靳登超,方博垣,刘新媛,等. 医疗废物高温蒸汽处理工艺中热穿透时间的影响因素[J]. 环境工程学报,2021,15(2). doi: 10.12030/j.cjee.202008217.
[198] 刘兆香,陈扬,王琴,等. 韩国医疗废物管理与处置经验分析及启示[J]. 环境工程学报,2021,15(2). doi: 10.12030/j.cjee.202008215.
[199] 程亮,张筝,陶亚,等. 我国"十四五"医疗废物集中处置体系优化思路[J]. 环境工程学报,2021,15(2). doi: 10.12030/j.cjee.202008110.